当代城市规划导论

（第二版）

陈秉钊　著

中国建筑工业出版社

图书在版编目（CIP）数据

当代城市规划导论 / 陈秉钊著. —2版. — 北京：
中国建筑工业出版社，2017.1
ISBN 978-7-112-20246-1

Ⅰ.①当… Ⅱ.①陈… Ⅲ.①城市规划—概论 Ⅳ.
①TU984

中国版本图书馆CIP数据核字（2017）第004848号

责任编辑：黄　翊　陆新之
书籍设计：京点制版
责任校对：王宇枢　张　颖

当代城市规划导论（第二版）
陈秉钊　著

　　　*

中国建筑工业出版社出版、发行（北京海淀三里河路9号）
各地新华书店、建筑书店经销
北京京点图文设计有限公司制版
北京顺诚彩色印刷有限公司印刷

　　　*

开本：787×1092毫米　1/16　印张：20¾　字数：380千字
2017年5月第二版　2017年5月第四次印刷
定价：148.00元
ISBN 978-7-112-20246-1
　　（29661）

第二版序

城市是人们生活的场所，因此，城市的规划理论，也应当是能贴近生活的理论。

习近平主席的"鞋子合脚论"："鞋子合不合脚，自己穿着才知道"，以通俗的语言讲透一个深刻道理。

本书是在当年全国市长培训中心讲课时，中心领导建议结合案例讲的讲稿基础上形成的。讲稿得到了市长们的认同，也得到当时建设部俞正声部长（现任中央政治局常委）的肯定。俞部长为此写信给各市长，转发了我的讲稿。

本书出版已十多年了，出版社多次鼓励再版。十多年来确有许多新心得，借此作些增删和调整，包括体例，希望让读者能像读故事般，宽松地了解当代中国城市规划理论。不求系统、完整，但求切合实际。

陈秉钊

2016 年 10 月 26 日 于上海

中华人民共和国建设部

市长：

你好！现将同济大学陈秉钊教授的"中国城市规划面临的问题和发展趋势"演讲稿送上，望能在百忙中翻阅，可能对你指导城市建设工作有所补益。

此致

俞正声

二〇〇〇年五月三十一日

第一版序

周干峙，中国科学院、中国工程院双院士，原建设部副部长

陈秉钊同志长期从事城市规划理论研究，已有不少论著，而这本《当代城市规划导论》是一部比较系统的力作。

《当代城市规划导论》共五章，从城市规划体系、审批制度、城镇化战略、村镇建设、城市生态、城市特色、历史文化保护、决策机制和管理体制九个方面概括了城市发展的一些理论问题，是比较全面、比较有深度的。许多章节引用了大量的实例来说明问题，看起来条理清晰、有说服力。

《当代城市规划导论》不仅梳理了传统城市规划中的一些老问题，还涉及许多当前城市规划工作中的一些新问题，如城市化问题、城市生态问题、城市可持续发展问题、城市经济问题、城市管理问题和城市经营问题等，在对一些传统观念作了理性的剖析之后，又对这些新问题，旁征博引，综合辨析，得出了自己的论断，阐明了自己的观点，提出了不少改进的意见。这些宝贵的研究成果，对改进实际工作有重要意义。

我国当代的城市规划已经过了半个世纪，特别是经过了近十年的史无前例的快速城市化历程，其实践规模是世界城市发展史上所没有的。"实践出经验"，"实践出真知"，现在来总结提高，与时俱进，既是十分必要，又是十分紧迫的。今后城市规划"路在何方"？我想路不会在过去的书本之中，也不会在外国的书籍之中；路一定在自己的"经验"基础上，一定在自己的脚下。现今，许许多多中国特有的实际问题要研究解决，"总结"、"探路"的问题正摆在我们面前。好好总结，认真研究，解决了似乎是困惑的现实问题，走中国城市规划之路不就展现在我们面前了吗？

《当代城市规划导论》不仅是一项有意义的研究成果，也是一本好教材、有价值的参考书。我相信还会引起同行们的兴趣和更深入的探讨。本书也将成为迎接我国城市规划第三个春天的一枝报春之花。

2003 年 4 月 8 日

第一版自序

1898年英国E·霍华德《明日的田园城市》问世象征了现代城市规划理论的诞生。过去的一百年，世界在城镇化的重大发展时期里，城市规划理论得到重大的发展。

由于城市规划毕竟是一门应用性的学科，要把城市规划的理论付诸实践，要把理论落实到地上，必然需要得到工程技术学科的支持。霍华德亲自领导，于1903年在距伦敦中心35英里（56公里）的哈特福德郡（Hertfordshire）购置了3818英亩（1545公顷）乡村土地，创建了第一座田园城市莱奇沃斯（Letchworth），邀请建筑师R·昂温和B·帕克负责编制城镇规划方案。

也许正是在城市规划的日常实践中，建筑师的工作是大量的，所以导致城市规划学科的技术层面，物质形态的部分内容逐渐占据了突出的地位。于是"田园城市"中城市物质形态（Physical）的部分被一代又一代地强化，而作为城市规划理论更本质的部分，城市规划、建设、管理中的社会目标、经济分析、经营管理、社会团体的参与……却逐渐被淡忘了。"把城市看成是一种扩大形式的建筑学，那就是建筑师设计单幢建筑，城市规划师设计建筑群。"（[英]I·帕金森 ❶）。

然而在城市规划工作者中，毕竟有些人看到了在物质形态的背后更本源的东西，"我们同行们逐渐了解到，最根本的社会和经济的力量，它是形成我们环境的最重要因素，任何成功的城镇设计，必须以它们的社会和经济力量为出发点。"（[英]W·鲍尔 ❷），包括许多建筑师也看到了，"在当代条件下，建筑继续存在于城市之中，是城市的一部分，使城市生活的某些空间得以物质化。然而，今天更胜于过去者，就是我们意识到城市要多出于它的建筑物和建筑学……所有这些，都不仅是完全逃出了建筑师日常职业实践的范围；而且，我们习以为常的分析手段和建造项目都不能对这些条

---

❶ 英国皇家城市规划学会原主席。

❷ 英国利物浦城市规划处原处长。[英]W·鲍尔.城市的发展过程[M].中国建筑工业出版社，1981.

件提供答案。"（I·S·莫拉勒 **❶** ）

"当代城市规划理论"不是对霍华德开创的现代城市规划理论的否定，恰恰相反，而是对当前尤其是我国在向市场经济体制转轨中，城市规划、建设和管理遇到的许多问题，对《明日的田园城市》所包含的许多被淡忘了的内容的追回。我们力图立足于城市规划，由此走出去，从史学、哲学、系统工程学等获得思想武器，从经济学、社会学、管理学、法学、地理学等科学中汲取养料，最后要走回来，解决当前城市规划所面临的问题。

城市规划主要是政府行为，随着我国加入 WTO 之后，政府职能将更进一步转变，本丛书 **❷** 将从技术层面转向政策层面，以政府的作为为主要内容。

城市规划学科是一个综合体，也是一个多面体，本书力求从更多视角来观察、分析城市，规划城市。它绝非否定以往的视点，而是一种补充。因为单纯的形态设计已经不能使我们达到霍华德田园城市理想的彼岸。谨以本书献给新世纪城市规划的第三个春天。

陈秉钊

于 2002 年元月春节

❶ 第十九届世界建筑师大会主题报告《现在与未来：城市中的建筑学》(Ignasi de sola-Morales)．张钦楠译．建筑学报：1996（10）.

❷ 本书第一版是"当代城市规划理论与实践丛书"的第一部。丛书其他分册包括：《走向制度化的城市规划决策》(雷翔)、《小城镇的制度变迁与政策分析》(邹兵)、《政府视角的城市规划》(童明)、《城市开发策划》(马文军)、《面向实施的城市设计》(王世福)《城市规划法的价值取向》(张萍)《快速城市化进程中的城市规划管理》(冯现学)、《社会转型期的城市社区规划》(王颖、杨贵庆)。

目　录

第一篇
区域城市、城市群、大城市

前言 参与世界竞争的使命

当今，全球竞争在加剧，这种竞争是"以中心城市为核心与周边城镇结合构成的城市区域成为全球化时代城市竞争的基本空间单元。"❶"十二五"规划纲要指出要"形成大城市为依托，中小城市为重点，逐步形成辐射作用大的城市群，促进大中小城市和小城镇协调发展"。《国家新型城镇化规划（2014—2020年）》也指出："发展集聚效率高、辐射作用大、城镇体系优、功能互补强的城市群，使之成为支撑全国经济增长、促进区域协调发展、参与国际竞争合作的重要平台"。

"城市群"含义:《中华人民共和国国民经济社会发展第十一个五年规划纲要》将城市群的英文译为"Urban Agglomeration"。❷美国地理学家 J · 戈特曼提出识别城市群的五项标准:①区域内有较密集的城市;②有相当多的大城市形成各自的都市区，核心城市与都市区外围地区有密切的社会经济联系;③有联系方便的交通走廊把核心城市连接起来，各都市区之间没有间隔，且联系密切;④必须达到相当大的总规模，人口在 2500 万人以上;⑤具有国际交往枢纽的作用。❸

《国家新型城镇化规划（2014—2020 年）》构建以陆桥通道、沿长江通道为两条横轴，以沿海、京哈京广、包昆通道为三条纵轴，以轴线上城市群和节点城市为依托，其他城镇化地区为重要组成部分，大中小城市和小城镇协调发展的"两横三纵"城镇化战略格局。

---

❶ 崔功豪 . 中国城市规划观念六大变革——30 年中国城市规划的回顾 [J]. 上海城市规划建设，2008（6）.

❷ 宁越敏，张凡 . 关于城市群研究的几个问题 [J]. 城市规划学刊，2012（1）."事实上'城市群'概念是中国特色名词，在国外没有对等的概念。在西方文献中，Urban Agglomeration 是'城市集聚体'的意思，即一个大城市及其周围的卫星城镇在遥感图片上形成相互连接的不规则体，其空间范围介于'城市化地区'（UA）和'都市区'（MA）之间。有时候，几个连体的大都市也叫做 Urban Agglomeration。联合国对 Urban Agglomeration 的定义是:'由一个城市或城镇的中心城区与郊区边缘地带或毗邻的外部地区组成。一个大的城市群可能包括几个城市或城镇郊区及其边缘地区。'这里特别申明:西方的 Urban Agglomeration 概念是包括了城市、城镇及外围地区的城市区域概念，而我国目前的'城市群'概念主要指一群地域相近，有一定的行政、交通、经济、社会等联系的城市组群。"

❸ 方创琳 . 城市群空间范围识别标准的研究进展与基本判断 [J]. 城市规划学刊，2009（4）.
Gottmann J.Megalopolis or the urbanization of the northeastern Seaboard[J].Economic Grography，1957，33（7）189 ~ 200.

第一章 全球城市应是区域城市

随着经济的全球化，跨国公司巨网罩遍全球，弱化了国界限制，左右着全球的经济活动。我们要实现中华民族伟大复兴的中国梦，就必须拥有具有世界影响力的全球城市。

第一节 全球城市是最高层级的世界城市，而且是网络—场所空间的双中心

英国彼得·霍尔（Peter Hall）爵士认为"全球城市"是在经济全球化背景下世界城市体系中更高层次的城市。它依托专业化的生产性服务网络而形成全球经济控制和命令中心。我国学者认为"全球城市是世界城市体系中真正起到配置全球资源、控制世界经济网络，并由此实现在特定领域，对世界城市体系中其他城市的命令和组织职能的城市。一定程度上，可以将'全球城市'视为少数最顶尖的世界城市。"[1] 新一轮的上海城市总体规划已把"建成具有全球资源配置能力、竞争力和影响力的全球城市"作为两大目标之一。（"上海新一轮总体规划（2015—2040年）明确两个目标，一是建成具有全球资源配置能力、竞争力和影响力的全球城市；二是以土地利用规划确定的2020年建设用地3226平方公里为上限目标，锁定总量并逐步缩减，倒逼城市增长模式转变。"[2]）

以英国地理学者泰勒（Peter Taylor）为首的"全球化与世界城市"研究团队（Globalization and World Cities Study Group and Network，GaWC），基于顶级生产性服务业的网络定量研究方法，创建了"世界城市"等级位序的测度方法。主要通过高级生产服务业公司办公网络的系统分析，研究城市在全球网络中的定位。通过搜寻175家顶级跨国生产性服务业（包括会计、法律、咨询、保险、广告、金融6大类）跨国公司在全球的分支驻点布局，定量得出526个城市在其组成

---

❶ 程遥，赵民.新时期我国建设"全球城市"的辨析与展望——基于空间组织模型的视角 [J]. 城市规划，2015(2):9-15.
❷ 张尚武，晏龙旭，王德，刘振宇，陈烨.上海大都市地区空间结构优化的政策路径探析——基于人口分布情景的分析方法 [J]. 城市规划学刊，2015（6）: 12-19.

的"全球城市网络"中的排序。（具体方法如下：按重要程度从 0 到 5 对公司选址进行标注，数字越大，提供服务质量越高。总部标为 5，区域总部标为 4，有多个办事处、全国总部或重要办公室标为 3，有一般办公室标为 2，有当地合伙人，标为 1，没有办公室标为 0。只要两个城市之间有连接，就称为 CDC（城市双向联系），将所有公司的 CDC 全部加起来，就可以知道这个城市的国际化程度 GNC（全球网络联系）。例如，C 公司的总部在纽约，在上海没有办公室，那么 C 公司在纽约与上海的 CDC = 5×0 = 0。假设 A 公司全球总部在纽约，在上海有一个办公室，那么 A 公司的纽约和上海的 CDC = 5×2 = 10。把纽约和其他城市之间的 CDC 全部加起来，就是纽约的 GNC。❶）

根据 GaWC 测度，上海 2000 年为第 4 档，全球 30 位，2012 年升至第 2 档，全球第 6 位，仅次于伦敦、纽约、香港、巴黎和新加坡，超过东京。北京 2000 年为第 4 档，全球 36 位，2012 年升至第 2 档，全球第 8 位。香港列第 3 位。❷

除此定量测度外，还有若干其他的测度，如 2014 年 4 月发布的 2014 科尔尼全球化城市指数（GCI）显示，前 20 名城市欧亚各占 7 席，北美 5 席，南美 1 席，发展中国家仅 3 席——北京、上海和布宜诺斯艾利斯，其中北京居第 8 位。❸

必须指出，任何测度、评价方法，"基于不同类型和侧重的因子选择和计量方法可能会得到截然不同的结果"。"GaWC 更强调以顶级生产服务业公司的跨国业务联系来衡量世界城市网络的层级，能较精准地反映城市在全球经济信息网络和商务交易服务活动中的地位。"❹但是，在全球经济和电子通信网络技术支持下，资本的流动、信息的流动、技术的流动已超越地理空间的局限，形成的庞大、错综复杂的网络左右着全球经济。正如"1966 年，曼纽尔·卡斯特尔（Manuel Castells）在他的《网络社会的崛起》一书中提出，邻近（Contiguity）可不依靠物理上的邻近而存在"，但是"网络空间的兴起及其在世界城市体系中应用并不意味着网络秩序对场所空间的彻底取代。网络空间与场所空间对于世界城市（全球城市）而言，并非非此即彼的取代关系，而是相互嵌套共存的关系……即使对于'全球城市'而言，仍不能脱离特定腹地的支撑，只不过相比一般城市，全球城市对于邻近的依赖度有可能较低，而依托网络的联系比重可能更高。"

"在我国当前发展阶段，周边腹地的支撑对于城市在区域和网络中竞争力的形成和提升尤为重要。""背靠"京津冀、长三角、珠三角等城镇群乃至全国腹地，

❶ 本·德鲁德. 上海 2040 高峰论坛：关注城市转型与发展全球城市网络中的上海 [J]. 上海城市规划，2014（6）：7-8.
❷ 程遥，赵民. 新时期我国建设"全球城市"的辨析与展望——基于空间组织模型的视角 [J]. 城市规划，2015（2）：9-15.
❸ 全球·城市 [瞭望] 上海市城市规划设计研究院内部资料，2014 年 7 月.
❹ 赵民，李峰清，徐素. 新时期上海建设"全球城市"的态势辨析与战略选择 [J]. 城市规划学刊，2014（4）：7-13.

进而对接全球经济网络，仍将是这些城市在世界城市体系中的主要职能和动力的来源。不同于伦敦、纽约等基本脱离邻近腹地，通过高级生产性服务业配置全球资源的发展模式。❶

"伦敦、纽约的全球地位和配置或控制全球资源的能力是历史形成的，其与本国经济和直接区域腹地的联系相对较低。例如2014年2月英国财政部数据显示，在英国经济多年衰退、整体低迷情况下，大伦敦的生产总值较2013年同期的增长率高达15%，成为全球增长率最高的城市之一，几乎脱离衰退的英国经济体而实现增长和繁荣。"❷

这里的讨论已经显得冗长，目的是想说明全球城市不是单一的类型，进而寻求中国的全球城市：既要树立网络空间的中心地位，同时还要树立场所空间的中心地位。显然，网络—场所空间的双中心的城市，就必须保障其有足够的空间体量，即规模。

第二节　全球城市应是区域城市

GaWC基于顶级生产性服务业的网络定量研究方法，创建了"世界城市"等级位序的测度方法。高级生产服务业的确能反映该城市对全球资源配置、对全球经济控制的能力，但并非是唯一的因素。全球城市也各具特征，"有些城市的总部集聚度较高而网络关联度相对较低（如东京），有些城市的网络关联度较高，而总部集聚度较低（如香港、新加坡），但还有一些城市（如纽约、伦敦）两者都很高。"❸最高层级的全球城市不应该是"单项冠军"，虽未必要"全能冠军"，但应该是"多项冠军"。"J·弗里德曼（J. Friedmann）1986年提出世界城市的七个评价指标：主要的金融中心；跨国公司总部所在地；国际性机构的集中度；商业部门（第三产业）的高度增长；主要的制造业中心（具有国际性的加工工业）；世界交通的重要枢纽（港口、空港）；城市人口达到一定的规模"的观点并不过时。❹

"多项冠军"的综合体必然会有相当的体量。因此，单一城市是难以容纳的，它必定是一个区域，即区域城市。美国纽约地区，2012年人口为2000万人，美国区域规划协会（RPA）在《美国2050》中将纽约特大城市地区定义为涵盖"波士顿—纽约—费城—华盛顿"的巨型城市走廊。近几年政府发布的《纽约2030》更提出大

❶ 程遥,赵民. 新时期我国建设"全球城市"的辨析与展望——基于空间组织模型的视角[J]. 城市规划,2015(2):9-15.

❷ 赵民，李峰清，徐素. 新时期上海建设"全球城市"的态势辨析与战略选择[J]. 城市规划学刊，2014（4）: 7-13.

❸ 唐子来等. 世界经济格局和世界城市体系的关联分析[J]. 城市规划学刊，2015（1）: 1-9.

❹ 李沛. 当代全球性城市中央商务区（CBD）规划理论初探[M]. 中国建筑工业出版社，1999.

纽约设想，将新泽西州、康涅狄格州和宾夕法尼亚州等进行区域整合，并提出绿色地区的发展战略。❶东京指东京都，总面积2188平方公里，2012年人口为1322万人。东京圈1985年人口为3000万人。❷因此，《国家新型城镇化规划（2014—2020年）》多处提到城市群："发展集聚效率高、辐射作用大、城镇体系优、功能互补强的城市群，使之成为支撑全国经济增长、促进区域协调发展、参与国际竞争合作的重要平台。"

尤其中国是世界人口最多的国家，又处于世界最大的欧亚非大陆的"世界岛"心脏地带上。（世界岛的概念来自于麦金德（1902年）。麦金德认为地球由两部分构成。由欧洲、亚洲、非洲组成的世界岛，是世界最大、人口最多、最富饶的陆地组合。在它的边缘，有一系列相对孤立的大陆，如美洲、大洋洲、日本及不列颠群岛。在世界岛的中央，是自伏尔加河到长江，自喜马拉雅山脉到北极的心脏地带。）因此，中国的全球城市的体量必须有长远的战略眼光。我国有13亿人口，是美国的5倍，是日本的10倍。但我国城镇最密集的长三角地区却远远不及发达国家的大都市地区，表现得十分散碎。❸（图1-1）

总之，中国的全球城市不仅是信息、知识、货币、文化等网络流动的中心，还应该是物理流动的经济地理的空间中心，即网络＋空间的双中心，这就必须打破城市行政疆界的约束，进行区域整合，构建区域的城市。

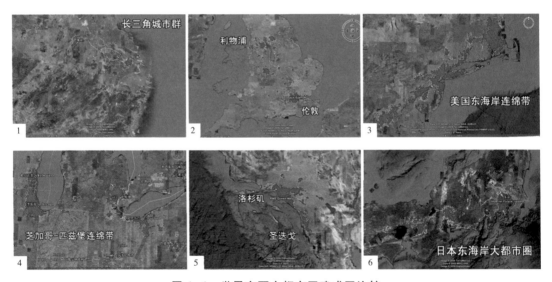

图1-1 世界主要大都市区建成区比较

❶ 吴唯佳，于涛方，武廷海等．特大型城市功能演进规律及变革——北京规划战略思考 [J]．城市与区域规划研究 2015（3）：1-42.

❷ 周辉宇．中日高密度功能区与城市交通协调发展比较研究——以北京东京为例 [J]．现代城市研究，2015（3）：8-15.

❸ 罗志刚．从城镇体系到国家空间系统 [M]．同济大学出版社，2015：118.

第三节 全球城市结构靠大容量快速交通的支撑

法国巴黎早就摆脱圈层扩展的传统模式而走向区域，沿着塞纳河两岸两条平行的轴线发展（图1-2、图1-3）。西方发达国家许多城市与城市之间的行政界线是明确的，但城市建成空间的界线是模糊的。这并不影响行政的有效管理，相反地，许多公共服务设施反而能得到共享，为百姓提供更多的自由选择机会。人们何必要刻意地去追求建设空间的独立性？"不固守理论上的定义及概念去追求空间结构的'独立性'，即新城与中心城区在空间上有一定距离、有明显的生态隔离区域、功能完全独立的新城。"❶ 也就是说连绵并不是坏事。

近年许多中心城市的周边市县纷纷撤县建区、撤市建区，"退二进三"进行区域的整合。例如，浙江省撤销了萧山市的市建制，改为杭州市的萧山区；浙江省撤销了余杭县的县建制，改为杭州市的余杭区等。但是杭州市并未一味地继续行政区域调整，将邻近市县纳入杭州市的行政管辖体系内。杭州已将成批的大型机械制造工业（杭州叉车厂、起重机厂、工程机械厂等）集体迁到离杭州市中心40公里外的临安市（图1-4、图1-5）。临安市政府则提出："融入大都市，创新大发展，建设杭州西郊现代化生态市"的战略目标。临安市主动要把自己建成杭州的"郊区"，而杭州市也已将文一西路延伸到临安市，规划的轨道交通线也将通达临安市。面对这种行政界限的突破，区域城镇连绵空间的发展态势，在大都市规划中需要有新的思维。

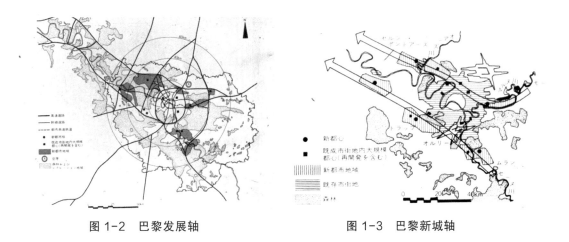

图1-2 巴黎发展轴　　　　　　　　　　图1-3 巴黎新城轴

图 1-4 杭州市与临安

图 1-5 从杭州迁临安杭叉工程机械厂新厂房

支撑区域城市首位要素是交通系统的整合，尤其是大容量快速公共交通。例如日本东京除了日本铁道（Japan Railway，JR）经营的线路 292 公里（不包括副都心线）外，还有私营的都市铁道、连接东京周边城市的铁道，总长度则超过1000 公里❶（图 1-6）。同样，纽约郊区铁道长约 1350 公里。笔者 2002 年曾住在东京西郊的百草园（位于日野市与多摩市之间的乡村）（图 1-7），在步行距离内就有地铁站，乘京王线约 40 分钟就能到达东京的副都心新宿，车速快且稳，许多人在车厢里看书报。同样，2008 年笔者在纽约，因旅馆费每晚都在 200 美元以上，于是就住到了新泽西州，旅馆每晚仅 99 美元。在步行距离内有大站快车公共汽车，约 40 分钟可到纽约市中心时代广场附近的公交终点站（图 1-8），在那座大楼里可与上百条公交线实现同楼的换乘。总之，在大容量快速公共交通系统的支撑下，区域城市完全可能实现同城化。

可喜的是，近年我国城市的轨道交通建设进入加速期。上海的轨道交通网 2014 年达到 567 公里，居世界第一，2020 年将达到 22 条轨道线，总长度达到 877 公里。❷ 郊区铁路也开始起步，11 号线北段工程已动工，这是国内首条跨省轨道交通。这对建构大都市区具有深远的意义。另外，还应充分注意高速铁路时代的到来。例如，沪宁高铁已开通，从上海到南京只需 78 分钟，沪杭高铁也已开通，从上海到杭州只需 45 分钟。住在杭州，有可能在傍晚赶到上海大剧院看芭蕾舞，当夜再回杭州休息。上海撇开苏州、杭州等要想在 6300 平方公里市域范围内自成体系，构建传统的城镇体系是一种"路径依赖"。

当然，大容量快速交通是支撑全球城市的骨架，这些大容量快速交通的线网密度，越到城市的外围密度越低，因此与之配套的就是要同时建设换乘中心。

❶ 上海地铁运营长度将超东京 . 日本朝日新闻，2009-8-23.

❷ 王新军，敬东，苏海龙 . 新时期上海交通体系变革与城镇体系优化的互动性思考 [J]. 城市规划学刊，2010（3）.

图 1-6　日本新干线分布

图 1-8　纽约公交站点

图 1-7　百草园

图 1-9 ~ 图 1-11 为上海 2 号地铁淞虹站换乘枢纽，包括公共汽车转地铁及停车换乘地铁 P+R（Park+Ride），停车后换乘地铁系统，即把汽车开到大容量快速交通站点处，将车停在停车库后，换乘公交系统继续出行去目的地。当然，也可能离开公交系统后，距离最终目的地还有一段路程，于是同样可以利用 P+R 系统解决"最后一公里"的问题，如换乘小巴或骑自行车等（图 1-12、图 1-13）。

图 1-9　淞虹地铁站

图 1-10　淞虹换乘枢纽站
（多层车库及 BUS 终点站）

图 1-11　多层车库
　　　　　入口

图 1-12　地铁站口公用自行车

图 1-13　换乘站自行车库

第四节　构建现代大都会的空间结构

1."整体分散、优势集中"

信息时代人口与产业空间布局具有更大的选择余地。如大公司总部、金融、信息、广告、咨询、保险等仍向中心集聚，而普通的商务办公职能则向外继续延展，形成更为分散的布局。概括为"整体分散、优势集中"。从整体上看，城市的绝大部分功能向城郊或更远的城市影响区扩展。而体现时代优势的产业则向城市或区域内几个战略地区、优势地区聚集。

2.形成多中心、多层次、组团型、交叉式发展模式

信息时代使城市和区域的发展更加活跃，逐渐超越行政管辖范围的约束，走向更广阔的地理空间。城市与城市以及城市与区域之间，改变了原来的经济割据与同构性显著的特点，开展广泛的技术合作和信息交流。原有的"等级"结构模

式已被群体间高度发达的、复杂的，功能上一体化的区域关系网络所代替，形成多中心、多层次、组团型、交叉式发展模式。城市在区域中的地位和作用，不再仅仅取决于其规模和经济功能，在很大程度上还取决于其作为复合网络连接点的作用。

3. 物质交通网络是塑造城市生活空间的主要轴线

交通和信息网络是互相补充而非替代关系。家中办公、网上购物、电视会议……使得城市道路上的"上班族"、"购物族"大大减少。但由于效率的提高、人们休闲时间的增加，"休闲族"、"旅游族"却大大增加。而网上消费无法替代具体物质产品的输送，物质实体的流通仍然是最基础的。

4. 工业布局更趋向分散化和网络化

随着城市中心的集聚成本提高和信息网络的发展，工业生产的空间组合形式、企业的组合形式更趋小型化、分散化；在生产组织与管理上，纵向树形结构将减少，取而代之的是更加错综复杂的网状结构。

"随交通基础设施的发展，同城化概念越来越多地被提及。各个城市的行政边界越趋模糊，一个城市的基础设施和服务设施越来越多地被其他城市分享，一个城市的人流、物流、信息流、商务流越来越突破传统的行政区域界限，在更广的城市群区域内流动、配置，形成一个紧密联系、共享共荣的城市群或大都市经济体。因此，同城化效应的本质是一种空间外部经济，包括高铁在内的各类交通基础设施的外部性，引起时空距离的缩短，并推动了城市群内部产业、就业、人口居住和城镇在空间上的结构重整。"❶

总之，当人类经济、社会活动发展到信息化的时代，则会向高层次演化，即形成"以大区域为单位、大尺度核心集聚"，以及"形成多核心、多轴带等复杂集聚体系"的现象，区域内大大小小的城镇彼此交融、渗透。行政上的空间边界是明确的，但城镇建成区的边界则越来越模糊，已不是简单的等级体系的结构。以大容量快速公共交通系统为支撑，改变传统的等级化、均布式的城镇空间结构，取而代之的是采取 TOD 为主导、高密度混合型的土地利用与开发模式，建构大都市地区的新空间结构。正如前面图 1-1 世界主要大都市区建成区比较中所呈现的高级演化现象，可以称为"大都市地区空间结构的高级化"现象。❷

❶ 张学良，聂清凯. 高速铁路建设与中国区域经济一体化发展 [J]. 现代城市研究，2010（6）.
❷ 陈秉钊. 反思大上海空间结构——试论大都会区的空间模式 [J]. 上海城市规划，2011（1）.

第二章 大城市病非固有而在其结构

我们要实现中华民族伟大复兴的中国梦，就必须培植若干个能参与国际竞争的大都市。一提起大城市，人们就难逃"大城市病"的困惑：住房缺乏、"蚁居群租"，交通拥堵、"肠梗阻"，垃圾围城、"恶肿瘤"，污水横流、"败血症"，雾霾污染、"心肌炎"……但是不妨细想，这些病在一些中小城市不一样有！这些城市病绝非大城市独有的。深究其病根，其实是人们在城市规划的理念、建设方针上出了毛病。

第一节 "摊大饼"符合物理学的原理

一滴水珠、吹鼓的气球在表面张力的作用下总要呈圆球状，因为圆球最紧凑。城市的扩张，沿城市周边铺展"摊大饼"式扩张成本低，也是因为城市最紧凑。英国伦敦是个古典的案例（图 2-1）。（1944 年阿伯克龙比主持编制了大伦敦规划，规划了 4 层同心圈。第一圈内环内将疏散 100 万人口和工作岗位；第二圈郊区环不再增加人口；第三圈为约 16 公里宽的绿带环；第四圈为乡村外环，接受内环疏散出来的大部分人口。）北京是现代的案例：一环、二环、三环……直到七环，环到了河北省（图 2-2、图 2-3）。城市规划师为了摆脱"摊大饼"使城市衍生出许多弊病——城市远离大自然、生态环境差等，于是采取了各种手段企图竭力扼制"摊大饼"，

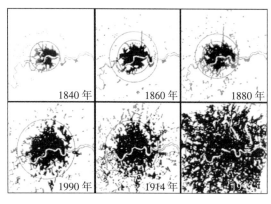

图 2-1 伦敦膨胀图

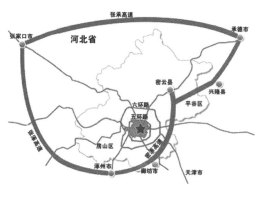

图 2-2 北京环环扩展图

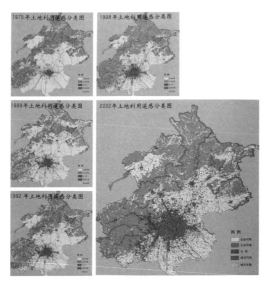

图 2-3　北京遥感扩展时态图

可是始终未能如愿。例如法国，经过一、二十年的酝酿，吸取了英国伦敦（图 2-4）等经验与教训之后，认为大城市是要发展的，用人为的强制手段去压制大城市的发展是不可能的，用城市周围建立绿带的办法来阻止城市的发展，是徒劳无益的，甚至是"幻想"。❶ 正如北京规划了绿环（图 2-5），2002 年笔者参加北京奥运会选址会议时，据介绍北京规划的绿环为 240 平方公里，但现在还完整存在的绿带，大约仅剩 60 平方公里了。巴黎在 1961 年规划中也曾采用过绿带，但城市人口跨越绿带继续向四周蔓延，甚至最后干脆把绿带吞噬了。因此巴黎周围如今已没有绿环（图 2-6），而是在旧城区的左右保留了两大片森林公园（图 2-7）。

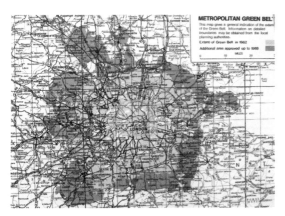

图 2-4　英国伦敦绿环

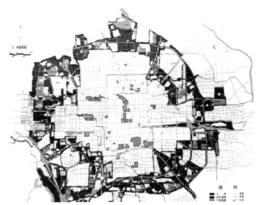

图 2-5　北京绿环

---

❶ 巴黎的新城规划和建设 [M]// 北京市城市规划管理局科技处情报组 . 城市规划译文集 2——外国新城镇规划 . 中国建筑工业出版社，1983.

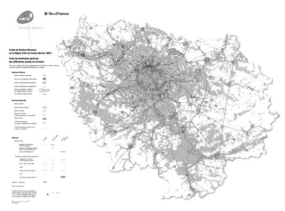

图 2-6　法国巴黎绿地

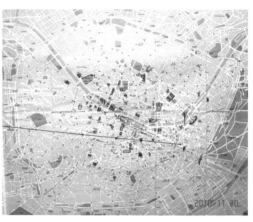

图 2-7　法国巴黎中心城绿地

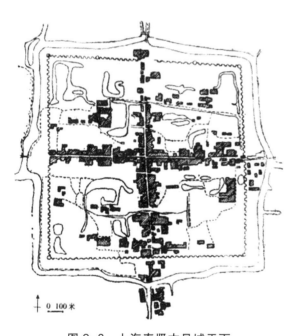

图 2-8　上海奉贤古县城平面

当然，"摊大饼"不是不能改变，虽然它是符合物理学表面张力的原理，同样按物理学的原理，如果加一个外力的作用，它就可能改变。正如恩格斯所说："社会力量完全像自然力一样，在我们还没有认识和考虑到它们的时候起着盲目的、强烈的和破坏的作用。但是，一旦我们认识了它们，理解了它的活动、方向和影响，那么，要使它们越来越服从我们的意志并利用它们来达到我们的目的，这就完全取决于我们了。"❶

为什么许多的古城，方城十字街，往往在城内四角远没有被开发的时候，却在四个城门口，甚至城门外就已经被开发了（图 2-8）。道理很直白，这些地方交通方便，也就是时间节约、紧凑。"摊大饼"的实质就是人们追求时间空间的紧凑。沿着交通要道优先发展，这个现象在北京空间遥感扩展实态中也很明显（参见图 2-3）。感觉到的东西，不一定理解到；只有理解到的东西，才能深刻地感觉到。这揭示了一个深层的道理："摊大饼"表面上看是为了追求平面

---

❶　恩格斯《反杜林论》。

空间的紧凑,但最本质的是追求时间空间的紧凑。这就给大城市空间结构以启示,现代交通系统的规划和城市土地利用规划的密切结合,就有可能摆脱大城市"摊大饼"的困境。

第二节　要"面子"更要"里子",让时间空间紧凑胜过平面空间紧凑

"先地下,后地上"是我们重要的建设经验,但这经验往往被局限在局部战术方面,而在战略上则显得十分迟钝,具体表现在对城市战略性基础设施的漠视。英国伦敦是在 1863 年,美国纽约是在 1868 年,就连匈牙利的布达佩斯、瑞士的洛桑,都在 19 世纪就修建了地下铁道,更不必说在 20 世纪世界上有更多的城市都建了地铁。巴黎 1900 年,柏林 1902 年,布宜诺斯艾利斯 1913 年,东京 1927 年……我国最早的地铁是建于 1969 年的北京地铁。可见我国城市建设指导理念上的差距。

100 多年前西方在没有电气机车,更没有盾构等现代地下工程施工技术的条件下,就着手修建地铁,相信当年的伦敦、纽约等城市的 GDP 也未必比 20 世纪末的上海城市 GDP 水平高,然而上海却是在 1995 年才有了第一条地铁。同样,欧洲许多城市的地下排水管道里可以走小船,而我们一场大雨就让城市"看海"。这些表明,健康的大都市区空间结构需要基础设施的支撑。"摊大饼"等顽疾不是不能被防治的。

城市沿着交通要道优先发展,上海的发展同样体现这个规律(图 2-9)。笔者在 1995 年上海市决策咨询研究课题"上海城市现代化规划"研究报告中,就已提出类似的构想(图 2-10)。也许 20 世纪 90 年代上海的快速、高速路网尚未成气候,更谈不上轨道交通系统,所以只能束之高阁。但可以想象,生活、工作在发展轴上的人们,依托快速、大容量的公共交通,虽然平面空间距离可能是远了,但实际出行的时间空间反而是"近"了。在发展轴与发展轴之间便是大自然,这样既保证了时间空间的紧凑,又使城市紧邻大自然,使大都市区有良好的生态环境。

新版的武汉市城市总体规划(2010—2020 年),就已经从圈层发展的"摊大饼"模式转向以"武汉主城为核心,规划六条向外延伸的空间发展轴线,并在轴线与轴线之间留出生态廊道,总体形成'轴向拓展''轴楔相间'开放式的城镇空间格局。"(图 2-11)❶成都也类似(图 2-12)。

---

❶ 刘奇志,徐剑.全方位构建规划实施的综合体系——以武汉市城市总体规划实施为例 [J]. 规划师,2015(1):5-9.

图 2-9　上海多轴发展态势

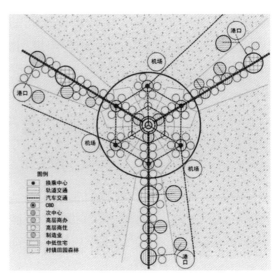

图 2-10　上海现代化规划结构示意

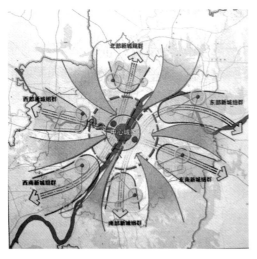

图 2-11　武汉市城市总体规划

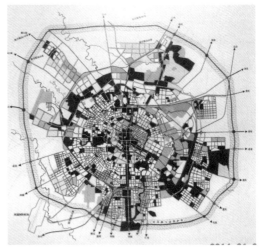

图 2-12　成都总体规划

　　总之，大城市病并非固有的，而在于其结构。以大容量公共交通为骨架，沿交通轴线高强度紧凑开发，轴线保留大自然，既高密度又大疏松；既解决交通的便捷，又保证城市的生态环境质量。当然还有其他方面的规划理念和建设方针的原因，将在其他章节展开。

第三节　城市等级—规模结构是农业时代的产物

　　西方为了解决大城市的问题，英国首先提出在中心城外围建设卫星城以疏解中心城人口的策略。它起源于埃比尼泽·霍华德（Ebenezer Howard）的"田园城市"思想，并付诸实施。如 1920 年在距伦敦 35 公里处建设威尔温花园城（Welwyn Garden City）（图 2-13）。1944 年英国议会通过"新镇法"后，便进入建设新城高峰期，仅伦敦 50 公里半径范围内就建设了 8 座卫星城，130 公里内还有 3 座。经历了 30 多年的实践，英国新城建设不断地总结了经验：①新城人口规模不断扩大，从第一代的 3 万 ~ 6 万人（图 2-14）到第三代（图 2-15）的 20 万 ~ 30 万人；②不仅引进多种工业，还引进科研、行政等机构；③从新建到利用旧镇建新城；④由单纯作为大城市的"疏散"点，转为区域经济的发展点。❶ 但疏散中心城人口的初衷基本没有达到，从这个角度看英国新城并不成功。

图 2-13　威尔温花园城

 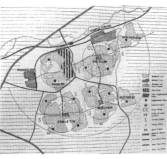 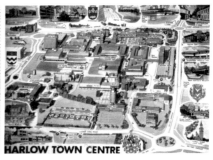

区位图　　　　　　　　　规划结构　　　　　　　　　中心鸟瞰图

步行街　　　　　　　　　购物中心内廊　　　　　　　　住宅

图 2-14　英国伦敦哈罗卫星城

❶ 英国的新镇建设 [M]// 北京市城市规划管理局科技处情报组 . 城市规划译文集 2——外国新城镇规划 . 中国建筑工业出版社，1983.

区位图　　　　　　　　　中心平面图　　　　　　　　购物中心

市场　　　　　　　　　　　工业区　　　　　　　　　　住宅

图 2-15　英国伦敦卫星城米尔顿·凯恩斯

中国的新城建设同样也不成功。例如 1999 年版上海市城市总体规划（1999—2020 年）提出中心城由 900 万疏解至 800 万人，同时外围建 11 个新城，每个新城 20 万～30 万人。"十一五"期间调整为 9 个新城，总人口约 540 万人，其中重点建设嘉定、松江、临港 3 个新城，规模各 80 万～100 万人。但实际发展与目标偏差较大。2000～2010 年上海常住人口由 1658 万人增至 2302 万人，增长了 644 万人，其中新城仅增长 102 万人，约占全市增量的 1/6，而中心城和中心城周边地区人口分别增长了 151 万人和 192 万人。目前中心城 670 平方公里内人口已超过 1200 万人，相比 1999 年的城市总体规划的指标突破了 400 万人。❶

上海的城市总体规划始终按照等级规划的模式编制。例如 1986 年的《上海市城市总体规划》是上海中心城、卫星城、郊区小城镇和农村小集镇 4 个等级结构（图 2-16）。2001 年《上海市城市总体规划（1999—2020 年）》，是中心城、新城、中心镇、一般镇及中心村 5 个层次（图 2-17）。2006 年《上海市国民经济和社会发展第十一个五年规划纲要》，是 1 个中心城、9 个新城、60 个左右新市镇和 600 个中心村 4 个层次（图 2-18）。

图 2-16　1986 年上
海市城市总体规划图

图 2-17　2001 年
上海市城市总体规划图

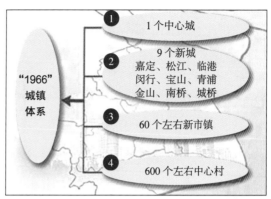

图 2-18　2006 年上海城镇体系"十一五"
规划纲要

这种城镇等级—规模模式，直接原因在于城市规划的编制体制。由于在很长的时间里，中国区域规划没有纳入法定的规划体系，为了克服在城市总体规划中就城市论城市的问题，需要在区域范围内作通盘的考虑，以便为各个城市总体规划提供职能、规模等依据。因此，《城市规划条例》（1984 年）、《城市规划法》（1989 年）以及 2007 年颁布的《城乡规划法》都强调了城镇体系的规划。而城镇体系规划的核心内容是"三结构一网络"，即职能结构、规模结构、空间结构和基础设施网络，近年来又增加了生态环境系统。但实际上，城镇体系规划最终都是归于城镇的等级体系。

而究其思想根源则是源于"中心地学说"的理论。中心地学说是德国地理学家瓦尔特·克里斯塔勒（Walter Christaller）在 1933 年发表的《南部德国的中心地》一书中提出的。这个理论的中心内容，是关于一定区域内城市和城镇职能及空间结构分布的学说，即城市的"等级—规模"理论。并用六边形形象地概括区域内中心城市的级别与影响范围的关系（图 2-19、图 2-20）。在这经典的中心地理论模型中，突出地表达了城镇的等级结构，G、B、K、A、M 五个等级的中心地，各级中心对应于其影响的区域边界呈六边形分布。这与我国的城镇体系的等级结构一脉相承。

这里必须特别指出，20 世纪 30 年代德国南部还处于农业社会，农业社会人类的主要经济活动跟随农地的分布。由于农田是平铺在地球的表面上，人类的生产和生活在空间上的分布、城镇的分布也自然呈现均布的形态；同时也反映了当时的市场区域间的等级关系。也就是说，中心地理论是基于农业社会的历史背景下的一种理论。2001 年上海新版的城市总体规划提出的新城概念，11 个新城中有 10 个都是郊区原县政府所在地。上海郊区县城的布局是继承上海农业社会时

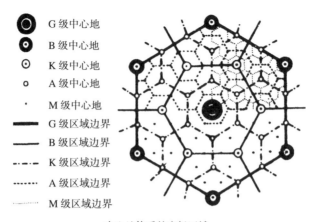

G 级中心地
B 级中心地
K 级中心地
A 级中心地
M 级中心地
G 级区域边界
B 级区域边界
K 级区域边界
A 级区域边界
M 级区域边界

中心地体系的市场区域

图 2-19　中心地学说模型

图 2-20　城镇体系等级结构

代形成的均衡布局的结果。今天的规划由于迁就现有城镇布局的现状，导致难以催生适合现代化国际化大都市的城市新结构。

中心地学说的理论深刻地揭示了"城市在空间上的结构是人类社会经济活动在空间的投影"，"物质向一个核心集聚是事物的基本现象"的基本观点，这具有长远的意义。但是，反映农业社会的"等级—规模"模型，显然已不能正确映射工业化社会、信息化社会的"人类社会经济活动在空间的投影"。这是探讨当今大都市区的空间形态之关键。

总之，要建构现代大都市的结构，必须转变传统的城市规划理念，认识规律，运用规律。在工业化、信息化时代，充分发挥现代交通工具作用，摆脱适应农业社会的等级结构，寻求新的大都市空间结构。（参见本篇第三章）

第三章　建构高效、集约的城市空间

第一节　香港 TOD 的启示与库里蒂巴的经验

　　大城市要有综合的竞争能力，没有相当的规模是难以胜任的。但是规模足够大的城市，便捷高效的交通就是必然要应对的问题。要解决大城市交通问题，固然必须建构综合的交通体系，其最核心和最关键的环节，应是建构以大运量快速公共交通（地铁、轻轨或快速公交等）为骨干的城市交通体系。尤其是城市群交通，还应建构快速骨干轨道交通、如日本东京都新干线 JR、法国大巴黎的 RER、德国的 S Bahn、美国旧金山的海湾铁路等。并以公共交通引导开发（Transit Oriented Development，TOD，公交导向型开发）为原则，把交通规划和土地利用规划两者紧密地结合起来。即沿公共交通线，尤其邻近公共交通站点的地段实施土地混合使用、高强度开发，既保证地铁充足稳定的客流，又形成形态紧凑和高质量的步行环境。最终目的是合理引导城市空间的有序生长，形成高效、集约的城市空间，提供一种高品质的生活方式。大斯德哥尔摩地区与旧金山湾区进行对比，虽然两地区轨道交通规模相当，但由于湾区郊区轨道车站附近鲜有土地集聚开发的行为，湾区居民工作日的日机动车出行距离是大斯德哥尔摩地区的 2.4 倍。湾区居民出行距离为 44.3 公里，而大斯德哥尔摩地区的平均出行距离仅 18.4 公里。[1] 而且火车要比公交车平稳得多，乘客可以在火车上

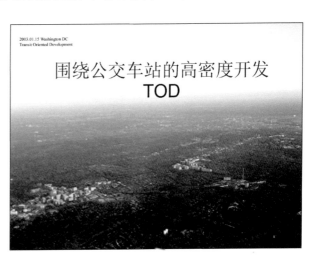

图 3-1 《围绕公交车站的高密度开发 TOD》报告

---

❶ [美] 罗伯特·瑟夫洛. 公交都市 [M]. 宇恒可持续交通研究中心译. 北京：中国建筑工业出版社，2007. 转引自潘海啸. 中国"低碳城市"的空间规划策略 [J]. 城市规划学刊，2008（6）.

轻松地阅读，从而在心理上缩短了通勤时间。

图 3-1 是一帧生动难得的 TOD 照片。时值黄昏，灯已亮起，但还能鸟瞰一座城市。从照片中看到一簇簇建筑密集处，即公共交通站所在。这张照片是美国规划师 Jeffrey Soule 在《围绕公交车站的高密度开发 TOD》报告的标题处用的一张照片。

我国香港就是 TOD 的一个较好例子。香港的陆地总面积为 1100 平方公里，人口约 700 万，由于香港山地多平地少，适宜作城市发展的土地不到 25%。城市建设区的面积仅为 180 平方公里，在这个范围内的人口密度为 3.8 万人 / 平方公里，远远高于其他很多城市的建成区的平均人口密度。❶ 按照我国城市建设用地标准人均 100 ~ 120 平方米计算，城市人口密度为 1 万 ~ 1.2 万人 / 平方公里，因此香港城市建筑容积率也远远高于内地城市，港岛地区容积率居住为 10，九龙为 9，商住高达 12。在这样严苛的城市开发条件下，香港的交通远没有出现内地许多大城市那样严重的问题，其秘诀就在于认真地贯彻了 TOD 的原则。

香港从 20 世纪 70 年代开始修建轨道交通，至 2005 年已建 10 条线路，规模 164.7 公里，日运行平均 19 小时。除迪士尼线外，其他 9 条日载客量 345.6 万人次，占公交总载客量 1000 万人次的 31.6%。根据全港人口及就业分布的调查，目前轨道车站步行范围内（半径 500 米左右）集聚了全港约 70% 的人口和 80% 的就业岗位。❷ 另一数据是香港现有 82.2 公里地铁，站点周围 500 米范围内覆盖全港 36% 的居住人口和 50% 的就业岗位。平均每站点覆盖人口高达 7 万人。金钟与中环地铁站之间虽仅距 800 米，但其间办公建筑依然没有均匀布置，而是分别向两站靠拢。多数建筑到地铁站步行仅 200 米左右。❸ 两个数据本质一致但数据差别颇大，据笔者请教香港规划界同行认为，前者可能是全港的数据，后者指港岛部分数据。但从中更可看出，在香港向新界扩展的过程中，更加重视 TOD 原则的贯彻，因此数据更典型。香港 70% 的人口和 80% 的就业岗位分布在地铁站 500 米范围内，这是一个何等惊人的数字！出家门 500 米进地铁站，出地铁站 500 米到办公室，香港人何必开私家车？

香港地铁网络（图 3-2）、轨道主导城市发展理念（图 3-3），即贯彻"3D"原则：①高发展密度（Density），于车站步行服务范围内，进行集约式高效的使用土地；②多元化土地利用（Diversity）以增加小区活力及双向客流；③强调优质小区设计（Design），无缝连接，完善接驳，人车分隔，美化空间。沿轨道交通线进行

❶ 香港发展局局长林郑月娥出席由香港规划师学会和广东省城市规划协会合办的第三届泛珠三角区域城市规划院院长论坛的致辞《集约、和谐城市的规划理念与实践》，2008.

❷ 欧阳南江，陈中平，杨景胜. 香港轨道交通的经验及启示 [J]. 城市与区域规划研究，2011（1）.

❸ 赵杰. 公交优先战略下的政策应对 [J]. 建设科技，2009（17）.

高密度开发。表 3-1 为香港地铁沿线房地产开发统计 ❶。

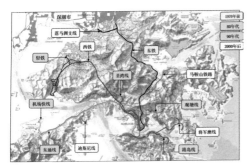

图 3-2　香港地铁网络

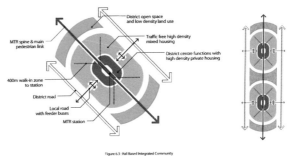

图 3-3　香港轨道交通主导城市发展理念

地铁沿线房地产开发统计　　　　　　　　　　　　　　　表 3-1

	办公楼（平方米）	商场（平方米）	其他（平方米）	住宅（单位）	总楼面积（百万平方米）	住宅/商业比例
市区线	234898	299363	—	31366	2.6	78%
机场铁路	611968	307880	291722	28473	3.5	65%
将军澳线	5000	105814	—	30414	2.3	95%
东铁线	67541	113238	113941	4771	0.7	60%
西铁线	41640	143900	60724	18652	1.5	84%
马鞍山线	—	65193	37800	10686	0.9	88%
轻铁	—	53162	—	9108	0.6	91%
总计	961047	1088550	503737	113470	12.1	

香港总人口 700 万人，流动人口 100 万，登记车辆仅仅 50 万辆（1 辆 /12 人），日载客量 1000 万人次，公共交通占 9 成。其中巴士占 38%，九广铁路、地铁、电车及山顶缆车占 33%，小巴 15%，出租汽车 12%，轮渡与其他 2%。❷

香港从 1973 年开始建设新市镇，30 年先后建成容纳 300 多万人的 9 个新市镇，形成了港九母城和新区相结合的城市格局。9 个新市镇都建有轨道交通线，每个轨道站点步行距离内集中发展大型商业、文化娱乐等各种配套设施和高密度居住区，形成新市镇中心。再往外围则是中等密度的居住区和山体公园，在轨道站点

❶　姚展 . 香港轨道沿线高密度发展及规划 [R]，2008.

❷　张振城 . 香港城市交通的管理模式 [J]. 城乡建设，2007（6）.

平面图

效果图

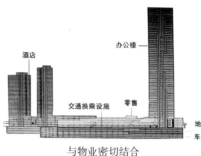
与物业密切结合

图 3-4　香港机场铁路香港站

通过便捷的公交接驳将外围居住区与站点紧密地联系起来。❶

　　香港地铁车站设计过程中充分考虑了地铁与其他交通方式的接驳：①地铁与地铁的接驳，采取同站台换乘、平行换乘以及立体换乘等。②铁路与其他交通方式接驳。地铁站设计时，预留了巴士、的士等停车和车站用地，做到一体化设计，在舒适环境中轻松换乘，同时实行票价优惠。轨道交通做到"站到站"，加上接驳系统，则提供"门到门"服务。

　　香港地铁站周边采用三种开发模式：①车站上盖发展住宅、办公、商场、巴士换乘站，和车站高度融合成为一体社区；②车站四周开发住宅、办公、商场、巴士换乘站等用途物业。③车辆段发展模式，在车辆段上开发住宅、办公、商场等形成大型综合社区，使车辆段和底层承担车辆维修、保养，停车等功能。例如香港机场铁路香港站的综合开发（图 3-4），地块面积 5.71 公顷，总建筑面积415900 平方米，容积率 7.28。包括两座写字楼（建筑面积 254190 平方米），3层商场（建筑面积 59460 平方米），两座豪华酒店（服务式住宅）约 850 个房间，并设置巴士、小巴、出租车转乘处以及约 1300 个停车位。

　　当然，TOD 的原则不是仅应用于特大城市，在大中小城市同样有效，是建构高效、集约的城市空间的重要策略。例如快速公交 BRT 发源地巴西库里蒂巴（人口 120 万人）。1943 年，库里蒂巴在编制城市总体规划时，就认识到迅速增长的小汽车交通对城市可能造成影响，而选择公共交通替代小汽车作为城市的主要交通方式。城市沿着主要公共交通线路向外扩展，呈现出"手指状"的增长形态。库里蒂巴曾考虑建设城市轻轨系统，但是由于资金不足且客流量不够大，最后结合城市特点选择建立一种建设成本低、运营成本低、服务质量好、运作效率高的快速公交系统，即 BRT 系统（Bus Rapid Transit）。中国地铁平均造价 3 亿~ 8 亿元 / 公里，而巴西库里蒂巴 BRT 仅 0.2 亿~ 0.7亿元 / 公里。

❶　欧阳南江，陈中平，杨景胜 . 香港轨道交通的经验及启示 [J]. 城市与区域规划研究，2011（1）.

库里蒂巴拥有 72 公里的公交专用道组成的骨干快速公交系统，运行双铰接公交车，单车载客量为 270人，线路高峰运输能力可达每小时 16000 人次以上，运送速度可达 30 ~ 40 公里 / 小时。库里蒂巴公共交通承担全市出行总量的 68%，其 BRT 系统被誉为"路面地铁"（图 3-5 ~ 图 3-7）。

图 3-5　库里蒂巴 BRT 线平面图

图 3-6　库里蒂巴中心区 BRT 线平面图

图 3-7　库里蒂巴 BRT 沿线高强度开发

库里蒂巴的公交路网可以描述为三个不同服务层次的"大容量快速和支线公交系统"。第一个层次是快速道路系统，共有 5 条快速道路轴线，每条轴线包括 3 条平行道路，中间的道路有两个快速公交专用车道，两侧为供短途交通服务的地方车道；土地使用的有关法律鼓励在轴线周边建造高密度的住宅及商业办公建筑。公交路网的第二个层次是较低一级的区间线路。第三个层次是支线公交线路。

库里蒂巴公交系统的设计理念是舒适和方便，人们可以在 3 个层次公交线网间换乘，换乘不需额外购票。5 个快速公交线路的端点都有大型公交枢纽站，方便人们换乘至区间线路和支线。同时，每条快速线路每隔 2 公里左右设置一处中型公交换乘站。

库里蒂巴公交车辆根据颜色区分：红色为快速公交车，黄色为支线公交车，绿色为区间公交车（图 3-8）。

近年我国已有 20 多座城市也相继发展了 BRT 交通系统，经历了模仿和探索、设施逐步完善、精细化设计和管理阶段逐渐成熟的过程（图 3-9）。

图 3-8　库里蒂巴 BRT 实景

昆明　　　　　　　　　　　　　　济南

北京　　　　　　　　　　　　　　广州

图 3-9　我国城市 BRT

　　1999 年昆明首建"路中式"公交专用道 4.7 公里，中心城区最终形成 82 公里。但 2013 年市政府决定拆除主城区 33 个"路中式"公交站并取消了专用道。

济南 BRT 于 2008 年 4 月开放，目前有"三横三纵"6 条线，46 站，成为国内线路最多，也是第一个形成 BRT 网络的城市。虽有完善的设施系统，由于不处在城市核心地区，客流量有限，单向客流量仅 3100 人次 / 小时。此外，由于没有采用交叉口信号优先控制方式，致使 BRT 的运行速度偏低，与常规公交相比优势不明显，公交分担率近年也呈明显下降的趋势。

广州 BRT2010 年 2 月投入运行，22.9 公里，26 站，创新使用了"专用车道 + 灵活线路"的系统模式，对走廊沿线的公交线路进行优化整合，结合跨站运营、区间运营等措施，将原有 87 条公交线路整合为 46 条。客运量取得突破，BRT 日客运量达 86 万人次（不包括同方向免费换乘人次），超过广州 6 条地铁线路中任何一条的客运量，高峰单向客运量达 2.99 万人次 / 小时，仅次于波哥大"千禧年"。广州 BRT 系统，高峰时速 20 公里 / 小时，提高 25%，准点率提升 20%，走廊上有 20% 出行者转乘 BRT，公交和社会车辆分道行驶，秩序改善，二氧化碳减排 51253 吨。沿线土地增值高于其他地区。初步总结经验是 **❶**：

（1）选线应在交通供需矛盾突出地区，如库里蒂巴的 BRT 走廊正处城市发展主轴上，两侧楼层多在 25 ~ 27 层，外侧机动车道沿线为低密度的居住区；

（2）进行精细化规划设计，如车站大小、预留空间；

（3）灵活线路组织模式，避免固定线路运营的封闭系统，尤其需要增加直达线路的比例，提高效率；

（4）多种交通方式的衔接和 BRT 内部的便捷换乘，同站免费换乘，少设换乘枢纽站，让乘客在 BRT 走廊内可灵活选择换乘车站，"干—支"解决"最后一公里"的出行问题；

（5）重视建设阶段的公共参与，创新运营机制。

第二节　重庆交通午高峰的启示与烟台葡萄串交通构想

大城市，因其大，所以上下班出行时间长，多数人中午只能在单位吃午饭、午休片刻而已。因此，大城市通常只有早晚两个交通高峰时间。可是重庆却不然，除早晚高峰外，还出现了午高峰（图 3-10）。这是因为"重庆自然

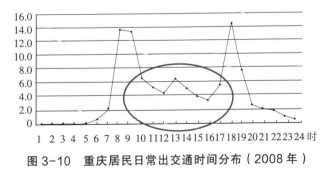

图 3-10　重庆居民日常出交通时间分布（2008 年）

---

❶ 康浩，黄伟，张洋，盛志前 . 我国快速公交系统发展阶段回顾与思考 [J]. 规划师，2013（11）.

地貌对城市空间形成了天然的分割，形成组团状拓展的建设空间，这是自然及历史原因使得重庆市成就了平原城市难以企及的'多中心、组团式'城市空间结构。""在多中心组团条件下，较易形成一定范围内的职住平衡，减少中长距离的通勤出行比例，即便城市总建设用地的规模大、密度高、道路供给不足，但由于出行需求减少或出行距离缩短了，城市跨区的交通压力也就相对较小。"❶

时耗 30 分钟以上大城市建成区与道路数据　　　　表 3-2

城市	2009 年末建成区面积（平方公里）	2009 年居民日常通勤时耗（分钟）	2008 年末人均道路面积（平方米）
北京	1311	52	7.2
广州	895	48	12.8
上海	886	47	15.8
深圳	788	46	6.8
天津	641	40	12.2
南京	592	37	13.1
重庆	708	35	5.9
沈阳	370	34	9.4
杭州	367	34	11.9
太原	238	34	8.8
石家庄	191	32	13.1
武汉	461	31	9.5
成都	428	31	12.7

（资料来源：根据中国科学院可持续发展战略研究组《2010 中国新型城市化报告》整理）

如表 3-2 所示，重庆通勤时耗远低于北京、上海、广州、深圳等大城市，甚至低于南京，与沈阳、杭州、太原相当。这种"大城区、高密度、低通勤时耗"现象说明大城市病不是固有的，而在其科学合理的结构。（参见第一篇第二章第一节）重庆中心城区人口为 500 万人，人口最多的小龙坡区有 117 万人，人口最少的大渡口区仅 33 万人，而最核心的渝中区不过 65 万人（图 3-11 ～图 3-13）。这给我们以启示："大城市发展应克服路径依赖……应选择恰当的时期，主动地去改变城市发展的宏观空间结构，即使平原大城市在空间拓展的形态上难以做到多中心和组团化发展，但仍可在中观层面上促进'职住平衡'及完善设施配套……形成

❶ 李峰清，赵民 . 关于多中心大城市住房发展的空间绩效——对重庆市的研究与延伸讨论 [J]. 城市规划学刊 2011（3）：8-13.

事实意义上的多中心结构，由单中心转向多中心发展。"❶

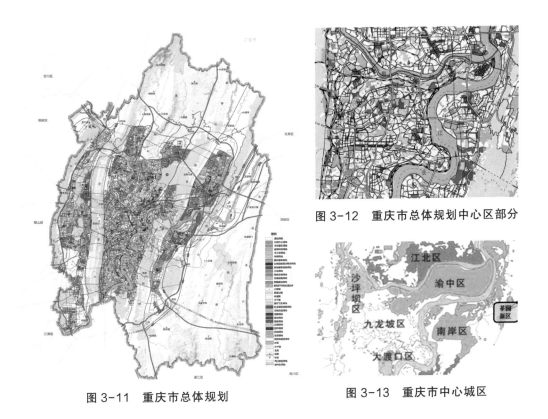

图 3-12　重庆市总体规划中心区部分

图 3-11　重庆市总体规划

图 3-13　重庆市中心城区

　　城市各种要素的聚集就会产生聚集效益。例如由于生产活动在空间距离上的彼此接近，便会带来多方效益：

　　（1）企业集中在一起，企业之间互为市场，彼此提供原材料、生产设备和产品。不仅生产协作方便，供销关系固定，而且距离缩短，运输费用降低，销售费用缩减，从而有利于降低产品成本和销售价格。

　　（2）企业进行生产和经营，所需要的交通运输、邮政通信、水电供应等各项设施可以集中统一建设、使用和管理，比各个企业单独进行建设、使用和管理大大节约费用，并与居民共享，产生更大的社会经济效益和环境效益。

　　（3）企业的集中必然伴随熟练劳动力、技术人才和经营管理干部的集中，使企业能够得到它们所需要的各类人员，同时各类人员也容易获得合适的工作岗位，发挥专长，从而创造出更多的社会财富。

---

❶ 李峰清，赵民.关于多中心大城市住房发展的空间绩效——对重庆市的研究与延伸讨论 [J]. 城市规划学刊 2011（3）; 8-13.

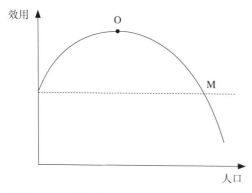

图 3-14　城市人口规模与居民效应关系图

（4）便于企业之间直接接触，得以彼此学习，相互交流，广泛协作，推广技术，开展竞争，从而刺激企业改进生产、开发产品、提高质量，创造出巨大的经济效益。

（5）企业和人口的集中，为工商企业扩大了市场。商业、金融、科技、信息、文化、医疗机构条件更为优越，不但有利于企业的生产经营活动，也更有利于居民的生活。

但是，随着集聚的加剧，城市交通拥堵，运输通勤成本上升，地价房价上涨，商务成本增加、生态环境恶化，热岛效应加剧……总之，随着聚集的加剧，这些正效益会逐渐地被负效益所抵消，它将达到一个转折点。"亨德森（1974）认为，城市中企业的集聚产生了外部经济，而人口集聚过程中产生的交通费用等，则会导致外部的不经济。两者间的相互作用便可以反映城市人口规模和居民福利的关系，这种关系可以表示为倒 U 形曲线。在人口数达到 O 点时，城市达到其理想规模，城市一旦超过这规模以后，居民的效益就会遭到损失，离心力就会逐渐增大。"❶（图 3-14）❷

从理论上讲，城市集聚规模超过了转折点，就会从向心的集聚转向离心的分散。可是，实际上城市的离心分散化是迟钝的。这是因为"首先，市场主体难以敏锐地感知微妙的效益与成本的变化……这对于个人来说，进入城市仍然是有利可图的，只不过净效益已经低于最大化水平了。虽然，有一部分很敏锐的人迁出城市去发展，可能获得更高的效益；但往往对于多数人，由于路径依赖的关系，只有当进入该城市完全无利可图时，才会迁离。这时城市规模才会不再扩大。

其次，人口集聚存在着难以度量的外部性收益和成本。从居民经济效益角度，导出的城市最佳规模的解，并没有考虑除直接经济因素外的其他因素，没能将拥挤带来的时耗、健康损失、环境恶化、管理困难等成本内化为经济成本。对于过度集聚，产生的上述外部成本，市场主体尽管可能或多或少地感受到，但难以度量、核算成相应的经济成本，导致多中心裂变的滞后。

第三，市场主体行为非统一性和非同时性，导致新中心难以迅速上规模见成效。少数人孤身前往只会造成利益损失。要使大量人口能够迁至新地区，政府必

❶　王旭辉,孙斌栋.特大城市多中心空间结构的经济绩效——基于城市经济模型的理论探讨 [J].城市规划学刊,2011(6):20-27.

❷　藤田昌久,保罗·克鲁格曼,安东尼·J·维纳布尔斯.空间经济学——城市、区域与国际贸易 [M].梁琦译.中国人民大学出版社,2005:24.

须为他们创造迁移的条件。因为没有人愿意迁往基础设施落后、公共服务尚不完善的地方。因此，政府应弥补市场的不足，代表城市整体利益进行引导。"❶

根据 2009 年 8 月上海中心城区居民问卷调查对分别有 68% 和 77.1% 的人不愿意到新城居住和工作原因的调查（图 3-15、图 3-16）。就可以为政府在推动新城建设，引导特大城市从单中心走向多中心的政策、措施指明了方向。❷

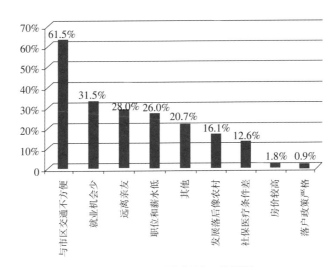

图 3-15 不愿去新城工作原因

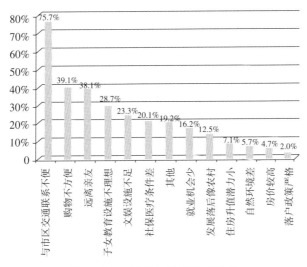

图 3-16 不愿去新城居住原因

❶ 王旭辉，孙斌栋.特大城市多中心空间结构的经济绩效——基于城市经济模型的理论探讨[J].城市规划学刊,2011(6)：20-27.

❷ 王颖，孙斌栋，乔森，周洪涛.中国特大城市的多中心空间战略——以上海市为例 [J].城市规划学刊，2012（2）.

（1）新城功能定位偏低，从属和服务于中心城区。

（2）新的产业支撑不足。主要制造业岗位、服务能级严重不足。资本、技术密集产业带动系数不高；服务业不强，使新城生活环境缺乏吸引力。

（3）缺乏高效便捷的交通联系。即使松江9号地铁也因时间长、站点多，换乘不便。

（4）公服能级低，购物不便是第二大原因。

（5）宣传不到位，社会认知度低。42.8%的人不知道新城。

（6）中心城区住宅建设量居高不下。巴黎城区在1946年宣布停发建设许可证，鼓励在郊区建房。东京动员工厂企业、居民迁往筑波新城，提高中心区土地价格，严格限制在中心区新建工厂和大学。

（7）新城开发和管理的体制滞后。区政府开发、市级机关分头管理，难以政策合力以及资源和要素的规模集聚。重大项目（如迪士尼公园）乃至保障住宅基地建设，都未向重点新城倾斜。重大产业基地和市级工业区建设在空间上自成体系。区政府力争增加地铁站，提升地价、站点商业、地产开发，导致运行时间长，换乘空间不足。

（8）缺乏立法保障、政策倾斜。

总之，细胞必须成熟才能分裂或分化出具有相应功能的子细胞。特大城市从单中心分裂为多中心，同样需要成熟的条件。特大城市分裂后的各个组团具有相当的规模，便有可能配置足够的公共服务设施，保证具备各种现代城市功能，宜居，宜业。而中小城市，除因地形条件约束外，不应人为地去"分裂"，为"组团"而组团，造成城市功能不完备。

而特大城市的"分裂"，在市场经济环境大背景下，信息不完全对称，"看不见的手"的市场主体难以敏锐地感知微妙的效益与成本的变化。作为市场"守夜人"的政府，就应该发挥作用，"该出手时就出手"。政府对市场进行干预，引导城市空间形态健康演变，是不可推卸的责任。

为推动新中心的成长，快速大容量交通、市政基础设施、文化娱乐、医疗卫生等公共服务设施等的投入是巨大的，而且早期的效益是不明显的，正如任何"转型"都难免有阵痛期一样。所以，这些都得靠政府去培育市场，迎来市场在新地区再次发挥集聚的效应。为了加快次中心的成长，应防止四面出击，设置过多的次中心，不宜一哄而上，而应集中力量，早日见效，明白"伤其十指，不如断其一指"的道理。

与重庆类似的烟台市，也因地形的约束，形成了东西沿海岸线长达70多公里，而纵深仅几公里的带状城市。烟台城市空间虽然难以紧凑，但这种带状城市可以转化为一种优势：只需二三条的快速公交线路，就可能覆盖大部分城市区域。就像葡萄串，组团间行驶大站快车，以时间空间的紧凑弥补了地理空间的不紧凑。到达每一个组团后，只需换乘一次，就可能实现组团内的交通通达（图 3-17）。地形引导形成了一个公交优先、绿色交通、低碳的城市规划。

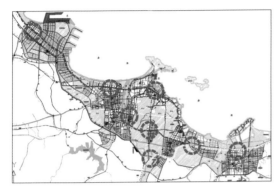

图 3-17　烟台市快速交通规划

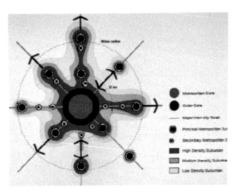

图 3-18　合理的城市空间结构

　　上述重庆交通午高峰的启示与烟台葡萄串的交通构想，都是由于地形因素逼出来的，这启示和构想表达了规划因地制宜的结果。但更重要的是要总结它的规律，那就可能成为普适的科学规律。在平原、无地形约束的地区，特大城市就应运用这规律构建更合理的城市空间结构（图 3-18）。人们感觉到的东西，不一定能理解它，只有理解它，才能更深刻地感觉到它，掌握它。中央城市工作会议（2015年12月20日）指出的第一点，就是"尊重城市发展规律"。

第三节　美国土地不缺，纽约曼哈顿容积率与香港相当

　　中国国土面积 960 万平方公里，美国国土面积为 937 万平方公里，两国几乎相等。但中国 2015 年人口为 13.7 亿，美国 2015 年人口为 3.2 亿人，仅是中国的一个零头。况且中国国土中平原仅占国土面积的 12%，而美国平原占 40%。显然美国土地资源要比中国强出许多倍。然而美国的纽约中心区曼哈顿的建筑容积率却高得惊人（图 3-19）。纽约曼哈顿建筑容积率高达 15 ~ 16，竟然和土地严重稀缺的我国香港相当。纽约这种

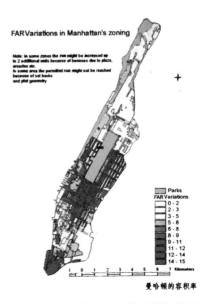

图 3-19　纽约市中心曼哈顿容积率

趋势不但不因信息化时代的到来而缓解，相反地甚至还在加剧（图 3-20）。仅仅在两年前，整个纽约只有 5 座超过 1000 英尺（约合 304.8 米）的摩天大楼。如今，在曼哈顿与布鲁克林，已经有 20 多座高楼正在兴建或规划中，特别是在曼哈顿中城的 57 街周边，新一轮面向百万富翁的奢华摩天大楼的建设正在如火如荼地展开，使曼哈顿中城的"摩天竞赛进入快车道"。❶从美国特大城市的中心区土地资源的稀缺，到全球人口的剧增、全球土地资源的稀缺，因此美国学者提出垂直城市的设想（图 3-21）。❷

图 3-20　纽约新增摩天大楼　　　　　图 3-21　垂直城市

这种态势究其原因，无疑是聚集效应的市场经济规律使然。面对我国城市纷纷步入存量时代，严控城市的扩张，上海市甚至提出城市负增长的目标。更应令人深思、反思笼统提出"双减"（减容积率、减高度）的原则。这是对规划工作者智慧的挑战，因为控制的目的是促进城市健康发展，而不是抑制城市的发展。

城市的"高层建筑投下了很长的阴影，使街道更阴冷，而且常常增大了通过街道的风速（宽阔的道路尤其如此）；高层建筑将许多人汇聚到一处，其外形显得不易接近和让人厌恶。并且，在今天的开发模式中，因为高层建筑而新增的交通量经常使街道阻塞。"但如果更进一步思考高层建筑的这些弊病时，你会发现它们更多是在有条件下才会出现的现象，并非绝对的……如果有人钟情于住在高层楼宇或与其比邻而居，喜欢大量人口（成百万人口）聚集在一起，才能实现的生活方式和文化的多样性，我们该怎么办？如果能以优美的建筑取代单调重复的，如档案橱柜般单调排列的巨大方盒建筑，我们又该怎么办？为什么不遵循前面提出混合使用的导引原则和邻接政策（proximity policies）来进行开发呢？这样，高层建筑将不会造成紧张、嘈杂、难闻的气味以及危险的街道，因为小汽车将很

❶ 曼哈顿中城的"摩天竞赛". 全球·城市 [瞭望]. 上海市城市规划设计研究院内部资料，2016 年 1-2 月.

❷ 金世海（KennethKing&Partners 建筑师事务所合伙人，垂直城市发起人）《垂直城市的发展前景》.第十一届城市发展与规划大会，2016.

少需要使用。"❶

"高密度开发都是被作为规划的对立在加以排斥的，世界银行在评述中国城市规划的不足时曾指出，规划者未能评估市中心区非稠密化战略的消极后果。这一战略是经下述假设为基础的：非稠密化是件无可争议的'好事'。"❷"低密度开发思想被重新评估：1988 年东京，'近代城市规划一百年与 21 世纪的展望'提出'高强度混合开发'（intensive mixed development）的概念，标志非稠密化理念所憧憬的田园式城市风光已经变成过去的梦想。城市中心高密度发展得到了广泛的认同。一是土地，二是技术的可能。'向空中争取空间'（develop space to air）建筑高层化在土地利用综合化基础上，新的高强度城市形态和近代西方工业城市拥挤、混乱和无序的状态完全不同……""传统城市规划的错误（不足），并不在于它的理性，而是缺乏与这科学精神相一致的技术手段……热带雨林的启示：不同植物的组合，喜光得光，喜阴则阴一共生。"❸"如剧院、仓库、照相冲印店以及某些工业生产不需要许多自然光源——甚至需要人造光光源。"❹

大城市高层高容积率是难以回避的，但高容积率而低密度是可能的。美国纽约曼哈顿的中央公园，香港 40% 是郊野公园，都是采取有密有疏，以密换来疏的策略，让人们"居城市有山林之乐"，让城市生活更美好。

❶ [美] 理查德·瑞杰斯（Richard Register）. 生态城市伯克利：为一个健康的未来建设城市 [M]. 沈清基，沈贻译 . 中国建筑工业出版社，2005.

❷ 世界银行调研报告《中国城市土地管理：正在形成的市场机制所面临的选择》，1992：208.

❸ 陈荣 . 中国现代城市开发的运行与调控理论研究 [D]. 南京：东南大学，1995.

❹ [美] 理查德·瑞杰斯（Richard Register）. 生态城市伯克利：为一个健康的未来建设城市 [M]. 沈清基，沈贻译 . 中国建筑工业出版社，2005.

第二篇

城市规划体制改革与创新

前 言 思考比亢奋更有力量

　　我国经历了 30 多年持续、快速的发展，人口、资源、环境的矛盾已空前严峻。可持续发展，实现经济、社会发展全方位的转型，成为我们面对的挑战。"经济换档期"、"结构调整阵痛期"、"前期刺激政策消化期"三期重叠，我们面对从高速发展转为中高速发展的"新常态"，可概括为转型。转型绝非局限于经济领域，而是涉及各领域的相关联的大变革。

　　在这转型时代，我们需要的是思考，凤凰卫视董事局主席刘长乐曾说："思考中的城市比亢奋中的城市更有力量"。❶

　　例如 20 世纪 90 年代，上海为了产业的升级，将传统的支柱纺织业，百万纱锭就地砸烂，直接的结果是上海 55 万纺织职工有 52 万下岗。然而这个阵痛终于换来了上海的新生。上海新的六大支柱产业——汽车制造、通信设备、成套设备、石油化工、钢铁和家电兴起了。

　　上海的壮士断腕、破釜沉舟之举，必定经过绞心的思考。这生动诠释了"思考中的城市比亢奋中的城市更有力量"。如果不善于思考，习惯于照老思路做事（路径依赖）就不会另辟蹊径，有所突破，迈入新境。

　　近年我国正在去产能、去库存、去杠杆、解决僵尸企业。李克强总理说："近三年淘汰落后炼钢炼铁产能 9000 多万吨、水泥 2.3 亿吨、平板玻璃 7600 多万重量箱、电解铝 100 多万吨"，都是在经济领域坚定地进行转型。❷同样地，其他领域也要转型。2016 年 2 月 6 日发布的《中共中央　国务院关于进一步加强城市规划建设管理工作的若干意见》就对城市规划建设管理方面提出许多转型的要求。如强化城市规划工作中要求依法制定城市规划，如"实现一张蓝图干到底"、"推进两图合一"等。

　　面对转型，我国城市规划诸多困局同样需要思考，需要转变观念，需要变革和创新。

---

❶　深圳"国际城市创新发展大会"，2012 年 2 月 23 日。

❷　2016 年政府工作报告，2016 年 3 月 5 日。

第四章　战术型总体规划与战略规划五案例

第一节　战术型总体规划与战略型总体规划

传统的城市总体规划虽然也研究城市远期的发展目标、城市性质和规模，但最终是落实在很具体的技术层面上。规划安排得过细、过死，土地使用划定得十分详细，图例的颜色多达数十种。但这种静态的、终极理想的安排，在变化发展中不断地被实际所冲破，于是规划不得持续地调整修改。这种详尽的战术型总体规划修编工作注定周期长，短则 1 年，多则 10 年。这就造成已批准的规划和实际相互之间的矛盾，难以执行，若要执行则合法但不合理；而正在修编的规划，显然较符合实际，但还没获得批准，若执行则合理而不合法。

传统的总体规划远期考虑 20 年，近期规划 5 年，姑且称之为看两步走一步的规划模式。20 年对于城市发展历程是短暂的，尤其在经济快速发展的年代，常常潜伏着近视的后患。如江苏省某市在 1983 年的总体规划中（图 4-1），已将高压变电站安排在城市东北角外相当远的地方。然而城市的迅速发展，到 2000 年城市已逼近变电站及高压走廊，变电站及高压走廊恰在城市发展主方位上，成了城市进一步发展的障碍（图 4-2）。就是因为当年规划只考虑 20 年的"远期"。

图 4-1　江苏省某市城市总体规划

图 4-2　江苏省某市 2000 年现状图

城市的发展本身存在着由量变到质变的过程。如城市规模从中小城镇发展成为大城市，或从单一的工矿、交通枢纽、港口城市发展为综合性的中心城市，这质变可能在 20 年后发生。一旦发生质的飞跃，木已成舟的城市格局就很难适应新的城市发展合理结构要求，结果弃之不能，就之遗憾，成为城市健康发展的包袱（图 4-3）。如果预见了城市在 20 年、30 年后可能要突破 50 万以上人口规模，那就应在城市发展的结构控制上有意识地避免同心圆的紧凑空间形态，而引导向轴向发展。当人口超过 50 万人口后，就可能用一条轴向加一条环线，组织快速大容量公共交通系统，既生态又高效，创建一种可生长的城市结构。

例：40 万人口城市

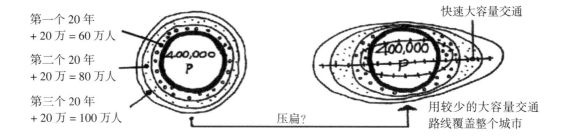

第一个 20 年
+ 20 万 = 60 万人

第二个 20 年
+ 20 万 = 80 万人

第三个 20 年
+ 20 万 = 100 万人

快速大容量交通

压扁？

用较少的大容量交通路线覆盖整个城市

超过 100 万人口城市需要快速大容量公共交通

图 4-3　城市量变到质变

传统的总体规划深刻着计划经济的烙印，城市规划人口规模 50 万人，规划的城市建设用地大约就是 50 平方公里左右，这是一种对号入座式的规划，缺少选择的余地，一切都必须按照计划"对号入座"。但在市场经济条件下，土地已成为一种商品，商品的主要属性是可选择的，应该给投资者以选择权。规划的引导和控制只能是大的框架，而具体落实上，不同投资者的价值标准与判断存在着差异，规划若不提供选择的可能，显然不利于招揽投资者。

传统模式的城市总体规划并非不关注长远的、战略的安排。1991 年建设部第 14 号令《城市规划编制办法》中明确指出："城市总体规划的期限一般为 20 年，同时应当对城市远景的发展作轮廓性的规划安排"；2005 年建设部第 146 号令也明确指出："城市总体规划的期限一般为 20 年，同时应当对城市远景发展的空间布局提出设想"。例如重庆市在 20 世纪 50 年代编制总体规划时就早早预留了重庆国际机场的场址。20 年过去了，国际机场无影无踪。30 年过去了也没动静，多少人指责，好端端一块地不用，多少人觊觎，川气要出川，高压走廊要通过，规划管理部门得罪了多少人？可是到了 20 世纪 80 年代，中央决定在中西部地区建设一个国际机场，当时有三个备选城市：西安、武汉和重庆。西安地处关中平原，武汉也是平原地区，而重庆则是个山城，要找一块适合建大型机场的场址难度是显而易见的。但重庆似乎是"信手拈来"，经过三市评估决定在重庆立项，显然这应归功于重庆总体规划有战略眼光。

我国传统的总体规划和英国战后的总体规划（Master plan）很类似。因其静态的土地使用规划，缺乏灵活性和应变能力，越来越受到质疑。英国终于在 1971 年修订了《城乡规划法》，确定新的城市规划体系，主要包括两个层次的规划：一是结构规划（Struncture Plan）由郡规划委员会制定，经国务秘书审批核准；二是地方规划（Local Plan）由区规划委员会或郡规划委员会制定，由郡政府审批核准。

"结构规划"是十分确切的表达，它只是给城市发展确定一个框架，细部是没有的。结构规划又称战略规划（Strategy Plan），其与传统的土地利用规划最重大的区别是，摒弃了土地利用规划的终极规划模式，而突出了城市发展方向、整体空间框架（结构）的战略部署和过程的控制。

例如英国 1989 年编制的埃温（Avon）郡结构规划（图 4-4），只有几类土地性质的分区和主要的交通干道骨架，图例颜色不过三四种。对不同土地性质仅作出原则的规定，例如规定 3 类区是内城政策区，不宜作工业用途，在已是工业的用地内，不宜插入居住用地或在内部进行开发……这种原则（政策）性的规定，既抓住了城市建设的关键问题（用地性质），又给日后实施过程中以很大的灵活性。

图 4-4 英国 Avon 郡结构规划（1989 年）

而 1996 年编制的北森布郎郡（Northumberland）结构规划（图 4-5）则更加框架，只是在图纸的左侧列出必须遵循的政策（policies）如 L6、L8、L10……因此这种结构规划，图纸十分简要，而大量是文字的政策规定。这种战略型的总体规划主要特点有：

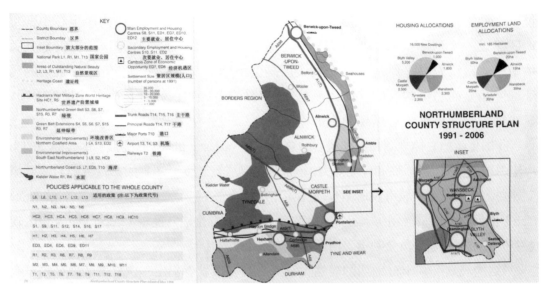

图 4-5　英国 Northumberland 郡结构规划（1996 年）

（1）城市规划应该是适应经济、社会发展变化的一种动态型的规划，面向实际，促进城市发展目标的实现，所制定的规划应具有灵活性；

（2）城市发展的战略研究和与之相应的政策的制定应成为城市规划的核心内容；

（3）城市规划是反映公共、私人及各个团体的利益，相互协调对话的产物。公众参与应成为城市规划制定过程中的重要步骤和组成部分，同时也为规划实施过程提供协调对话的平台。

"这种制定规划的途径与过去的理念完全不同，过去认为我们能够制定出固定的规划，让将来的子子孙孙去逐项完成。"但是，实际是"你不能够制造一个规划（make a plan），你只能够培植一个规划（grow a plan）。"——美国费城规划处原处长爱德蒙得·培根（Edmud Bacon）❶

"战略"一词源于军事科学，它是与"战役"、"战术"相对而言的概念。战略是对战争全局的策划，对战役、战术应用的组织和指导❷，这种概念逐渐推广应用到其他领域，泛指重大的、带全局性的、长期性的、相对稳定的、决定全局的谋划。

20 世纪 80 年代，我国学者开始介绍国外战略规划经验。20 世纪 90 年代进行了探索性实践，珠海在 20 世纪 90 年代初编制了可能是国内首个城市发展战略

---

❶　W·鲍尔. 城市的发展过程 [M]. 倪文彦译. 中国建筑工业出版社，1981.

❷　转引自于光远. 经济、社会发展战略 [M]. 中国社会科学出版社，1984：254.

规划，1993 年潍坊编制了远景规划，尤其是 2000 年广州总体发展概念规划提出"北抑、南拓、东移、西调"发展策略的战略规划之后，此类规划在全国开始风起云涌。❶ 这类"战略规划"并非是法定的规划，其实质应是一种研究，为城市总体规划提供思路。

其实在现行的总体规划纲要阶段，所需完成的主要任务基本反映了城市建设发展的战略问题。如提出城市规划区范围；分析城市职能，提出城市性质和发展目标；提出禁建区、限建区、适建区范围；预测城市人口规模；研究中心城区空间增长边界，提出建设用地规模和建设用地范围；提出交通发展战略及主要对外交通设施布局原则；提出重大基础设施和公共服务设施的发展目标；提出建立综合防灾体系的原则和建设方针等。概括地说，就是性质、规模、空间布局与重大基础设施四大内容。

传统的城市总体规划，一般是在二维空间的平面图上作业，但作为全局的、长期的谋划则必须是四维的，第四维的时间空间之部署是不可忽视的。例如张家港市（原沙洲县杨舍镇），1977 年规划时，当时城市显然已向西发展，工农路（今暨阳路）路幅已拓宽，电线杆已躺在路边。而杨虞公路和杨澄公路是联系上海到苏北（江阴车渡）的要道，若城区向西发展，必然造成市内交通和过境交通互相切割，路况不佳的杨澄路段将是交通事故多发之路段。因此规划则强调应先向东建设东区，同时抓紧修建规划的东侧新环路（规划的次年就动工了），以便将过境交通引向东南侧之后，将杨澄公路变成市内道路时再向西发展。

总之，人无远虑必有近忧，城市发展在时序上的部署是战略部署的重要内容，四维空间的谋划是城市规划的重要特征。应从宏观层面上把握城市发展的定性、定向及空间结构等战略问题。如果不在这些战略性的问题上深谋远虑，那么总体规划做得再细、再具体都将因目标和结构不合理，给城市发展带来全局性的、长期性的影响，犯历史性的错误。

但是必须指出，城市总体规划正走向战略、走向宏观，尤其今天城市规划已被定性为政府重要的公共政策。（"公共政策的定义——公共政策是以政府为主的公共机构，为确保社会朝着政治系统所确定、承诺的正确方向发展，通过广泛参与的和连续的抉择以及具体实施产生效果的途径，利用公共资源达到解决社会公共问题，平衡、协调社会公众利益目的的公共管理活动过程。"——国家公务员考试试题）《城市规划编制办法》指出："城市规划是政府调控城乡空间资源，指导城乡发展与建设，维护社会公平，保障公共安全和公共利益的重要公共政策之

---

❶　参考郑德高，孙娟 . 基于竞争力与可持续发展法则的武汉 2049 发展战略 [J]. 城市规划学刊，2014（2）.

一"，是政府针对市场失灵而进行公共干预的基本手段之一，绝不等于要解决城市的所有领域的问题。而主要是立足于城市空间资源的配置上，发挥公共政策的作用。外国在战略规划中常划分"政策分区"，就是政策的导向与管控，是空间公共政策的具体体现。英国"大伦敦规划的重点是空间规划，此外还包括了就业、教育、卫生、收入分配等多方面内容。人们抱以很大期待，然而'20世纪70年代以失败告终的结局'无疑是对城市规划界的沉重打击。实践证明，城市规划并不是'包治百病'的灵丹妙药；如果没有相应的政府政策和法律保障，空间规划将很难在社会领域发挥作用。"❶ 这教训告诫我们，城市规划的职能是有边界的。

正是因为城市发展战略研究的重要性，许多城市不仅在城市总体规划中走向战略型，还纷纷编制更长远的战略规划。例如《纽约2030》的规划目标是"创造一个更绿色，更美好的纽约"，《芝加哥2040》的规划目标是"更宜居与更具竞争力的地区"，二者都没有特定的规模目标和结构目标。❷ "墨尔本2050"规划的目标是"宜居城市"，内容包括"多元化的经济和就业、健全的民生保障、便捷高效和以人为本的交通出行、优质的资源、更优美的环境、丰富的休闲游憩空间及可持续的社会创新能力等。"❸ 还有《悉尼2030》、《东京2050》、《北京2050》《上海2040》，山东省潍坊市请新加坡雅恩柏设计事务所编制了2070年《潍坊市概念性空间发展战略规划》等。希望这些规划能反思以往的工作经验，如张兵（2002）批判地总结广州、南京和江阴等3个战略规划实践，认为"战略规划在技术上还谈不上成熟，方法系统性也不明确，实践过程中还有许多问题"。崔功豪（2002）认为战略规划"不是一个完整的都市区规划，既缺乏区域规划的广度，也缺乏总体规划的深度"。邹德慈（2003）认为战略规划存在四个方面问题：战略规划与法定总体规划的关系未厘清；片面追求脱离实际的"突破"和"亮点"；目前战略只是指"宏观"，应既宏观又微观；战略规划"立足点"多局限于城市本身，应该以区域、国家为"立足点"等等。❹ 应及时总结经验，使这些规划更有实效。

第二节　歪打正着的潍坊远景规划

传统的城市总体规划在计划经济向市场经济转轨及经济快速发展的背景下，不得

---

❶ 赵民，雷诚.论城市规划的公共政策导向与依法行政 [M]// 张庭伟，田莉.城市读本（中文版）.中国建筑工业出版社，2013：277.

❷ 杨保军等.社会冲突理论视角下的规划变革 [J].城市规划学刊，2015（1）：25-31.

❸ 郑泽爽."墨尔本2050"发展计划及启示 [J].规划师，2005（8）：132-138.

❹ 郑德高，孙娟.基于竞争力与可持续发展法则的武汉2049发展战略 [J].城市规划学刊，2014（2）.

不频繁修编，十分被动。1994 年时任潍坊市委齐书记设想，能否编制一个长远的规划，"远景规划"因此而起。

借鉴英国的结构规划（Structure Plan）（图 4-4、图 4-5）、新加坡概念规划（Concept Plan）（图 4-6）、澳大利亚首都堪培拉 1970 年战略规划（Strategy plan）（图 4-7），都如同《明日堪培拉》（Tomorrow's Canberra）前言中指出的："综合性的详细规划已经发现是不实际的。这个文件不是僵硬的详细的规划，而是一个战略的考虑。"

图 4-6　新加坡 1971 年概念观划　　　　　图 4-7　堪培拉 1970 规划方案

总图　　Y 轴线空间布局方案　　交通方案

英国结构规划主要划定各功能区，如就业居住、绿带、历史遗产等以及重要基础设施安排。而对各功能区只是规定其适合的政策，如居住政策 H1 是在 1991～2006 年间可发展 16000 套住宅。就业政策 ED6 与 ED1、ED2 配套，至少提供 185 公顷的商务用地（business park），而没有具体的空间规划安排。

新加坡 1971 年概念规划确定：①采取环状发展方案，发展环的核心是水源的生态保护区，禁止任何开发活动；②城市中心确立发展为一个国际性的经济、金融、商业和旅游中心；③沿着快速交通走廊，形成兼有居住和轻型工业的新镇，并将市中心的人口和产业疏散到这些新镇；④一般工业集中在裕廊工业区。

堪培拉的战略规划（1970 年）研究了经济社会等未来发展，如妇女就业将提高家庭收入，产生每户第二辆汽车和第二套住宅的需求，青年人要求第二个学位等与相应对策。预计堪培拉人口将从 15 万人发展到 100 万人，为此制定了可成长的"Y"字形的带状空间结构。

总之，这些变革以不同的方法力图摆脱传统城市总体规划（Master Plan）过细、过死的弊端。

在借鉴上述国际经验，总结中国的实践的基础上，潍坊远景规划从区域、产业、资源、生态环境、综合基础设施、用地布局等方面（10个专题）进行了分析研究，并总结了三句话："展望更远的时间空间"，"审视更广的地域空间"，"透视更深的内部空间"。

"展望更远的时间空间"意为规划突破了总体规划20年期限，根据潍坊城镇化率达到70%，城镇人口达到稳定期（约2050年）来框定潍坊中心城区人口约120万～160万人。（潍坊市1994年市域人口900万人，中心城区人口45万人。根据人口的动态模拟预测，全市域人口高峰出现在2030年，可达1100万人。预计到2050年城镇化将达到成熟期，即城镇化率达到70%时，全市域人口将回落到1000万人，所以总城镇人口为700万人。再根据各等级城镇的合理规模等级分配，潍坊中心城市人口可能达到120万～160万人，并从土地、水等资源的相关分析论证是可行的。）据此编制潍坊市远景规划（图4-8）。越远的东西，人们看到的越是轮廓的东西，细节是模糊的。因此远景规划宜粗不宜细，重点在于把握城市发展的大方向、大结构和重大基础设施。另外，为防止城市过早铺开架子，专门编制了城市发展导向图（图4-9）。

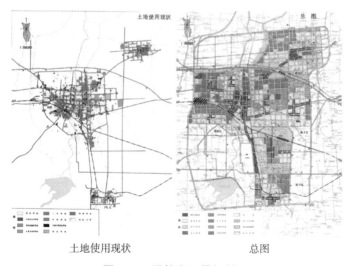

土地使用现状　　　　　　　总图

图4-8　潍坊市远景规划

图4-9　潍坊市远景规划分期
建设导向图

潍坊市在过去的实际运作中，基本没有发生远景用地过早被开发，把城市摊子拉大的严重问题。说明只要规划布局合理，控制开发时序，政府在尊重规划、管控开发上有所作为，远景规划是有时效性的。

又如"审视更广的地域空间"，潍坊市北滨渤海的莱州湾，由于水浅不适合建港。但从区域上考察，从河北的黄骅港到山东烟台的龙口港之间，漫长的420公里海岸线没有一个港口。从经济和市场分析，规划了港口，显然这规划摆脱了计划经济的思维模式。可喜的是潍坊港2010年吐吞量已达1400万吨，成为国家一类开放口岸。由于潍坊港的规划，从渤海到东海的交通就可能避免走水路，要绕行山东半岛而改走陆路的交通捷径（图4-10），这样潍坊市就可能成为交通的枢纽。

有趣的是，后来潍坊城市规划部门将规划深化后，以城市总体规划上报，并很快得到了省政府的批复："潍坊市区的城市规模到2010年城市人口为80万，用地96平方公里，远景规划到2050年城市人口为150万，用地210平方公里。"（鲁政字 [1995]119号）

远景规划的内容，获得总体规划的批复，也许是孤例。但却为潍坊的规划与建设赢得主动，可谓歪打正着。这也对我国的规划改革有所启示，如同我国1978年年底，安徽凤阳小岗村18户不想饿死的农民在一起赌咒发誓，签下分田到户的"生死契约"："我们分田到户，每户户主签字盖章。如此后能干，每户保证完成每户全年上交的公粮，不在（再）向国家伸手要钱要粮。如不成，我们干部作（坐）牢杀头也甘心，大家社员也保证把我们的孩子养活到18岁。"（图4-11）"离经叛道"者带动了中国的改革，城市规划领域的改革也需要这种精神。

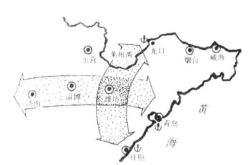

图4-10　潍坊市交通枢纽地位形成

图4-11　安徽省凤阳县小岗村18户农民签字画押

第三节　福州"东进"与"南下"战略之辩

福州1996年的发展战略是"东进南下"，其中着力点在于"东进"，即发展东面的马尾、长安与琅岐岛（图4-12）。当时已意识到发展港口对推动福州发展的重要作用。马尾港已有百多年的历史，表面上看"东进"在原有基础上发展，投资少、见效快……但实际是错失了从河口港向海港迈进的机遇。

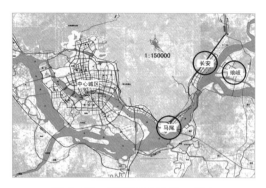

图 4-12　福州东进马尾、长安

图 4-13　福州经济往来方向及南边航空港

马尾、长安都在闽江口的里面，闽江水从上游而来，一路带来了泥沙，到江口后江面放宽，还多了分岔道，所以流速放慢，泥沙就沉积下来形成拦门沙，即使疏浚航道后也只能趁涨潮时通行 2 万～3 万吨的船。马尾港是鸦片战争后五口通商之一的港口。当年几千吨的船就是大船了，而今三代、四代、五代集装箱船是 5 万吨、10 万吨、20 万～30 万吨的船。缺乏深水码头，货主易港很自然。原来福州港吞吐量超过厦门港，而今厦门港远超福州港。

另外，福州的经济往来主要是向南的厦门、泉州等，长乐机场也在南面（图 4-13）。从卫星影像图上分析（图 4-14），福州主城区东面是鼓山风景区，可供建设用地只是零散的小用地；而南面的南台岛，却是成片的可建设用地，面积相当于当时的福州主城区（约 70 平方公里），城市为什么不向南？当然，城市向南发展就必须南跨闽江，跨江犹如跨门槛，很吃力。但是，根据福州市的总体规划，闽江上共有 11 座桥梁（图 4-15）。而实际上当年已建成的就有 6 座桥（图中箭头表示），还有两座桥也已在建。也就是说，前腿已迈出门槛，后腿跟上并不吃力。

图 4-14　卫星影像分析福州可建设用地

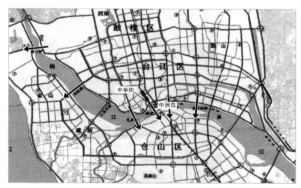

图 4-15　南跨闽江 11 座桥中 7 座已建成或在建

2005年福州再次进行发展战略研究，这次战略研究立足于两个主导思想：

（1）经济全球化，资源在全球范围内优化配置，市场在全球范围内争夺。大量的原料、成品主要靠港口进出，我国外贸依存度已高达70%，港口已成为经济发展的至关重要基础设施。谁有港口，谁得发展先机。福建深水岸线得天独厚，福州建港条件优越，京福高速公路已经通车，向莆铁路（从江西的向塘到福建的莆田）建设正紧锣密鼓，将大大增强港口集疏运能力，扩大港口的腹地，为港口发展创造难得的好机会，福州应不失时机抓紧港口建设。有了大港就会带来临港工业，引来大型工业，以港带工，以工兴市。

（2）当今的竞争已不是单个城市间的竞争，而是以中心城市为核心与周边城镇形成的区域单元之间的竞争。因此福州必须超越行政的疆界，在更大的区域范围内，谋划城市空间与产业布局。探索合作共赢之路，构建"大福州"。

为了避免战略朝令昔改之嫌，福州发展战略依旧提"东进"，但是东进长乐（图4-16），形成北逻源港、南江阴港、中长乐航空港，构建以长乐为中心的沿海产业带。中心主城区疏解人口，提升中心服务功能，打造现代服务中心区；主城区外围形成科技创新和高新产业区。构建"繁华看中心，实力看外围"的城市空间架构。

总之，福州最终形成的战略是：以港带工，港工兴市；繁荣市区，实力郊区；东进长乐，弓箭大福州（图4-17）。以此发展战略思想对福州主城区进行规划（图4-18），并在福州新一轮规划中得到落实（图4-19）。

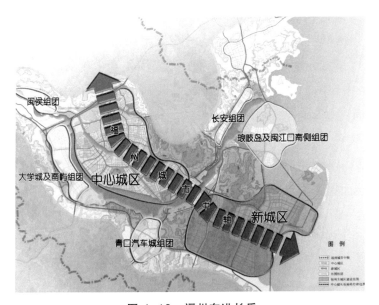

图 4-16 福州东进长乐

图 4-17 弓箭大福州

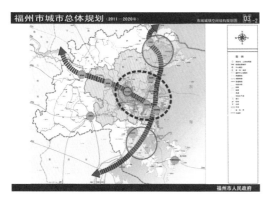

图 4-18　福州市域城镇空间结构规划图

图 4-19　福州主城区规划

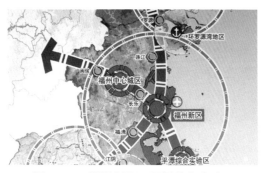

图 4-20　福州新区、平潭综合实验区

城市发展战略研究明确了发展方向，福州已摆脱以往"散打"的局面。2012 年 3 月 19 日，32 万吨级超大型干散货轮"中海荣华"号成功靠泊可门港 4 号码头。天然良港可门"苏醒"后，华电、神华等央企纷至沓来，现今可门港引进、签约、落地项目投资总额已近千亿元。华电集团可门电厂装机容量 1040 万千瓦，总投资 540 亿元，是亚洲最大的火电厂。[1]

福建日报 2012 年 3 月 13 日发表《向东，大福州的大未来——行政中心东迁的蝴蝶效应》。文章指出"跨江面海迈出关键一步"："福州三桥东侧，数十栋高楼拔地而起"，"福州新政务中心办公楼群、海峡会展中心已投入使用，周边建有科技馆、省美术馆、文学馆、社科中心、市城建规划展览馆、闽商中心、海峡青少年活动中心、海峡妇女儿童培训中心。政务中心西面将建厦航福州总部，长达 1.5 公里的海西最大茶城'春伦茶城'正落于南面，规模超过 3 万平方米。""三甲福州市第二医院、五星级喜来登大酒店布局东侧。麦德龙超市提前多年布局后方，世纪联华超市入驻万达。准六星威斯汀大酒店位于对岸，老牌酒店绿岛大酒店设立后方……顶级生活圈形成。"

一个城市会因战略的失误而错失发展机会，等到醒悟，市场可能已被分割完毕。一个城市战略明确，就会聚焦一切，有力推进，不断前进。2009 年经国务院批准建立福建"平潭综合实验区"，2015 年国务院批准设立"福州新区"都与"东进"衔接吻合（图 4-20）。一步走对，全盘皆活。

---

❶　段金柱等 . 发挥优势演绎"三群联动"连江：千亿资本助推"三城"建设 [N]. 福建日报，2012-4-7.

第四节　两次打开国门下的武汉与"一带一路"之机遇

我国近代两次打开国门，第一次是 1842 年鸦片战争之后，根据《南京条约》和《五口通商章程》打开了国门。第二次是 1978 年"文化大革命"结束，开始了改革开放。第一次打开国门是被动的，国门是被外国列强用大炮轰开的；第二次是中国自己主动打开的。两次打开国门对武汉带来了不同的机遇。

第一次，武汉是在上海 1843 年 11 月 17 日正式开埠后，根据《天津条约》规定增辟汉口商埠，于 1861 年 3 月 20 日开埠的。上海开埠后迅速地从一个海边小县城成长为远东第一大都市。武汉开埠虽晚于上海 18 年，但也迅速成长为"东方芝加哥"。武汉的江滩可与上海的外滩媲美（图 4-21、图 4-22）。

图 4-21　上海的外滩　　　　　　　　　图 4-22　武汉的江滩

但是第二次的开放中，武汉与上海的迅速崛起相比，总显得有些步履蹒跚。重要原因之一就在于交通。第一次开放时，水运交通占据着重要的地位，外国列强要掠夺中国的资源、倾销他们的产品都得依靠长江水运，汉口洋行林立顺理成章。然而，第二次的开放，交通工具主要靠火车和汽车等。可是从上海到武汉并没有直通的铁路。从上海到武汉要么先到郑州再南下武汉，要么先到株洲再北上到武汉，武汉的交通优势显然不及当年。而长江黄金水道被打入冷宫，有人归罪于南京的长江大桥，由于净空不足把万吨轮拦于桥东（图 4-23），这实际是谬误。

德国莱茵河的长度、流域远不及长江，德国产业结构又比中国高端，但 2004 年莱茵河的货运量是长江的 6 倍。莱茵河上的桥梁净空远低于南京长江大桥，但他们靠拖轮解决了桥净空低的问题（图 4-24）。

图 4-23　南京长江大桥

图 4-24　德国莱茵河上的桥与拖轮

图 4-25　武汉新港国际论证会

可喜的是，今天人们开始重视水运这种不仅廉价而且低碳绿色的交通方式，这更与长江经济带"大保护"方针一致。❶ 2009 年 7 月 27 日召开的武汉新港国际咨询论证会（图 4-25）组建"武汉新港"重振长江水运。"数据显示，2004 年，长江的货运量仅为莱茵河的 1/6，经过短短 10 年的发展，如今长江的货运量已是莱茵河的 5 倍。"❷

更重要的是，在"一带一路"战略的背景下，浙江义乌小商品市场原来 90％的货物从宁波港出口，若转走陆路，将比走海路省 10 余天的时间，成本将降低 20％。因此，义乌已规划陆港新区，义乌西站、集装箱专用站正在建设中。

重庆是世界最大的笔记本电脑生产地，以往是经长江到上海港，约需 7 天，然后转海路约 40 天到达欧洲。自从渝新欧通道打通后，走陆路仅需 14 天左右，减少 30 天的时间。

---

❶　2016 年 1 月 26 日中央财经领导小组第十二次会议在研究长江经济带发展规划中提出"共抓大保护，不搞大开发"，发挥长江黄金水道作用。

❷　长江的货运量已是莱茵河的 5 倍 [N]. 重庆日报，2014-11-03.

武汉，2014 年 4 月 23 日上午，举行"汉新欧"铁路国际货运班列常态化运营首发式。该班列承运武汉电子产品，货值 1200 余万美元，行程 10000 余公里，15天直达波兰罗兹。"汉新欧"国际货运班列 2015 年前三季度进出境货物超过 1 万标箱，居同类口岸第二位，仅次于"渝新欧"货运班列。❶2016 年中欧班列首发，武汉到法国里昂 11300 公里，用时 16 天，比海运省 40 天。❷

显然，随"一带一路"战略的实施，武汉"一江春水向东流"的态势将会改变，变成"一根扁担挑两头"。以武汉为核心的长江中游城市群的战略地位将是扁担的支点，整合东与西，连接陆与海，武汉战略地位必须重新审视。

亚欧非板块人口占全世界的 85.1%，有 58.9 亿人。陆地面积占全球的56.3%，8436.0 万平方公里。世界各大洲人口、陆地面积的比较见图 4-26、表 4-1。亚欧非板块不仅连绵而且集中紧凑。这实际就是麦金德于 1902 年在英国皇家地理学会发表的文章中提出的"世界岛"（参见第一篇第一章第二节，图 4-27）。

图 4-26　世界各大洲

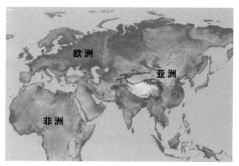

图 4-27　欧亚非板块（世界岛）

世界各大洲人口、陆地面积的比较　表 4-1

	人口（亿人）	人口比重（%）	陆地面积（万平方公里）	陆地占比（%）
亚洲	41.1	58.4	4400.0	29.4
欧洲	7.3	16.3	1016.0	6.7
非洲	10.5	11.0	3020.0	20.2
北美洲	5.4	5.5	2422.8	16.2
南美洲	4.0	8.3	1800.0	12.0
大洋洲	0.37	0.5	897.0	5.47

❶ 李劲峰 . 汉新欧往返班列突破 100 整列发运货物超过 1 万集装箱 [EB/OL]. 新华网，2015-10-2. http：//news.xinhuanet.com/world/2015/10/02/c_1116734143.htm

❷ 凤凰台报道，2016-4-8.

然而，美洲板块只有 9.4 亿人口，仅占全世界的 13.8%，陆地面积为 4222.8 万平方公里，也只占全球的 28.2%。南北美洲板块十分狭长，很不紧凑。

可以想象，一旦亚欧非在"一带一路"战略下实现了"互联互通"，全球市场将整合，全球资源将互补，地缘优势潜力将喷发。

美国正是因为独立于"世界岛"之外，才得以免遭两次世界大战的灾难，成为世界强国。但是，到了今天，也许"三十年河东，三十年河西"，其孤立于世界岛以及世界人口最多的地区、世界最主要市场之外，其霸权地位还能支撑多久？

总之，对于武汉"支点"的战略地位，人们充满着期待。

第五节 "一带一路"下的防城港市

广西防城港市 2007 年现状人口为 20.36 万人（图 4-28）。但其 2008—2025 年总体规划的人口规模为 100 万人，空间布局为"一核、两湾、多组团"（图 4-29）。这样一个边陲港口城市的发展规模不算小了。可是，在 2012—2030 年总体规划中，中心城区人口猛增为 190 万人，并形成"三岛、三湾、多港"的组团式城市布局结构（图 4-30）。防城港的城市总体规划令人愕然！令人质疑，是否是盲目求大之痼疾再现？

但是深入考查，也许不无道理。我国陆地海岸线从鸭绿江口到北仑河，长 1.8 万公里，分布着 20 多个大型港口。从东北到西南，防城港是最西端的最后一个深水港。

我国早在汉代就已经形成了琅琊港（青岛）、褐石港（烟台）、徐闻（湛江）、合浦（防城港市）、南海港（广州）五大港口格局。[1]

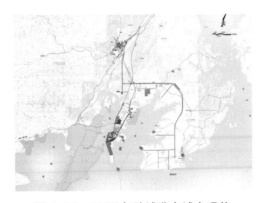

图 4-28　2007 年防城港市城市现状

图 4-29　防城港市（2008—2025 年）总体规划

---

[1]　杨保军、陈怡星等．"一带一路"战略的空间响应 [J]．城市规划学刊，2015（2）：8．

图 4-30　防城港市（2012—2030 年）总体规划

"2010 年 6 月，国务院批准成立东兴国家重点开发开放试验区，为防城港带来了新的发展机遇。"这不仅是机遇，更是使命。

2007 年防城港市的港口吞吐量已达 3200 万吨。在外贸出口中，对东盟的出口额占出口总额的 82.1%。仅隔 6 年，2013 年防城港已成为亿吨大港。

2015 年 3 月 28 日国家发改委、外交部、商务部联合发布《推动共建丝绸之路经济带和 21 世纪海上丝绸之路的愿景与行动》，广西的定位是 21 世纪海上丝绸之路与丝绸之路经济带有机衔接的重要门户。发挥与东盟国家陆海相邻的独特优势，加快北部湾经济区和珠江、西江经济带开放发展，构建面向东盟区域的国际通道，打造西南、中南地区开放发展的新的战略支点。显然，在"一带一路"的大背景下，防城港市的城市发展战略必须审慎思考。

目前防城湾三牙航道段已拓宽至 160 米，水深 13 米，牛头西贤段拓宽至 125 米，水深 11 米，建成万吨级以上泊位 21 个，其他泊位 14 个。

而防城港市全市海岸线 584 公里，拥有防城港、东兴、江山、企沙等国家一类口岸。"防城港 20 万吨级矿石码头两边均能靠船，是国内唯一的前沿吃水最深港口。"《全国沿海港口布局规划》明确将防城港列为全国沿海 24 个主要港口之一。

深水岸线是极珍贵的资源，据交通部上海三航院编制的《防城港总体布局规划》，防城港可建设万吨级以上的深水泊位 150 个，港口东面的暗埠江水域可建 5 万 ~ 10 万吨级的泊位，企沙海域还具备建 10 万 ~ 30 万吨级泊位的天然条件。

基于上述背景的洞察与分析，防城港市城市总体规划显然要充分考虑国家"一带一路"的大战略背景，进行科学定位。对城市发展规模的预测，必须摆脱常规的"预测"方法的束缚，远景规模上百万是完全可能的。本质上对于防城港市，人口规模的预测应是某个数量级的模糊量，即不是几十万级，而是百万级，过百万只是时间的问题。当然，同时在难以准确预计其发展速度的情况下，城市总体规划则更要努力建构一个科学的城市空间结构，即描绘在成长过程中，不同阶段的城市空间结构都应是完整的、紧凑的、职住平衡的，以便逐阶段推进，严防铺摊子。

总之，一个城市的发展规模，不一定是"外推"预测出来的。预测也不在于数据的精确，而在于方向的正确。尤其城市的发展战略、城市发展规模，是在战略背景下被规划出来的。

第六节　城市融入区域，必然寓于偶然中的黄冈

城市的发展，必须跳出城市的自身，从区域的视野去谋划已成共识。但能否发现机遇，抓住机遇，甚至创造机遇又另当别论。

湖北省黄冈市诞生了中国两位国家主席——董必武和李先念，同时也是一百多位将军的家乡。但由于黄冈地处长江北岸，交通不便，长期经济发展乏力。黄冈在武汉都市圈内，人均 GDP 居九市之末。作为黄冈市政府所在地的黄州区，在黄冈市的 10 个市县中，人均非农产值仅高于英山贫困县和团风县，列倒数第三位。

据报道，武汉市党政代表团分别至天门、鄂州商讨推进武汉城市圈建设问题，共签订 18 个合作项目。2005 年的 12 月，再至咸宁，签订了 24 个合作项目协议，协议资金达 22 亿元。2005 年 10 月下旬在黄冈市召开"8+1"武汉城市圈交通发展联席会，整合圈内交通达成共识（图 4-31）。❶

2005 年笔者在黄冈市总体规划编制中，认识到当今的竞争已不是单个城市间的竞争，而是以中心城市为核心或城市群为区域单元之间的竞争。黄冈在宏观层面上处于湖北东部城市密集区，这是优势；但在微观层面上，不及鄂州有利承接武汉的辐射，这就是劣势（图 4-32）。对接武汉，建设黄冈长江大桥，主动融入武汉都市圈应当是黄冈规划重点思考问题。于是在唐家渡规划了一座长江大桥。有了这座大桥，黄冈市 40 分钟车程（30 公里）就能到达武汉市（图 4-33）。

---

❶ 打通瓶颈，外接内环，优化路网，九城共造城市圈交通"大动脉"[N]. 长江日报.2005-11-1.

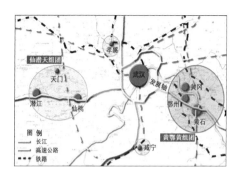

图 4-31　武汉都市圈"8+1"

图 4-32　黄冈对接武汉

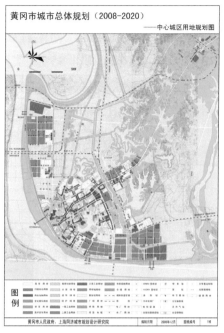

图 4-33　黄冈市城市总体规划

　　然而这个方案在向黄冈市四套班子汇报时，难免感到一厢情愿的苦涩，大家心中都没有底。但是必需的东西，如果因为城市的实力不济，在城市总体规划中都不敢提出，那么还有什么机会去主张？认识到的东西，不等于就能办到。从认识到取得共识会有个时间过程，从共识到动手还要有机遇。聪明人会抓住机遇，精明人更会创造机遇，机遇是给有准备的人的。没有准备，即使来了东风也难动作，这需要做宣传，展开公关。

　　"偶然"的机会终于来了。2008 年新上任的湖北省省长李鸿忠（现任天津市委书记）走遍全省调研，也来到了黄冈，并说："听说黄冈有一座桥。"于是大家到了交通局，交通局说不知道有什么桥，最后到了城市规划局，见到黄冈市城市总体规划图（参见图 4-33），猛然道："就是它！"事也凑巧，2008 年中国一场大雪，京汉铁路运量饱和运行受阻；而京九铁路运能没有发挥，铁道部设想建设一条连接线将京汉线和京九线连接起来。经湖北省政府、铁道部、黄冈市地方政府的合力，

图 4-34　黄冈长江大桥工地

终于立项在黄冈修建公铁两用桥，计划投资 92 亿人民币。图 4-34 是 2011 年 2 月时任黄冈市副市长黄祥国陪同笔者到大桥参观工地时的留影。黄冈长江大桥终于在 2014 年 6 月通车（图 4-35）。实际在黄冈长江大桥还没通车前，黄冈市的地价就开始上涨了。被搁置多年的林纸一体化项目也已启动，黄冈碧桂园品牌房地产项目也已落成（图 4-36）。事例说明，城市的发展有它的规律，必然寓于偶然之中，唯有战略的谋划，战术才有施展的方向。

图 4-35　黄冈长江大桥通车

图 4-36　黄冈碧桂园

第五章　城市规划的若干战略性思考

第一节　产业集聚与厦门沙滩工业

著名的《竞争论》的作者迈克尔·波特（Michael E.Porter）指出："在发展中国家，鼓励产业簇群成长的重要工具之一，便是吸引外资。吸引一两家大型跨国企业进入，会引来更多外商，进而带动当地的发展。"❶ 当然，这点对于中国的今天还有多大指导意义呢？但产业集聚的规律仍是重要的。

产业集聚是指在某一特定领域内相互联系且在地理位置上集中的产业集聚现象，波特将这种现象称为"簇群"现象（迈克·E·波特，簇群与新竞争经济学）。产业簇群（Cluster）是指企业、供应商、相关产业和专业化机构集中于某一地理区位的特定地区。

集聚经济效益来源于现代工业生产在空间上的集中性，通过生产活动在空间距离上的彼此接近，实现资金周转、商品流通、劳动力培养、企业的技术创新、升级与竞争等方面的集中运行，从而获得效益。具体表现在（参见第一篇第三章第二节）：

（1）扩大市场规模。企业和人口的集中，彼此形成市场。

（2）降低运输费用，降低产品成本。企业集中在一起，企业之间互为市场，彼此提供原材料、生产设备和产品。

（3）促进基础设施和公用事业的建立、发展和充分利用。使用和管理这些设施，比各个企业单独进行建设、使用和管理大大节约费用，而且这些公共设施又为企业和居民所共享，使它们得到充分的利用，产生更大的社会经济效益和环境效益。

（4）企业的集中必然伴随熟练劳动力、技术人才和经营管理干部的集中。企业能够得到它们所需要的各类人员，同时各类人员也容易获得合适的工作岗位，发挥专长，从而创造出更多的社会财富。

---

❶ 迈克尔·波特（Michael. E. Porter）. 竞争论 [M]. 中信出版社，2003.

（5）便于企业之间直接接触，彼此学习，相互交流，广泛协作，推广技术，开展竞争，从而刺激企业改进生产、开发产品、提高质量，创造出巨大的经济效益。

例如，"在绍兴办布厂就很轻松。数千家企业有的专门采购原材料，专门修设备、卖设备，专门锁售产品。没有必要都养采购员，养工程师，纺织市场就是上千家企业共同的销售部。" ❶

这种产业的集聚，当然是靠市场的力量形成的。但是政府有意识地主动引导也十分重要。原厦门市市长张昌平曾在市委市政府专题会议上的总结讲话中指出：电子、机械、化工三大支柱产业虽已初具规模，几乎占全市工业总产值的70%，但突出问题是产业链短。电子工业上游缺乏 IT 芯片，下游缺乏配套元器件厂家；机械工业上游缺铸造、锻造，下游缺热处理、表面处理；化工上游没有石油裂化，下游缺纺织加工……更要命的是一些大企业可以说走就走。这就是所谓的"沙滩工业"现象（2002 年 10 月）。因此，一个城市能够主动分析产业的集群状况，发现薄弱环节，对指导招商引资等工作就会更有的放矢（图 5-1）。❷

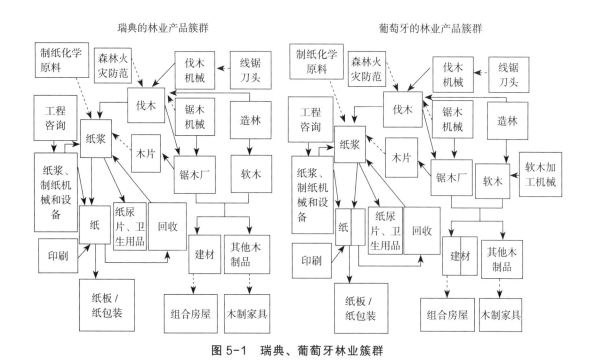

图 5-1 瑞典、葡萄牙林业簇群

又如，2005 年韩国大宇汽车企业离开烟台后，上海将部分汽车生产线转移

❶ 钟朋荣. 绍兴产业集群对县域经济的启示 [EB/OL]. 新浪网，2006-7-20. http: //finance.sina.com.cn/economist/jingjixueren/20060720/10462748294.shtml

❷ Monitor Company（1994）and Porter，Solvell，and Zander（1991）.

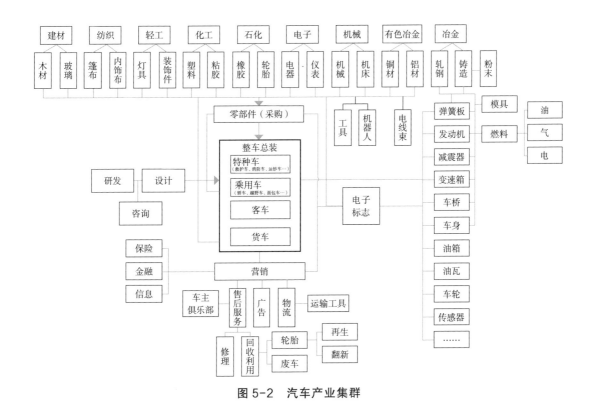

图 5-2 汽车产业集群

到烟台。因此，在 2005 年烟台市城市总体规划中，在经济专题研究时也曾做了汽车产业集群的研究（图 5-2）。这有助于判断汽车产业在烟台市发展的潜力，在城市总体规划中应当预留发展空间。

第二节 产城融合，发挥城市创新功能

我国的改革开放，曾经掀起开发区的热潮。最多时，全国开发区曾达 6866 个，规划总面积达到 3.86 万平方公里，超过当时全国的城镇建设用地的总和——3.15 万平方公里。

开发区在当时的历史背景下，是享有特殊优惠政策的产业特区，因此选址也往往远离城区，实行独立封闭式的管理体制，以利于特殊政策实施而不被外界行政干扰。开发区多以低廉的土地资本滚动发展，吸引投资。因此，开发区往往在建设初期仅数平方公里，然后不断地扩区，少则数十平方公里，多则数百平方公里。如此面积规模的产业区，其高端服务配套往往还是要依赖于母城。

这样开发区与城区发展脱离，导致职住分离和通勤现象。开发区普遍缺乏城市功能，成为产业的孤岛，制约着信息服务、设计研发、物流、商贸等生产性服

061

务业的发展。开发区实际只是处在产业链低端、单纯的制造环节的区域。于是开发区对高层次就业人员缺乏吸引力，这就注定造成开发区缺乏研发能力，无力走向产业链的高端——研发与营销，即向微笑曲线两高端发展（宏碁集团创办人施振荣先生，在 1992 年为了"再造宏碁"提出了有名的"微笑曲线"（Smiling Curve）理论，微笑嘴形的一条曲线，两端朝上，在产业链中，附加值更多体现在两端，即设计和销售，处于中间环节的制造附加值最低）（图 5-3）。

例如我国生产的一台 DVD，在国际市场上售价为 32 美元，但是生产一台 DVD 的成本为 13 美元，由于 DVD 的专利在外国人的手里，于是每销售一台 DVD 必须交付 18 美元，所以销售"中国制造"的一台 DVD，实际只赚到 1 美元。❶ 其根本的原因是"人家动脑，我出汗"。人家发明创造，拥有专利，或者拥有品牌；而我们是用手组装，靠低廉劳动力，或用人家的商标贴牌生产销售。所以中国要由制造大国走向制造强国，必须从产业链的下端（下巴）走向微笑曲线的两端——研发与营销。

开发区在初期虽有过喜人的经济效益，但过后就停滞不前了，土地效率难以提高。例如上海张江高技术产业园，每亿元工业产值耗地量为 103.09hm²，而每亿元第三产业收入耗地量仅 7.82hm²。高新区制造业尚且如此，可想而知，一般的开发区效率就更低。

图 5-4 是 GDP 与职工平均工资的对应比较 ❷。凡是以外资为主的城市，往往 GDP 总量高，但利润的大部分归外资所有。因此，相对于 GDP 的职工平均工资反而较低，而温州、宁波等浙江外资少的城市，职工平均工资相对于 GDP 反而较高。

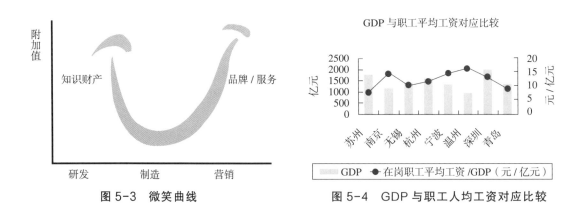

图 5-3　微笑曲线　　　　　　　　图 5-4　GDP 与职工人均工资对应比较

---

❶　2005 年 1 月 21 日上海市人大杨浦区代表团联组审论讲话摘要。

❷　中国城市规划设计研究院. 苏州总体规划初步方案汇报——经济专题，2004.

在转变经济增长方式的导向下，开发区应抓紧向产城融合方向转型，建设功能完善的新区。只有完善的城市功能，才可能形成创新的环境（关于创新环境的营造将在第四篇第十二章第三节中再具体讨论）。

开发区向新城转型大致有两类：一是自身的转型，二是与邻区合并实现转型。

（1）自身转型。例如杭州的高新开发区（阿里巴巴总部所在地），建于1990年，2002年规划面积达到73.3平方公里。形成通信设备制造和软件业为特色，涵盖集成电路设计、数字电视、动漫、网络游戏的产业格局。2008年高新开发区邀请5家国内外规划设计机构进行"滨江新城"的规划，力图建设集商务、商业、产业、教育、娱乐于一体的科技新城。图5-5为韩国规划设计机构方案，提出滨江新城应是乐活之城、枢纽之城、宜居之城、乐业之城、趣味之城、滨水之城和尖端之城的概念。规划从定位、功能结构、交通优化、土地利用、空间形态、景观优化、周边互动、实施计划等8个方面寻求新城的建设蓝图，力图将"城市碎片缝合"，打破单一功能，建构完善的城市功能，打造以创新和高端产业为特色的新城区。

（2）开发区与所在或相邻的行政区合二为一。例如，1992年青岛经济技术开发区与黄岛区合并，结果财政性质发生变化，使后续开发力度大减。开发区享有国家规定的10年财政不上缴的政策优惠，而黄岛是财政补贴区。原开发区可支配的财力主要用于15平方公里区块的滚动发展和基础设施建设。两区合并以后，管理人员增多。由于待遇就高不就低，财力大部用于社会开支，且经营收入要在200平方公里范围内统筹使用，从而力不从心。原开发区以经济开发为主要职能的"小政府、大社会"被传统行政体制所稀释。行政人员增多，行政职能越分越细，管理效率下降。原有以精干高效为主要特点的管理体制向传统体制回归。

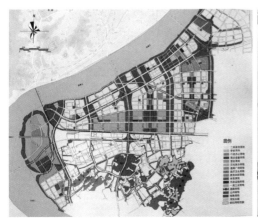

图5-5　杭州滨江新城

杭州滨江新城的领导深深感到实施转型之苦衷，颇有"早知今日，何必当初"之感慨。但事到如今，非转型不可。

而青岛经济技术开发区与黄岛区的合并说明，任何改革、转型都要付出代价，都会有阵痛。当年上海就地砸烂百万纱锭，不是最终走出了一片新天地？因此转型就需要在前进中总结经验，不断求索。明者因时而变，智者随事而制，产城融合是必然的转型之道。

这里讲的"新城"是针对过去产城分离的开发区而言，和当前以建"新城"为名继续行扩张之实的情况不是一回事。2000 年以来，27 个省、直辖市、自治区规划建设新城、新区 748 个，规划面积高达 2.7 万公顷。12 个省的 156 个地级以上城市提出建新城、新区的有 145 个。❶

近来有些地方进一步提出"完整产业社区"的概念，被誉为产城融合的升级版。昔日奔波于家和公司两点一线的人们开始畅享园区日臻完善的生活配套设施，成为懂得享受每一天的"生活家"。未来，大到社区公交、公共自行车站点、电影院、咖啡厅，小到健身房、自动存取款机、图书室……从满足一般的生活所需到满足高端生活需求的餐饮、住宿、购物、娱乐、商贸、文化等配套服务设施，在"完整产业社区"中将一应俱全。❷ 这情景就是以人为本的城市，而非以产业为主的单纯产业区。

第三节　区域城市，五个手指谁老大

各个城市的区位、资源、产业、文化等往往各有长短，而当今经济社会活动的范围、环境的保育与治理，已经超越城市自身的疆界。因此，必须以区域或以中心城市为核心，与周边城镇共同构成城市区域单元，共谋划发展，以便彼此取长补短，更加合理、更加有效地配置与利用资源。城市要更健康地发展，就必须实现从城市向区域的转型。

一个大家都知道的道理是，十个手指头攥成一个拳头，要比十个手指力气大。"区域联合"、"区域统筹"在付诸行动时，却常常坠入理性的混沌状态。"大拇指"说："老子天下第一！"、"食指"说："我是指点千军万马的统帅！""中指"说："居中者王也！"无名指说"我最高贵！（戒指所戴）"小指说："同志们……我面向群众，众人之首领！"这种思维情结有着复杂的历史、文化等根源，不能简单地归

---

❶　李郁 . 面临新型城镇化的三个规划转型问题 [J]. 城市与区域规划研究，2005（1）.

❷　阿贵，旋旋 . 厦门海沧：点亮"产·城·人"融合共生的城市梦想 [N]. 福建日报，2015-10-14.

咎于我国从封建时代的九品职官制到现行的科层行政体系。因为没有这历史、文化背景的美国也一样，"在美国，根据联邦宪法和州宪法，经济决策及发展项目主要在市政府及州政府的层面，十分缺乏跨区域合作的机制和动力……"❶因此，这个问题在这里不再深入地展开。也许最近党中央号召党员"两学一做"（即学习党章、党纲和学习习近平总书记讲话并行动起来）中，"学是基础，做是关键"，就是从根本的思想上解决问题，勿忘"立党为公"的誓言，树立"大局意识"。但是，毕竟还应该从务实的层面上去探索，在不改变既有行政区划的前提下，通过制度创新，寻求治理模式的突破，打破行政区经济，以实现资源优势互补，产业错位发展，解决设施共享和市场共建的问题。

以京津冀的协作发展为例。京津冀协同发展最早可以追溯到20世纪80年代。1986年，时任天津市市长李瑞环，曾倡议召开环渤海地区经济联合市长联席会议。2004年，国家发改委正式启动了"京津冀都市圈"区域规划编制。但是多年来，京津冀一体化却没有实质性的进展。就以京津冀三地之间的"断头路"来说，就多达2300公里。如河北燕郊与北京通州虽然只有一河之隔，却无法顺畅联通。这种以邻为壑的情况在现实中并不少见。

终于在2014年2月26日习近平总书记在北京主持召开座谈会，提出要努力实现京津冀一体化发展，自觉打破自家"一亩三分地"的思维定式，抱成团朝着顶层设计的目标一起做。习近平总书记要求，"把交通一体化作为先行领域，加快构建快速、便捷、高效、安全、大容量、低成本的综合交通网络"。❷

习近平总书记就推进京津冀协同发展提出7点要求。

一是要着力加强顶层设计，抓紧编制首都经济圈一体化发展的相关规划，明确三地功能定位、产业分工、城市布局、设施配套、综合交通体系等重大问题，并从财政政策、投资政策、项目安排等方面形成具体措施。

二是要着力加大对协同发展的推动，自觉打破自家"一亩三分地"的思维定式，抱成团朝着顶层设计的目标一起做，充分发挥环渤海地区经济合作发展协调机制的作用。

三是要着力加快推进产业对接协作，理顺三地产业发展链条，形成区域间产业合理分布和上下游联动机制，对接产业规划，不搞同构性、同质化发展。

四是要着力调整优化城市布局和空间结构，促进城市分工协作，提高城市群一体化水平，提高其综合承载能力和内涵发展水平。

---

❶ 张庭伟. 全球转型时期的城市对策 [J]. 城市规划，2009（5）.

❷ 习近平. 京津冀发展要打破一亩三分地思维 [N]. 新京报，2014-2-28.

五是要着力扩大环境容量生态空间，加强生态环境保护合作，在已经启动大气污染防治协作机制的基础上，完善防护林建设、水资源保护、水环境治理、清洁能源使用等领域合作机制。

六是要着力构建现代化交通网络系统，把交通一体化作为先行领域，加快构建快速、便捷、高效、安全、大容量、低成本的互联互通综合交通网络。

七是要着力加快推进市场一体化进程，下决心破除限制资本、技术、产权、人才、劳动力等生产要素自由流动和优化配置的各种体制机制障碍，推动各种要素按照市场规律在区域内自由流动和优化配置。❶

会上，北京市委书记郭金龙表示，要克服行政辖区惯性思维的束缚，自觉把工作放在京津冀协同发展的大局中去谋划和推进。时任天津市委书记孙春兰表示，京津冀协同发展是中央审时度势、深谋远虑做出的重大部署，天津要扎扎实实做好工作。国务院京津冀协同发展领导小组已经成立，张高丽担任组长，并有常设的办公室，局面终于打开。

此案例说明一个重要的经验：要推动区域的协同发展，上级政府的作用是重要因素之一。据《同城化发展战略的实施进展回顾》一文的研究，从沈抚（沈阳—抚顺）、长株潭（长沙—株洲—湘潭）、西咸（西安—咸阳）、乌昌（乌鲁木齐—昌吉）、太榆（太原—榆茨）7个同城化的成败经验，都说明了这点。例如"长株潭虽签了《长株潭区域合作框架协议》《长株潭环保合作协议》《长株潭工业合作协议》、《长株潭科技合作协议》，但缺乏具体实施措施的跟进，这些协议和一体化只能沦为一纸空言，2005年得到省政府大力支持才快速推进。"❷

但是，这种区域的合作毕竟要以空间邻近、资源互补性强、拥有共同利益为前提。例如，《中共湖北省委湖北省人民政府关于加快湖北长江经济带新一轮开放开发的决定》提出湖北省将设立"跨江联合开发试点"。黄石市与对岸的浠水县，将在不改变行政区划的前提下，按照市县协商、利益共享的原则进行跨江联合开发试点，解决黄石市发展空间局限的问题和浠水县投资不足的问题，实现互利双赢（图5-6）。解决一个有钱没地、一个有地没钱的问题，取得共同发展和双赢。

2002年笔者参加中国城市规划局长访法代表团时，法方介绍了"里昂市镇共同体"的经验。法国市镇不论大小，没有级别之分，在自愿原则下有55个市镇参加该"共同体"，共同事宜都是集体商议。其会议厅中间一圈是与会者座位，外围一圈玻璃隔断，允许普通人旁听（图5-7）。例如，里昂曾计划并共建了一

❶ 打破"一亩三分地"习近平就京津冀协同发展提七点要求 [EB/OL]. 新华网，2014-2-27. http://www.bj.xinhuanet.com/tt/2014-02/28/c_119542487.htm

❷ 王德，宋煜，沈迟，朱查松. 同城化发展战略的实施进展回顾 [J]. 城市规划学刊，2009（4）：74-78.

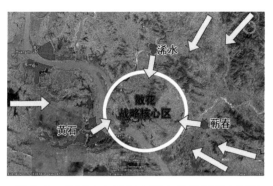

图 5-6　黄石市与黄冈市浠水县跨江联合开发

图 5-7　法国"里昂市镇共同体"会议厅

座垃圾处理厂，但并不是 55 个市镇都参加，参加市镇根据受益份额分担投资。

在美国也类似，以共同利益为纽带组合建立"特别区"。"特别区"是一种单一职能的地方政府，在其辖区内行使某种特别的职能。特别区与县、市、镇、乡等的区别在于：后者是进行全面和普遍的行政管理而设置的普通行政区域，是综合职能的地方政府；而特别区虽可能同时行使某几项职能，但通常是相近的、专业性较强的几项职能。"特别区"的种类繁多，如学校区、灌溉区、公园区、消防区、水管理区、土壤保护区、公墓管理区、卫生区等等。"特别区"的一大特点，是区划往往与普通行政区域不一致，不属于所在的县、市、乡政府，甚至切割了普通行政区域的疆界。不仅如此，美国"特别区"的数目远远超过了普通行政区划的数目。1987 年，美国全国县、市、乡、镇等合计 38933 个，而各种"特别区"共有 44253 个。如纽约州和新泽西州通过州际协定，设立的纽约港口管理局就是一个典型例子。"特别区"一般由一个管理委员会进行管理，委员会由 3 ～ 7 人组成，经区内选民选举，政府任命，任期 2 ～ 6 年不等。❶

区域的协同发展，也可能是跨地区的合作。例如广东的佛山市顺德区，因商务成本的上升，许多工厂纷纷外迁，被称为"麻雀乱飞"。结果这些工厂到了新地方，普遍遇到管理等方面的"水土不服"，有些企业又迁了回来。于是顺德区政府与粤北的英德市合作，签订协议，合作共建"广东顺德（英德）产业特别合作区"。变"麻雀乱飞"为"雁队群飞"。双方商议达成 5 年运营、利税分成等规定。其中规定各部门管理班子的第一把手由顺德派出。时任广东省委书记汪洋给以充分肯定："思想解放的产物，开拓创新的举措。"

当然，在我国各地还有不少的探索。例如根据《南京都市圈城市发展联盟章程》，实行"决策—协调—执行"三级运作机制：

❶　黄俪．国外大都市区治理模式 [M]．东南大学出版社，2003：89.

（1）决策层，由各市书记、市长组成南京都市圈城市发展联盟党政领导联席会议，每年三季度召开会议，对原则、方向、政策等重大问题决策。并设联盟理事会，由分管副市长组成，每年四季度开会，负责落实联席会议的决策精神；

（2）协调层为联盟秘书处，由各市发改委负责处理日常工作；

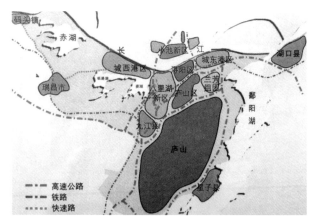

图5-8 江西九江市城市拓展空间被束缚

（3）执行层为专业委员会，由南京规划局长和各市规划局长分任正、副主任，不定期开会，负责重大规划问题协调，并提交"市长联席会"审议，下设办公室。❶

笔者曾多次参加江西省九江市和湖北省黄梅县的小池镇城市规划会议。江西省的九江市南靠庐山，东临鄱阳湖，西接赤湖、长港湖和赛湖，发展空间被束缚（图5-8）。而对岸的湖北省黄梅县小池镇地形平坦。据统计，早在2008年，九江市区工业园区建设投资就与小池镇相差近5倍。

湖北省黄梅县的小池镇远离县城40公里，但紧临长江北岸，经两座长江大桥与江西省九江市来往十分便捷。早在2001年，长江大桥开通就已实现九江、小池之间的公交一体化，同时也强化了小池与九江的经济联系，共同启动"农合一卡通"，九江171医院成为小池农民的定点医疗单位。"一个九江城，半城黄梅人，细看一半小池人"是九江的真实写照。

2011年湖北省委、省政府提出建设"小池滨江新城"，并将其上升为湖北省省级战略，时任省委书记李鸿忠明确提出："要把小池作为九江市江北区来开发。"❷ 这是何等胸怀！

当然，这种明摆的合作共赢之机遇和条件，真要得以实施，还需要顶层设计有力的推动。人们期待着创造跨省的合作成功经验。

总之，区域协同发展是一个方向，城市群的形成极其复杂，涉及众多的因素，绝不可能有统一的模式。但共同的核心正如芒福德所言："如果区域发展想做得更好，就必须设立有法定资格的、有规划和投资力的区域性权威机构。"❸

❶ 官卫华，叶斌，周一鸣，王耀南.国家战略实施背景下跨界都市圈空间协同规划创新——以南京都市圈城乡规划协同工作为例 [J].城市规划学刊，2015（5）：57-67.

❷ 陶德凯，林小如，黄亚平.同城化视角下湖北小池空间优化策略研究 [J].城市规划，2016（2）：26-45.

❸ 崔功豪，王兴平.当代区域规划导论 [M].东南大学出版社，2006：32.

第四节 新区发展应立足国家战略

近年我国"新区"名目繁多。例如为特定的目标设立的广东珠海的"横琴新区"。2009年8月14日,国务院正式批准实施《横琴总体发展规划》,建设"世界旅游休闲中心和葡语系国家经贸平台"。又如广东省深圳市的"前海新区",全称是"前海深港现代服务业合作区",侧重于区域合作,深化深港合作以及推进国际合作的核心功能区。

还有为特定领域进行改革探索的试验区,如成都和重庆城乡统筹试验区、武汉和长株潭资源节约型和环境友好型社会综合配套改革试验区、山西省资源型经济转型综合配套改革试验区、宁夏内陆开放型经济试验区、温州市金融综合改革试验区以及福建平潭综合实验区等等。

另外,还有一些城市为自身的发展设立的"新区"。例如广东省深圳市为了绕过需国家批准才能设立行政区的体制性约束,减少了行政层级,提高了管理效率,实施"一级政府三级管理"的行政管理体制改革。在2007年后相继设立"光明新区"、"坪山新区"、"龙华新区"和"大鹏新区"等,拉开了深圳从大区制向小区制发展的新型功能区时代,实现"一级政府三级管理"的行政管理体制改革。❶ 此外更多的是许多城市自立的"新区",如河南省信阳市的"羊山新区"等。

总之,这些新区背景各异,目标也不同,所以不在本节讨论的范围,但希望不重蹈以往"开发区"建设一个单纯的产区之路,而应努力建设产城融合、宜居宜业的新区,更不应作为盲目追求扩大城市用地的举措,力戒新一轮的"圈地运动"。

本节讨论的"新区"只针对肩负国家战略发展的"新区"。我国首个经国务院批准设立的国家级新区是始于1992年的"上海浦东新区"。这显然是为中国的崛起必须具有世界级的经济中心城市的战略服务。因此浦东新区的战略目标是建设成为国际金融中心和国际航运中心核心功能区。当然,24年前的定位,今天必定会有更深的认识,浦东新区必然要为上海建成"全球城市"、科创中心发挥至关重要的战略作用。

14年后,国务院于2006年批准设立"天津滨海新区",其战略定位为依托京津冀、服务环渤海、辐射"三北"、面向东北亚,努力建设成为我国北方对外开放的门户、高水平的现代制造业和研发转化基地、北方国际航运中心和国际物

---

❶ 王吉勇.分权下的多规合——深圳新区发展历程与规划思考 [J].城市发展研究,2013(1).

流中心。今天天津滨海新区已建成我国航空航天、大火箭的基地。

又过了4年，2010年国务院批准设立"重庆两江新区"，定位为统筹城乡综合配套改革试验的先行区，内陆重要的先进制造业和现代服务业基地，长江上游地区的金融中心和创新中心，内陆地区对外开放的重要门户，科学发展的示范窗口。

至此，我国三个直辖市的新区已全部建立。此后进入新区加速并密集出台时期。2011年出台浙江省"舟山群岛新区"；2012年出台两个新区——甘肃省"兰州新区"、广东省"广州南沙新区"；2014年出台了5个新区——陕西省"西咸新区"、贵州省"贵安新区"、山东省"青岛西海岸新区"、辽宁省"大连金普新区"、四川省"天府新区"；2015年又出台了5个新区——湖南省"湘江新区"、江苏省"南京江北新区"、福建省"福州新区"、云南省"滇中新区"、黑龙江省"哈尔滨新区"。2016年推出吉林省"长春新区"，实现了东北三省全覆盖（表5-1），新区名称及战略定位见本节最后的附录。

至今新区已布局到3个直辖市，14个省。每个新区除了要建成经济繁荣、社会和谐、宜居生态等要求外，都赋予各新区特定的战略目标。例如舟山新区的海洋经济、兰川新区推进西部大开发、福州新区两岸交流合作、滇中新区面向南亚和东南亚辐射中心……更激励各地发挥比较优势，形成产业的高地。例如天津滨海新区的航天航空、大火箭基地已形成。贵安新区仅两年的运作，号称在"最大板房"里艰苦奋斗（图5-9），如今大数据、云计算基地已基本成型（图5-10）。2015年5月26日《贵阳国际大数据产业博览会暨全球大数据时代贵阳峰会》在贵阳举行，国务院总理李克强向大会发来贺信。2016年5月24日，李克强总理亲赴贵阳出席《中国大数据产业峰会》（图5-11）并作主旨报告。福州新区仅一年，《福建VR产业基地》（VR，Vitual Reality，虚拟现实）也已起步（图5-12）。

也许，正如英国《金融时报》中文稿中所指出的"中国区域规划大跃进"中所说的那样，"这种画圈式的各地的'国家级区域规划'，实际执行则是落实到省一级的行政主体，在争取到了国家级规划，要到了招兵买马的通行证之后，各省投资方面的'军备竞争'亦将升级"。"中央政府又通过积极出台各种主题的"国家战略区域规划"来重构国家的经济空间格局，给予这些'国家战略区域'以相应的经济投入、要素投入或者制度创新的权力，从而激发国家经济的普遍增长和繁荣。"❶越来越多的新区建设，自然不可能仅靠享受特殊的优惠政策甚至靠国家的投资，而是靠获得中央认可的"名号"、"帽子"的无形资产和信誉更容易取得银行贷款。当然更重要的是靠省一级优势资源的集聚，激发省一级的积极性。现在新区已部

---

❶ 张京祥.国家—区域治理的尺度重构：基于"国家战略区域规划"视角的剖析[J].城市发展研究，2013（5）.

署在17个省市，"众人拾柴火焰高"，待到山花烂漫时，中国必然会形成类似美国那样的全国产业分布格局（图5-13）。

国家级新区与母城空间关系及规模　　　　　　　　　　　　　表5-1

新区名称	上海 浦东新区	天津 滨海新区	重庆 两江新区	舟山 群岛新区	甘肃 兰州新区	广州 南沙新区
区位						
用地规模	1210 平方公里	2270 平方公里	1200 平方公里	1440 平方公里	806 平方公里	803 平方公里
新区名称	陕西 西咸新区	贵州 贵安新区	青岛 西海岸新区	大连 金普新区	成都 天府新区	南京 江北新区
区位						
用地规模	882 平方公里	1798 平方公里	2096 平方公里	2299 平方公里	1578 平方公里	788 平方公里
新区名称	湖南 湘江新区	福建 福州新区	云南 滇中新区	黑龙江 哈尔滨新区	吉林 长春新区	
区位						
用地规模	490 平方公里	800 平方公里	482 平方公里	493 平方公里	499 平方公里	

图5-9　贵安新区的大板房

图 5-10　贵安新区大数据产业基地

图 5-11　2016 年大数据及电商创新峰会（贵阳）　　图 5-12　福州新区福建 VR 产业基地

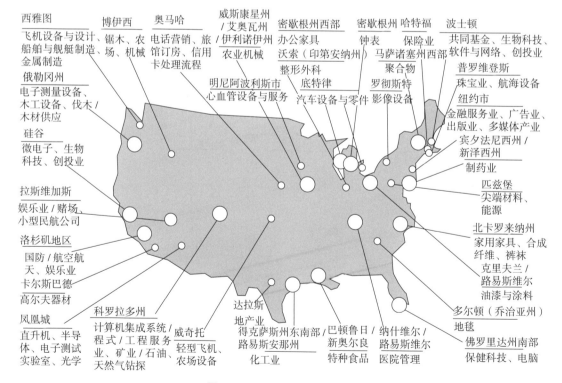

图 5-13　美国区域产业簇群

附录：国家级新区的战略定位

（1）上海浦东新区（1992年）

围绕建设成为上海国际金融中心和国际航运中心核心功能区的战略定位，在强化国际金融中心、国际航运中心的环境优势、创新优势和枢纽功能、服务功能方面积极探索、大胆实践，努力建设成为科学发展的先行区、"四个中心"（国际经济中心、国际金融中心、国际贸易中心、国际航运中心）的核心区、综合改革的试验区、开放和谐的生态区。

（2）天津滨海新区（2006年）

依托京津冀、服务环渤海、辐射"三北"、面向东北亚，努力建设成为我国北方对外开放的门户、高水平的现代制造业和研发转化基地、北方国际航运中心和国际物流中心，逐步成为经济繁荣、社会和谐、环境优美的宜居生态型新城区。

（3）重庆两江新区（2010年）

统筹城乡综合配套改革试验的先行区、内陆重要的先进制造业和现代服务业基地、长江上游地区的金融中心和创新中心、内陆地区对外开放的重要门户、科学发展的示范窗口。

（4）浙江舟山群岛新区（2011年）

浙江海洋经济发展的先导区、海洋综合开发试验区、长江三角洲地区经济发展的重要增长极。

（5）甘肃兰州新区（2012年）

西北地区重要的经济增长极、国家重要的产业基地、向西开放的重要战略平台和承接产业转移示范区，带动甘肃及周边地区发展，深入推进西部大开发。

（6）广州南沙新区（2012年）

粤港澳优质生活圈、新型城市化典范、以生产性服务业为主导的现代产业新高地、具有世界先进水平的综合服务枢纽、社会管理服务创新试验区。

（7）西咸新区（2014年）

西安国际化大都市的主城功能新区和生态田园新城，引领内陆型经济开发开放战略高地建设的国家级新区，彰显历史文明、推动国际文化交流的历史文化基地，统筹科技资源的新兴产业集聚区，城乡统筹发展的一体化建设示范区。

（8）贵安新区（2014年）

内陆开放型经济新高地、创新发展试验区、高端服务业聚集区、国际休闲度假旅游区、生态文明建设引领区，建成功能完善、环境优美、幸福宜居、特色鲜明的国际化山水田园生态城市。

（9）青岛西海岸新区（2014年）

海洋科技自主创新领航区、深远海开发战略保障基地、军民融合创新示范区、海洋经济国际合作先导区、陆海统筹发展试验区、亚欧大陆桥东部重要端点。

（10）大连金普新区（2014年）

我国面向东北亚区域开放合作的战略高地、引领东北地区全面振兴的重要增长极、老工业基地转变发展方式的先导区、体制机制创新与自主创新的示范区、新型城镇化和城乡统筹的先行区，为将大连建设成为东北亚国际航运中心和国际物流中心，带动东北地区老工业基地全面振兴，深入推进面向东北亚区域开放合作发挥积极作用。

（11）四川天府新区（2014年）

内陆开放经济高地、宜业宜商宜居城市、现代高端产业集聚区、统筹城乡一体化发展示范区。

（12）湖南湘江新区（2015年）

高端制造研发转化基地和创新创意产业集聚区、产城融合城乡一体的新型城镇化示范区、全国"两型"社会建设引领区、长江经济带内陆开放高地。

（13）南京江北新区（2015年）

自主创新先导区、新型城镇化示范区、长三角地区现代产业集聚区、长江经济带对外开放合作重要平台，努力走出一条创新驱动、开放合作、绿色发展的现代化建设道路。

（14）福州新区（2015年）

两岸交流合作重要承载区、扩大对外开放重要门户、东南沿海重要现代产业基地、改革创新示范区和生态文明先行区。

（15）云南滇中新区（2015年）

我国面向南亚东南亚辐射中心的重要支点、云南桥头堡建设重要经济增长极、西部地区新型城镇化综合试验区和改革创新先行区。

（16）哈尔滨新区（2015年）

中俄全面合作重要承载区、东北地区新的经济增长极、老工业基地转型发展示范区、特色国际文化旅游聚集区。

（17）长春新区（2016年）

推进"一带一路"建设、加快新一轮东北地区等老工业基地振兴的重要举措，为促进吉林省经济发展区全面振兴发挥重要支撑作用，"深化图们江区域合作开发"。

第五节 城市增长边界的认识

"2013 年 12 月 12 日至 13 日中央城镇化工作会议提出：'城市规划要由扩张性规划逐步转向限定城市边界、优化空间结构的规划'，首次明确要求'根据区域自然条件，科学设置开发强度，尽快把每个城市特别是特大城市开发边界划定，把城市放在大自然中，把绿水青山保留给城市居民'。目前学界对'城市增长边界'有不同认识和理解：一是将城市增长边界看作是去除自然空间或郊野地带的'反规划线'；二是满足城市未来扩展需求而预留的空间，随城市增长而不断调整的'弹性'边界。" ❶ 这里很有意思的是，文中引"中央城镇化工作会议"文件时的表述，是忠实的"开发边界"，而论文的题目却是"增长边界"。

《"城市开发边界"政策与国家的空间治理》一文中指出："2006 年建设部颁布《城市规划编制办法》就已明确要求，研究确定'中心城区空间增长边界'用'增长'边界，而非'开发'边界，体现城市总体规划的综合性，它要考虑的重点是城市整体发展和增长战略问题，而不只是一个管理和控制开发建设行为。在新的政策背景下，划定'城市开发边界'，成为积极落实《国家新型城镇化规划》的新任务之一。" ❷ 该文正好又倒过来，提出"增长边界"，而论文标题却是"开发边界"，这里对"开发"与"增长"的辨析，笔者不想展开，本质精神是"要由扩张性规划逐步转向限定城市边界""把绿水青山保留给城市居民"。而具体划定与"三区"（禁建区、限建区、适建区）、"四线"（绿、蓝、紫、黄线）之间的关系，都需要在实践中进一步明确。因为它毕竟还是探索的问题，所以有必要借鉴国外的经验。

美国由于城市不断地蔓延发展（Urban Sprawl），城市土地的发展过快。例如，1973 ~ 2002 年马里兰州人口增长了 30%，但住宅、工商业的土地消费却增长了 100%。又如，1970 ~ 1990 年芝加哥城市人口增长 1%，土地消费却增长了 24%；圣路易斯人口增长 3%，土地却增长了 58%；费城人口增长 5%，土地消费却增长了 55%。一般认为，土地消费增长略高于人口增长是可接受的，如新加坡 1970 ~ 1990 年人口增长 30%，土地增长 40%，东京人口增长 48%，土地增长 56%，这是对生活质量要求不断提高的产物。❸ 显然，美国城市的蔓延发展

❶ 王颖，顾林，李晓江. 苏州城市增长边界划定初步研究 [J]. 城市与区域规划研究，2015（2）: 1-24.

❷ 张兵，林永新，刘宛，孙建欣. "城市开发边界"政策与国家的空间治理 [J]. 城市规划学刊，2014（3）.

❸ 丁成日. 城市增长边界的理论模型 [J]. 规划师，2012（3）.

十分严重。

1958 年，美国肯塔基州列克星敦首次划定城市增长边界（Urban Growth Boundary，UGB）。1973 年，俄勒冈州首次通过州法，要求所有的城市都要在城市总体规划中划定城市增长边界，并得到一贯的实施，因而非常知名。波特兰市隶属波特兰—西雅图都市统计区，地跨两个州——俄勒冈州的波特兰和华盛顿州的西雅图。波特兰人口占整个都市统计区的 80% 左右。波特兰—西雅图都市统计区人口增长较快，所以引入"城市增长边界"。边界内土地应满足未来 20 年的需求，并每 5 年评估一次以决定边界调整和新增可开发土地量等。自首次（从 1973 年俄勒冈州首次通过州法算起，共 38 年）划定以来已调整 30 多次，但多是微不足道的调整，增加的土地不到 20 英亩（约 8 公顷），但有三次重大调整，如 2002 年创纪录地扩张了 18867 英亩（约 7634 公顷）。❶ 可见城市增长边界并不是一定定终身。

正如张兵所说：规划不仅要讲求控制，还要面对市场的不确定性，充分发挥引导作用、协调作用和激励作用。唯一能确定的仅是城市发展的不确定性。城市发展面临的许多未知因素是编制规划时难以预测的，因此不能仅以是否突破原规划划定的边界来评价城乡规划编制是否合理。在快速城镇化背景下，城市规划的重点不是严防死守城市的规模、形态、边界，而是转向侧重于各种城市发展要素的动态协调、城市结构的合理性和弹性、各种不可再生资源的保护以及各类人群发展的社会需求等议题……真正要落实"城市开发边界"的政策目标，最根本的工作并不在于采取什么方案来圈定一个空间界线，而是在于严格执行《城乡规划法》的有关规定，对违法行为给予足够严厉的告诫和惩办，尤其是惩治政府的违法行为。这个根本性的问题得不到有效解决，纵使请来孙悟空用金箍棒来画个法力无边的圈圈，也无法约束如来佛主导的无序扩张带来的蔓延。❷

❶ 丁成日. 城市增长边界的理论模型 [J]. 规划师，2012（3）.
❷ 张兵，林永新，刘宛，孙建欣. "城市开发边界"政策与国家的空间治理 [J]. 城市规划学刊，2014（3）.

第六章 城市规划编制的改革

第一节 摆脱总体规划困局的关键在分清事权

城市总体规划（以下简称"总规"）困扰着业内上上下下。有人戏诉："总体规划编制，越岭翻山。经社文环，无所不拈。层层汇报，轮轮修缮。成果磨完，批复难盼。一旦批复，时过境迁。拿来使用，一片茫然！" ❶ 内容繁多、面面俱到、拘泥细节、时间冗长的总规颇受质疑。

城市总体规划的编制体制不改革创新，贻误大事无疑。新中国成立后我国在计划经济时代，总体规划是计划的延续与深化，总规主要解决工业布局、项目选址等具体技术问题。改革开放后，随市场经济体制逐步建立，总规是各项建设的综合部署，总规在指导城市发展和建设上发挥重要作用。但从 21 世纪以来，总规则成为宏观调控的重要手段，以及调控各种资源（水、土、能源）、保护生态环境、维护社会公平、保障公共安全和公共利益的重要政策，显然变为常态。

综观上述变化"不难发现，城市规划的社会功能并不是城市规划学科自身技术发展进步的结果，而是国家制度安排的结果。其中，宏观制度环境的影响更为深刻和本质：①当国家需要规划附属于计划的时候，规划就主要做到设计；②当国家需要将城市作为一个整体综合考虑的时候，规划就主要注意协调；③当国家需要视为宏观调控工具的时候，规划就要突出公共政策的属性。" ❷

但是除了这些制度因素外，城市总体规划也有对其本身内在本质认识的深化原因。许多国家一直处在市场经济体制下，其城市规划也在不断地变化。例如为人们所熟知的英国，城市综合性规划（Master Plan）在实践中，人们逐渐认识到这种静态的、终极的规划根本无法适应市场经济体制。1971 年英国的《城乡规划法》（Town and Country Planning Act）确立了结构规划（Structure Plan）和地方规划（Local Plan）两个层次的规划，分清中央政府与地方政府的职权。

❶ 王富海，钱征寒等. 实施效用导向的城市总体规划制度改革研究思路 [J]. 城市与区域规划研究，2015（3）: 87-99.

❷ 杨保军，陈鹏. 制度情境下的总体规划演变 [J]. 城市规划学刊，2012（1）.

无独有偶，澳大利亚首都堪培拉，由联邦政府下辖的首都规划署（The National Capital Planning Authority）编制政策规划，堪培拉市政府下辖的地方规划署（Territory Planning Authority）编制地方规划。前者仅规划原则和标准，从土地利用、道路、景观等宏观格局入手提出战略性引导政策和实施措施；后者主要负责除首都规划署指定地区外其他地区的详细开发规划，本质上属前文所述的开发控制性规划。加拿大温哥华地区以省、都市区、市政区三级结构，分级构建省级政府宣言（Provincial Policy Statement）、都市区策略规划（Regional Growth Strategy）、市政区官方规划（Official Community Plan）和区划法（Zoning by Low）4 级规划体系。❶

英国 1986 年撤销了大伦敦政府和 6 个大都市地区的郡，它们的权力下放到伦敦和其他大都市的区政府。城市规划也从两个层次的规划体系变为所谓的单一发展规划（Unitary Development Plans）。到了 2004 年英国的《规划和强制性收购法》（Planning and Compulsory Purchase Act）颁布，英国的城市规划体系再度发生了重大的改变。就整体而言，该规划体系结合地方政府架构的变化，更为强调政府效能的发挥和社会公众的参与，强调可持续发展原则的贯彻执行。❷

显然城市规划体系的变化是常态，而其共同点是根据政府"事权"范围，分别提出相应的引导政策和操作措施。我国总体规划体系的改革，应借鉴国外的经验，理清"事权"，保留原有总规的核心内容的合理部分，从瘦身着手推动改革。

（1）上下分权

根据《国务院办公厅转发建设部关于加强城市总体规划工作意见的通知（国办发 [2006] 12 号）》要求"加强对规划纲要的审查"。在以往的"纲要审查"中，实际提交的成果已包括了总规全部内容，这样就造成一个后果，犹如要画一个人像，先要画准外轮廓和内轮廓以后，才画眉毛鼻子等细部。而纲要还没审查通过的时候，就把全部内容完成，一旦纲要出问题，后面的工作自然前功尽弃，耗时耗力。因此，应认真执行规划审查，分纲要审查和规划最终成果审查两阶段进行，也依此两阶段审查分清事权。

根据住房和城乡建设部 2013 年 9 月 2 日的"《关于规范国务院审批城市总体规划上报成果的规定》（暂行）的通知"的精神，上级政府负责审批城镇体系规划和中心城区规划的纲要部分。根据该通知上级政府负责审批：① 城市性质、职能和发展目标；② 城市规模，包括预测城市人口规模、确定城市建设用地规模

❶ 赵民，郝晋伟 . 城市总体规划实践中的悖论及对策探讨 [J]. 城市规划学刊，2012（3）.
❷ 孙施文 . 英国城市规划近年来的发展动态 [J]. 国外城市规划 . 2005（6）.

和范围；③ 城市总体空间布局，明确城市主要发展方向、空间结构和功能布局；④ 公共管理和公共服务设施用地；⑤ 居住用地；⑥ 综合交通体系；⑦ 绿地系统（和水系）；⑧ 历史文化和传统风貌保护；⑨ 市政基础设施；⑩ 生态环境保护；⑪ 综合防灾减灾；⑫ 城市旧区改建；⑬ 城市地下空间；⑭ 规划实施措施。但第 4 ~ 14 项只需表达目标、布局、标准等。规划用地分类图纸表达深度，只需按国家《城市用地分类与规划建设用地标准（GB 50137-2011）》的大类为止，甚至是结构性的示意图。

下级地方政府负责审批纲要以外的内容，但可根据不同城市、按分类指导的精神，允许地方政府有所取舍。但根据以往 "规划在很大程度上试图干预市场对空间资源配置的决定性作用，其结果，市场的巨大作用力不可避免地导致规划失灵（planning failure）" ❶ 的教训，对于公共产品部分用地，如 A 类用地分类可到中类，而由市场提供用途的用地，如 B 类用地分类可到大类。

（2）左右分类

根据《国务院办公厅转发建设部关于加强城市总体规划工作意见的通知（国办发 [2006] 12 号）》要求 "完善规划的主要内容。要认真做好城市总体规划与相关规划的协调衔接，科学确定生态环境、土地、水资源、能源、自然和历史文化遗产保护等方面的综合目标，划定禁止建设区、限制建设区范围。" 显然，这里指的是做好与相关规划的协调衔接，而非包办代替。以往总规的专项规划同样存在过细的问题，涉及许多专项规划的技术细节（如道路交叉口形式、市政工程管径等）是不合适的。城市规划工作主要是做好各专项规划间矛盾的协调。

当然，城市总体规划的改革与创新是多方面的。根据中国城市规划学会的倡议 "规划理念从 '以物为本' 转向 '以人为本'，规划编制内容上，界定政府与市场关系，政府从 '包办一切' 到 '管控 + 供给'；规划审批内容上，厘清各级政府纵向关系，从 '分工不清' 到 '责权明晰'，规划协调内容上，梳理各部门横向关系，从 '九龙治水' 到 '一张蓝图'。规划体系改革重点从 '层级脱节' 转向 '刚性传递'；规划技术改革重点从 '千城一面' 到凸显地方特色与传统文化；规划成果改革重点从 '技术文件' 到 '公共政策'；规划实施改革重点是强化依法实施和监督检查。" ❷

做好城市总体规划，近年在加强战略的研究，按照 "政府组织、专家领衔、部门合作、公众参与、科学决策" 编制方式等，已有许多成功经验，应当总结并创造出更多的新经验。

---

❶ 黄珍 . 城市空间规划评估：市场失灵还是规划失灵 [J]. 城市规划学刊，2014（5）：39-48.

❷ 中国城市规划学会城市总体规划学术委员会发出《加快城市总体规划改革与创新的倡议书》[J]. 城市规划，2015(7).

第二节 从"多规合一"到"多管合一"

我国在同一空间范围内存在着多类的空间规划，例如主体功能区规划、土地利用规划、生态保护红线规划、城镇体系规划、城市总体规划、林地保护利用规划、海洋功能区划以及其他专项规划。这些空间规划都肩负着特定的管控职能。但由于彼此缺乏衔接造成"规划打架"，彼此矛盾，严重危及政府的权威，影响工作的效率，阻碍建设项目的落实安排。

例如，厦门市城市总体规划与土地利用总体规划之间就有 12.4 万块差异的图斑，导致约 55 平方公里的土地指标不能有效使用。在城市生态控制区内，居然有 40 平方公里的建设用地，如此大量的矛盾和严重的错误，自然造成政府项目审批时效率低下。各相关行政部门的审批依据、审批管理系统等不一致，各部门审批互为前置，程序繁琐，相互扯皮。例如一条由政府财政投资的道路工程完成审批手续，采用串联审批，涉及 7 部门 9 个环节，用了 275 个工作日。❶

习近平总书记在 2013 年 12 月召开的中央城镇化工作会议上强调，"要建立一个统一的空间规划体系，限定城市发展边界，划定城市生态红线，一张蓝图干到底。"

2014 年 8 月，国家发改委、环境保护部、国土资源部，住房和城乡建设部联合发布《关于开展市县"多规合一"试点工作的通知（发改规划 [2014]1971 号）》要求在 28 个市县试点。

"多规合一"试点在两个层次上展开。一是省域层面的"多规合一"，以海南省为试点，涉及规划编制（海南省住房和城乡建设厅）、机构改革（海南省机构编制委员会办公室）、立法立规（海南省法制办公室）、信息平台（海南省测绘地理信息局）、行政审批改革（海南省人民政府政务服务中心）等部门。对海南省六项空间类总体规划（2015—2030）——主体功能区规划、生态保护红线规划、城镇体系规划、土地利用规划、林地保护利用规划、海洋功能区划，通过叠合对比、梳理矛盾、化解矛盾达到六个空间规划图层不矛盾，形成了"一张蓝图"，实现了五个统一——统一坐标系、统一基础数据、统一规划年限、统一用地分类标准、统一成果要求。❷

---

❶ 王蒙徽.推动政府职能转变,实现城乡区域资源环境统筹发展——厦门市开展"多规合一"改革的思考与实践 [J]. 城市规划，2015（6）:9-14.

❷ 刘钊军.海南省多规合一工作思路，做法和取得初步成效 [R].第三届复旦城市规划论坛暨"面向小康社会的城乡规划"研讨会，2016.

二是市县层面的"多规合一"，由于主体功能区规划以县级行政区为功能区划的最小空间尺度，因此，主体功能区规划并不在市县"多规合一"的对象之内。但是将主体功能区规划作为多规协调的一个对照系（依据），来探讨市县多规合一规划与主体功能区规划的协调或对主体功能区规划政策落实十分必要和必须。❶

"多规"之间主要存在的问题是：

（1）规划期限不一

经济社会发展规划期限为5年，土地利用规划为10年，城市总体规划为20年。

（2）规划目标不同，内容交叉重复

经济社会发展规划、城市总体规划为综合型；土地利用总体规划涵盖大量城镇和产业内容，但以基本农田保护为主；环境总体规划有诸多空间环境限制和质量保障内容。这四类规划除经济社会发展规划外，对城乡建设用地的使用都提出了限制要求。

（3）空间分区繁杂

不同规划除经济社会发展规划外，都以空间管制为重点，但尺度范围不同。城市总体规划分已建、适建、限建3区；土地利用规划分许建、有条件建、限建、禁建4区；环境规划分居住环境维护、环境安全保障、生态功能保育、产业环境优化4区。发改委提出主体功能区规划则划分为优化开发、重点开发、限制开发和禁止开发4区。

（4）规划实效低

目标不一、指标不一、编制方法手段管理不一，规划成果表达也不一致，规划打架实效低。

（5）规划管理不完善

各种规划隶属部门不同，各司其责，互不隶属，缺乏统领。

"多规合一"的试点在各地已进行了多方案的探索，包括体制创新型、内容完善型、规划体系修正型。❷

虽然"多规合一"还在探索中，但可以肯定的一点是，各项规划都有其特定的目标、内容和不同的成果表达的方式。而这些工作都必须由具备相当水准的专业知识人才才能胜任。如果要求一个人同时具备这么多门类的专业知识是不现实的。因此，必定是由一个专业团队分工合作、集体完成的。很难想象，几个不同

---

❶ 张永姣，方创琳. 空间规划协调与多规合一研究：评述与展望 [J]. 城市规划学刊，2016（2）：78-87.

❷ 参考刘贵利."多规合一"的试点工作的多方案比较分析 [J]. 建设科技，2015（16）：42-44. 第十届城市发展和规划大会，2015.

专业人员，各怀不同目标，在同一张空间底图上进行规划，会画出彼此不交叠、不矛盾的空间规划图来。因此，只有分清各自的职责界限，各司其责，并在交叉的部分明确彼此的关系准则，既要分，又要合，适时通气、协调才行。

其中最关键的是土地利用规划和城市总体规划间的关系，"两规合一"解决好是关键。首先要明确在用地规划上，土地利用规划较城市总体规划更宏观。因此，城市总体规划的土地使用规划，应服从于土地利用规划的总量控制（自上而下）。而城市总体规划在总量控制的前提下，城市的建设用地的选择、空间布局结构则应尊重城市总体规划（由下而上）。这样就可能把需要协调一致的工作缩小到集中建设用地的界线划定上，自上而下与由下而上相互反馈与撮合。说得直白些，以城市集中建设区为界，城市总体规划职责重在优化集中建设区范围内，解决好各类城市建设用地规模与布局问题；土地利用总体规划的职责则重在集中建设区以外的土地利用安排，各司其责。而这些规划都应服务于经济社会发展规划目标的实现，同时不突破环境规划的底线。

可以简单地概括为：经济社会发展规划是定目标，土地利用规划是定指标，城市总体规划是定坐标，环境规划则定底线。

至于这么多专业的工作团队，不论是在一个机构内开展工作，还是由不同机构联合协同工作，不同专业的分工与合作都是存在的。厦门的成功经验是市一级的强有力领导，构建了全市统一的空间信息管理协同平台，实现建设项目、规划、国土资源管理信息以及环保、海洋、林业、水利、交通、教育、医疗、农业等部门规划信息资源的共享共用；实现了统一全市空间坐标体系和数据标准，通过政务网络接入各区和各委办局，实现业务协同；统一系统接口标准，支持各单位业务系统和平台的信息交换；建立专门的信息化建设队伍，负责平台的建设和实施。由于有了统一共享的空间信息平台，就能精准确定生态控制线和城市开发边界，完成生态控制区内部和城市开发边界的细化等内容的工作，最终达到"一张图"的成果。

厦门市由于市一级集中强有力的领导，就能把"多规合一"工作延伸到审批制度的"多管合一"，实现审批流程再造，推行"一表式"受理审批，一个窗口统一收件，各审批部门网上并联协同审批，大大提高了政府的办事效率（图6-1、图6-2）。

例如，从项目立项申请到用地规划许可证核发，审批时间累计从53个工作日压缩到10个工作日。从项目建议书到施工许可证核发，审批时间从122个工作日缩短至49工作日……用地许可阶段申报材料由25项减少到6项，工程批复及工程规划许可阶段申报材料由99项减少到10项。从"多规合一"到"多管合

一"取得丰硕成果关键在党政一把手亲自抓，上下联动。❶

2016 年 3 月 22 日，李克强总理在三亚听取省域"多规合一"改革试点汇报时指出："这项改革说到底是简政放权。各部门职能有序协调，解决规划打架问题，是简政；一张蓝图绘好后，企业作为市场主体按规划去做，不需要层层审批，是放权；政府职能要更多体现在事中事后，是监管。"从"多规合一"延伸到"多管合一"不仅是规划的改革，还是政府规划管理的改革与创新。

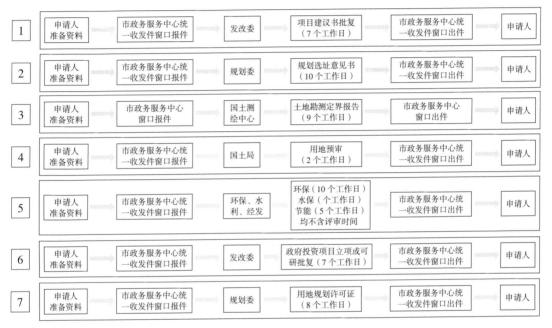

图 6-1　多规合一审批流程改造前示意（1 对 N）

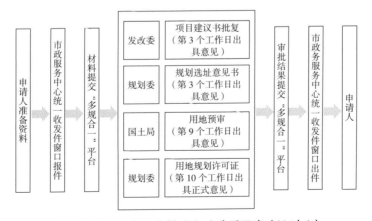

图 6-2　多规合一审批流程改造后示意（N 对 1）

---

❶ 参考王蒙徽.推动政府职能转变,实现城乡区域资源环境统筹发展——厦门市开展"多规合一"改革的思考与实践 [J]. 城市规划，2015（6）: 9-14；孙安军.推进城乡规划改革的若干举措 [R]. 第 12 届中国城市规划学科发展论坛，2015.

第三节　控制性详细规划生命在法制与市场的契合

城市总体规划（以下简称"总规"）是确定城市发展的战略与目标，以及这些战略、目标在城市空间上的部署。但是，总规在城市空间上的部署只是一个框架，难以对城市的具体建设行为实施管理。因此，总规的意图，必须在总规的战略与目标，以及空间框架的指导下加以深化，编制控制性详细规划（以下简称"详规"），才能有效地落实。因此控规是实施规划的重要抓手。

可是，作为"法定"规划的控规，包括深圳的"法定图则"，虽然有法律的保护，但在实施过程中都无法摆脱被频繁地调整或修改的困境。以北京为例，"伴随1999 年第一版《北京市中心地区控制性详细规划》出台，控规的调整与突破频繁，仅 2001 ~ 2003 年的 3 年间，规划调整申请量达 200 余件，批准率达 65%，对规划的权威性与约束力构成挑战。"❶ 又如深圳的"法定图则"修改率也在 50% 以上。❷ 2008 年中国城市规划年会上有的专家则认为控规在使用中修改率达 80%。

然而，面对《城乡规划法》明文规定："建设单位应当按照规划条件进行建设；确需变更的，必须向城市、县人民政府城乡规划主管部门提出申请。变更内容不符合控制性详细规划的，城乡规划主管部门不得批准"（第四十三条）。以及"修改控制性详细规划的，组织编制机关应当对修改的必要性进行论证，征求规划地段内利害关系人的意见，并向原审批机关提出专题报告，经原审批机关同意后，方可编制修改方案。修改后的控制性详细规划，应当依照本法第十九条、第二十条规定的审批程序报批。控制性详细规划修改涉及城市总体规划、镇总体规划的强制性内容的，应当先修改总体规划"（第四十八条）。规划师"在政府'看得见的手'和市场'看不见的手'的两面夹攻下……控规完成之日就是调整之时。"❸ "法"的严肃性与现实状况的严峻性，令规划师陷入了困境，并成为规划师的一个"心结"。

为了摆脱这种困境，规划部门或采用"编而不批"，或将刚性指标（性质、容积率等）虚化为指导性指标，或将分区规划包装成控规……❹ 明知这些做法不合法，但实出无奈。尤其在公众维权意识日益提高的今天，信访、诉讼等更困扰

❶ 宋丽青等．控制性详细规划调整中的利益相关者诉求研究——以北京市中心轨道交通站点储备用地的规划调整为例 [J]．上海城市规划，2014（2）．

❷ 邹兵．敢问路在何方——一个案例透视深圳法定图则的困境与出路 [J]．城市规划，2003（2）．

❸ 王飞．北京新城控制性详细规划编制创新的基本思路 [J]．北京规划建设，2009（7）．

❹ 何子张．时空整合理念下控规与土地出让的有机衔接——厦门的实践与思考 [J]．规划师，2012（9）．

着规划部门。

要解开这"心结"，应先认识何以成"结"的三个关键问题：

（1）在编制控规与执行控规之间存在着的时间差，导致利益相关者碰头机会滞后，造成了规划时考虑的"不周"。

规划编制在先，规划实施在后，致使利益相关者除政府外，开发单位、设计单位和公众等在编制规划时即使加强了"公众参与"环节，但某些利益相关者尚未完全现身（如投资开发方不明），或当时利益相关者还未意识到切身利害关系。自然规划的编制者对各利益相关者的诉求难以考虑周全，造成规划的"不周"。唯到具体建设行为开始之时，利益相关者才充分现身，各种利益诉求才得以表达，矛盾才得到充分暴露，于是认真、激烈的讨价还价开始了。编制控规当时的"不周"，终在此时暴露，调整在所难免。

（2）编制控规时是批量的赋值，而执行控规时，则是个案的处置，这种"批零差"使控规难免调整。

编制控规时，是众多地块的控制指标成批量地赋值，在赋值时主要是凭借经验，根据城市密度分区，结合地块的微观区位、建设条件、周边环境、公共服务设施配置状况等等因素，有限地加以区别，逐块赋值而已。

而执行控规时，却是针对具体的、特定的建设项目，必须"一把钥匙开一把锁"地处理个案。原本各地块被淡化的差异性顿时清晰显现，或者因提出具体开发模式，随之要求调整控规，往往有其合理性。例如，由于通过与周边地块进行整合，实施整体开发，从而提高土地利用效率。又如，在原公益性开发的地块上，有投资者愿意参与开发，公私合作，适当增加一定量的经营性的开发，使土地得到混合使用，也改善了公共服务的质量，取得双赢。当然也可能由于地块上权属关系十分复杂，开发难度大，为了尽快推动改造、更新、再开发以改善地区的环境，因而适当放宽某些规划控制条件等等。所以调整申请的批准率相当高，如北京达到 65%[1]这些都说明在控规实施过程中做某些调整和修改，在整体上可能是积极的、正面的。

总之，在编制控规确定指标时是"批发"价，而在控规执行时是"零售"价。批零间的差价使规划调整成为必要与合理。

（3）编制控规时是计划在先，执行控规时，计划则受到市场的挑战，而计划必须与市场契合才能得以实施。为了使规划不至于长时间"墙上挂挂"，规划作适当的调整，这对城市更新与发展是有利的。

---

[1]　苏腾."控规调整"的再认识——北京"控规调整"的解析和建议 [J].北京规划建设，2007（6）.

在编制控规时主要是落实总规的意图，根据总规等上位规划，将指标逐级向下分解、落实。如人口、开发强度、各项配套设施（教育、医疗、文化、绿地……），控规的编制是整体计划的分解、落实与平衡的过程。

但在执行控规时，这些计划的安排常常面临市场、资金、投资效益等等的挑战。调整规划使计划与市场相契合才会真正得以实施。例如在控规中配置公益性的建设地块，这是由政府为投资主体的地块开发，本应实施时更简单易行些，但常常也因为拆迁成本等原因难以实施。例如上海虹口区，在控规中规划的42块公共绿地中，仅有3块得到实施；在规划为公共服务设施的28地块中，仅有2块已经实施。[1]

以政府为投资主体的尚且如此，非政府投资的地块开发便可想而知，因为"经济人"追求经济效益最大化这是本性。就连那些国有企业，即使当年的土地是政府划拨的，一旦形成单位使用权后，要进行再开发也同样遇到市场效益的问题。例如许多工厂虽已停产，宁可出租做仓储、物流等获取微薄的租金，而不愿交出用地，变更土地使用用途、性质而获取更高的土地差价。

根据上海市虹口区"划拨工业用地更新"的调查研究："政府向地块业主支付补偿金后收回土地使用权，用作经营性用途，通过招拍挂，收取国有土地使用权的出让金，完成批租用地的安排。此类经济效益最高，但地快数量和面积所占比例最小。"原因很简单，就是交易成本太高。[2] 2008年3月《国务院办公厅关于加快发展服务业若干政策措施的实施意见》（国办发[2008]11号）颁布，依据该《意见》："积极支持以划拨方式取得土地单位利用工业厂房、仓储用房、传统商业街等存量房产，土地资源兴办信息服务、研发设计、创意产业等现代服务业，土地用途和使用权人可暂不变更。"在这新产权制度安排下，交易成本大大降低，上海78家创意产业园中，80%是利用工业建筑改造而成的。显然市场在千变万化，在编制控制性详细规划的时候不可能预见得到。到了执行控规的时候，诸多市场力量都将登场，还可能有新的政策出台，所以调整控规在所难免。

总之，编制控制性详细规划与实施控制性详细规划之间的"时间差"、"批零差"以及"计划与市场的契合"，必然造成"控规"不得不频繁地被调整甚至修改，要解控规的"心结"，显然必须从编制控规的模式、方法、机制上进行改革与创新。

控规要贯彻总规的意图，在编制控规时是单向地推进。可是它涉及众多的利益相关者，他们之间是要互相反馈的。所以，控规可以根据总规的意图"先出牌"，到规划实施时，控规则成为与城市建设相关单位、各利益相关者之间进行沟通的平台。

---

❶ 冯立，唐子来.制度视角下的划拨工业用地更新，以上海虹口区为例[J].城市规划学刊，2013（5）.

❷ 冯立，唐子来.制度视角下的划拨工业用地更新，以上海虹口区为例[J].城市规划学刊，2013（5）.

为了维护"法"的权威性，控规就得回到制定"法"的本身上。可喜的是，我国规划师是尽职的，已在不断地探寻并求得摆脱困境之道。例如厦门市，将"控制性详规分成大纲和图则两个编制阶段。以管理单元为单位编制大纲，实现全覆盖。大纲成果需按法定程序公示并报市政府批准，并同时向人大报备。而图则阶段其结果'图则'作为土地出让的要约条件"。❶

依据法理，在不确定、信息不对称的背景下，"立法"可以"用无固定内容的条款授权"委托立法或自由裁量。❷ 例如《城乡规划法》规定"制定和实施城乡规划，应当遵循城乡统筹、合理布局、节约土地、集约发展和先规划后建设的原则，改善生态环境，促进资源、能源节约和综合利用，保护耕地等自然资源和历史文化遗产，保持地方特色、民族特色和传统风貌，防止污染和其他公害，并符合区域人口发展、国防建设、防灾减灾和公共卫生、公共安全的需要。"（第四条）这些都是属于原则性的"无固定内容的条款"，而授权在具体进行某城市规划时加以"自由裁量"。《城乡规划法》如此，法定的控制性详细规划也如此。

厦门市在编制控规的"大纲"阶段，正合此理，大纲阶段粗（原则），图则阶段则细（具体）。"图则"阶段，因为土地要"招拍挂"了，利益相关各方逐渐显现，面临市场的形势也可预期了。于是在已批准的"大纲"（原则性）平台上，实行"规划咨询"，即执行"自由裁量"。"咨询内容分两层面：第一层面作为各个主体进行分析、谈判、讨论的技术文件；第二层面的图则是作为合同约定条件，它是咨询的核心内容，也是法定文件内容。"❸

而"规划咨询"环节的安排，正是防止"行政裁量"的滥用而采取的"严格规则与正当程序的控权模式"（何明俊）。厦门的经验颇有启示，期待厦门能在现有基础上进一步总结经验，更加完善成熟。

又如，《安徽省城市控制性详细规划编制技术研究》中提出了"分级控制"的概念，即分为控规编制单元、街区、地块三级。在指标逐级向下分解过程中，街区（30 ~ 40公顷或次干道划定的范围）一级的控制总量应大于地块一级控制指标的总和。这样一方面鼓励街区整体开发；另一方面，也给地块调控留有余地，为控规调整预留了空间，同时也限定了调整控规自由裁量的量域。

再则，按照前面所说"依据法理，在不确定、信息不对称的背景下，'立法'可以'用无固定内容的条款授权'委托立法或自由裁量"的道理，这里的"用

---

❶ 侯雷.厦门市土地"招拍挂"规划咨询编制内容与编制方法 [J].规划师，2010（8）.

❷ 何明俊.控制性详细规划行政"立法"的法理分析 [J].城市规划，2013（7）.

❸ 侯雷.厦门市土地"招拍挂"规划咨询编制内容与编制方法 [J].规划师，2010（8）.

无固定内容的条款"自然包括了以粗的、较宽泛的条款来代替细的、精准的条款。根据《城市用地分类与规划建设用地标准》（GB50137-2011），城市建设用地分 8 大类、35 中类、43 小类。在控规中最重要的"用地性质"的规定就应粗些，不必规定到小类，甚至中类。香港的用地分类就只有 11 个大类，既没有中类，更不分小类。而仅划分为两类用途加以控制：一是经常准许的用途；二是须先向城市规划委员会申请，可能在附带条件或无附带条件才能获准的用途。❶

总之，控规的改革、创新一要知理，二要知法。控规的生命在于法制与市场的契合。

（附：影响控规效力的还有另外一个重要因素，即控规单元，地块划分和行政管辖边界不一致。❷ ）

第四节 一个"摆房子"详细规划的故事与启示

1978 年芜湖市中心区编制"详细规划"，当时还没有"控制性详细规划"和"修建性详细规划设计"的概念。规划中将质量好的建筑（涂为实心）保留，其余质量差的建筑在规划中将全部被拆除，并规划了新建筑，俗称"摆房子"规划（图 6-3 ）。

过了 10 年，1988 年对前 10 年的规划做了追踪，发现当年在中山路和北京路交叉口的重要地段上，规划的高层旅馆建成了，但建到了北京路的北侧；当年规划的少年宫也建成了，但位置移至东北侧；当年规划的图书馆也建成了，但位置移向

图 6-3 芜湖市中心详细规划及追踪

西南部；当年规划的市政协却建到东南向的地方。这些建设项目全不在原来规划的位置上，似乎都没按照规划执行，但规划的本质意图实际是被执行了的。

❶ 宣莹.做狐狸还是做刺猬？——香港法定图则土地用途分类与中国大陆城市用地分类体系比较[J].规划师,2008(6).
❷ 参考严定中等.适应发展要求 对接社会管理——天津市中心区控规深化实践探索[J].城市规划，2016（4）: 15-19.

当时规划的意图，一是芜湖市中心区的用地性质应是公共建筑与居住，这点被执行了。二是在中心区有两个湖，但水面均不大，为了保持良好的尺度关系，湖区新建建筑高度都在6层以下，而在两条重要城市干路的交叉口处，应该有个标志性的建筑，建成高层旅馆，规划的高度控制也被执行了。这说明"摆房子"仅是规划意图的形象表达，而本质的规划意图，即用地性质、建筑高度等是隐含的，却是本质的。这不正是预示了今天的控制性详细规划产生的根据吗？虽然控制性详细规划图比"摆房子"规划要抽象许多，但反而具有规划控制力，标明每一地块的土地使用性质、开发强度、高度、绿地率、公用设施配置等（图6-4、表6-1）。

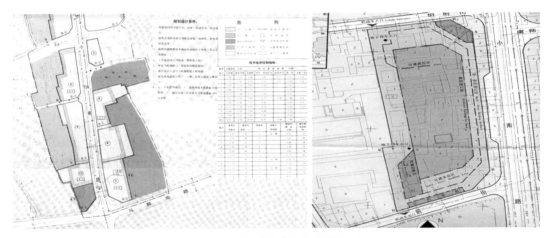

图6-4　控制性详细规划图示意

控制性详细规划控制指标示意　　　　　　　　　　　　　　表6-1

编号	建筑毛容积率	建筑毛密度（%）	绿地率（%）	必配公用设施	最低安置房（万平方米）	最大建筑高度（米）
1	3.35	35	11	公厕	0.91	60
2	3.05	39	12		1.27	60
3	2.50	32	6		0.64	24
4	1.55	34	5		1.15	24
5	2.05	30	8		1.05	24
6	4.36	32	15		0.72	60
7	2.01	46	8	公厕	0.92	72
8	1.78	32	5		0.53	24
9	1.50	32	5	公厕	0.86	24
10	2.27	34	6		0.63	24
总计	2.51	35	10		8.67	

（资料来源：芜湖市城市规划设计研究院）

又过了 10 年，1998 年芜湖市规划设计院在芜湖市中山路和北京路交叉地块设计竞赛中胜出（图 6-5）。在前 20 年"摆房子"的规划时，在这块用地上安排了"高层旅馆"以形成标志，但标志建筑并不是非高层旅馆不可，银行、保险、办公也符合规划的意图。这说明当年的"摆房子"规划是何等计划经济的思维定式。

而这次规划却规划为鸠兹广场，在广场中间竖立了鸠鹚雕塑，不更符合前20 年的规划意图，高的标志性吗（图 6-6、图 6-7）？

从这个案例可以看出，今天的城市设计很重要，特别对城市重要地段，一定要对城市的环境、形象有一个整体的考虑，如图 6-8 某市火车站前地区的城市设计。但当它的建设不是一次性建成时，就必须把这意图提炼出设计控制的原则，纳入控制性详细规划中，使之法定化。法定化的东西就不应该是一个具体的设计方案，不应该束缚将来承担设计人的创造力发挥。

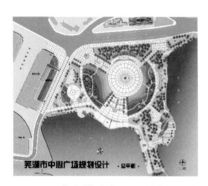  

图 6-5　芜湖鸠兹广场规划中标方案　　　图 6-6　鸠兹广场　　　图 6-7　主雕塑
"鸠顶泽瑞"

图 6-9 是加拿大温哥华市海湾，为什么海湾的建筑都是叠落式的呢？这绝非偶然，温哥华海湾规划中，为了避免海湾被框死，在海湾区划中规定在海湾的第一排建筑，不许像墓碑那样的板状建筑，让海湾空间敞开，叠落状的建筑就成为这规划控制下的产物。至于如何"敞开"则让建筑设计师去发挥创造力，规划部门只是对"敞开"方案拥有审批的权力（图 6-10）。❶ 同样地，温哥华对建筑屋顶形式、建筑主体色彩和屋顶色彩也有规划控制，避免杂乱无章（图 6-11 ～图6-13）。

---

❶ 该例是笔者在温哥华海湾午餐时，当面向不列颠哥伦比亚大学威斯曼教授提问时的回答，威斯曼教授曾是温哥华市规划局局长。

图 6-8　某市重要地段的城市设计

图 6-9　温哥华市海湾

图 6-10　海湾叠落式建筑例湾

图 6-11　建筑色彩控制

图 6-12　建筑屋顶控制

图 6-13　建筑屋
顶颜色控制

第五节　存量规划核心是制度设计

根据国土资源部《国土资源"十三五"规划纲要》（2016 年 4 月 12 日国土资源部发布），明确在"十三五"期间将提供 3256 万亩的建设用地，比"十二五"减少17.0%（669 万亩），并且要实行建设用地总量供应和强度"双控"的方针。这绝非是一个五年计划的安排，而恰恰是一个发展趋势的具体体现。这种趋势随着城镇化走向成熟阶段，只会越来越加强，绝非是一时之权宜之策。西方发达国家早在 20 世纪 80 年代，城市建设就已转向城市更新、棕地开发。英国 1978 年通过《内城法》（Inner Urban Areas Act）以促进内城复兴，不再兴建新城。

纲要明确指出："盘活存量建设用地，实行建设用地总量控制和减量化管理，提高存量建设用地供地比重。""存量规划"将是城市规划面临的新课题、新挑战。

存量规划主要的对象是城市中闲置未用、利用不充分不合理、产出效率低的已建用地。存量规划是相对于以往城市用地扩张的增量规划，它们存在着本质的差别：

（1）增量用地是由政府垄断的"一级市场"来供应；而存量用地则是通过"二级市场"平等协商交易的实现而获得供地的。

由于"增量扩张"是以政府为主导，政府垄断城市建设用地一级市场。政府从农民手中征用集体土地为国有土地，产权的转移比较简单。政府获得土地后进行"七通一平"，将生地变熟地后，就能以土地征购价几十倍的地价进行出让，获得巨大的土地收益。此模式利益相关主体关系简单，交易成本很低，政府收益巨大。

"存量更新"（包括已建、在建、已批未建、已征已转而未用地，通过盘活、优化、挖潜、提升）是在"二级市场"通过平等协商，进行交易实现的。由于往往是在众多分散的产权主体之间进行交易，达成交易所支付的交易成本（讨价还价）骤增，政府风险大，收益有限且难保。

（2）土地管理权限不同，根据 2005 年《国务院关于深化改革严格土地管理的规定》（国发 [2004]28 号）明确规定："调控新增建设用地总量的权力和责任在中央；盘活存量建设用地的权力和利益在地方。"这显然表示地方政府在存量规划中具有更大的审批、监督的主动权，但也加大了地方政府在存量规划中制定政策的压力。

（3）编制增量规划的主体基本是政府，并且具有法定规划的刚性、严肃性和权威性；而存量规划根据深圳等地的经验，其发展趋势是由各个产权主体自主委托编制更新改造规划，再报政府审批，规划部门的角色由原来的组织者，变为技术指导者和审查者。❶

（4）增量规划主要是对新建项目实施"一书两证"的过程管理。但除了对拆除重建类的城市更新项目可以基本继续沿用以往的"一书两证"的行政许可管理

---

❶ 邹兵. 增量规划向存量规划转型：理论解析与实践应对 [J]. 城市规划学刊，2015（5）：13-19.

程序外，其他类型的更新改造，并不完全受规划部门的管制。存量规划实施的许多关键环节，如闲置土地的回收回购、违法用地的查处等，国土部门的政策措施往往比规划部门更加有力有效。城市更新中的拆迁补偿标准、土地出让方式、土地增值效益再分配机制等等，也都离不开国土部门的政策支持和制度变革。广东"三旧"改造（旧城镇、旧厂房、旧村庄）之所以能够顺利推行，也正是因为其在土地政策方面的突破。以建设项目管理为核心的规划管理，已经难以应对存量规划时代的空间资源优化配置需求。这也许是一些转向存量发展的城市，近年来都实施了规划和国土部门合并的体制改革的重要原因。❶

总之，存量规划全然不同于早被规划界所熟知的增量规划模式。存量规划要实现增效，就必须改变产权，或改变用地使用性质，获取经济效益；存量规划要改善环境，就必须众多产权人合作，达成各方都能接受的利益再分配，获取经济、社会、环境的效益较大化，其中最关键之处在于政策的制定和制度的设计。

例如，上海曾号称"远东第一宰牲场"（新中国成立前为宰杀牛的场所）的原长城生化制药厂，因其位于上海虹口区，地价远远高于现有作为工厂建筑物的价值。但若要改作商业、办公、住宅，即改变土地使用性质，就得补交巨额土地出让金，或由政府向企业主支付补偿金后，收回国有土地使用权，然后通过招拍挂重新出让。但是，双方在资金上都有困难，由于长城生化制药厂区位优越，但效益不佳，早已停产，于是只能作一般仓库出租，年租金 200 万元左右，即出租使用权。

2008 年 3 月《国务院办公厅关于加快发展服务业若干政策措施的实施意见》（国办发 [2008]1 号）指出："积极支持以划拨方式取得土地单位利用工业厂房、仓储用房、传统商业街等存量房产，土地资源兴办信息服务、研发设计、创意产业等现代服务业、土地用途和使用权人可暂不变更。"即允许改变土地使用性质，鼓励"腾笼换鸟"。于是创意产业园投资公司以年租 1000 万元承租 15 年，投入 7000 万元实施保护改造，2007 年开业时租金达 5 元 / 平方米（图 6-14），高于上海重要商业街四川北路商圈写字楼。近几年"1933 老场坊"仅主楼 3 楼举办的各类走秀活动，每年收入就达 2000 万元。❷ 这个例子说明，政策一放宽，厂房就活了。但政策的制定是一个复杂的摸索演进过程。

---

❶ 邹兵.增量规划向存量规划转型：理论解析与实践应对 [J].城市规划学刊，2015（5）: 13-19.

❷ 冯立，唐子来.制度视角下的划拨工业用地更新：以上海虹口区为例 [J].城市规划学刊，2013（5）.

外部

创意园正门

原宰牲场牛走的坡道

创意园内景

图 6-14　上海 1933 老场坊

　　表 6-2 是上海工业用地存量更新博弈过程。经过第一轮的放宽政策，工业用地自行改为商业、办公、居住等，结果市场活跃，但造成国有资产流失与城市功能混杂等问题；第二轮明确用地转变性质类别（M4、C65），但由于两类用地区别模糊造成漏洞（高新工业 M4、研发等 C65），依旧无法解决资产流失等问题；第三轮，明确按地类及出让政策，加强管理，收紧政策，出台招拍挂，收益归政府，结果市场整体反应平淡；再到第四轮，顺应市场，政策细化，逐步被市场接受。

上海工业用地存量更新博弈过程　　　　　　　　　　　　　　　　　表 6-2

轮次	政策要点	结果	问题	备注
一	放宽工业用地指标 容积率：内环内 3.0 以下，内外环间 2.0 以下，外环外 1.2 以下。但高度仍维持在 24 米以下	企业在自持土地上增建办公楼，满足自身的研发办公需求，也出现用于出租的办公楼宇	造成国有土地收益的流失，并造成工业、办公、居住混杂难以管理的尴尬局面，构成对正常招拍挂建设办公用房市场的冲击	2003 年出台《上海城市规划技术管理规定》， 2008 年出台《关于进一步加强土地集约利用，合理核定郊区工业用地规划指标意见》

续表

轮次	政策要点	结果	问题	备注
二	明确地类，分类转性 增加工业研发用地（产品、技术研发和中试，M4）和科研设计用地（科研、勘测设计、科技信息、咨询，C65），以避免土地收益流失	因两类用地界线模糊，造成大部分工业用地更新选择以操作简便，不用进行招拍挂的M4用地的形式进行出让开发	无法解决工业、办公、居住混杂，收益流失的问题	2011年上海出台《上海市控制性详细规划技术准则》
三	明确地类及出让政策，加强管理 统一M4、C65两类用地应经区县政府认定后，在任务书备案中予以注记、明确。 （1）地价不低于对应工业基准地价的1.5倍； （2）弹性年租制，不超过50年。可采取10、20、30、40或50年； （3）自持比例高，土地不得分宗转让，房屋不得分幢、分层、分套转让	完善的工业用地转型更新的政策，从用地性质、使用范围、开发指标、土地开发等都提出了相应的操作规程	对开发主体要求较高，风险较大，而全资国有主体由于资金有限，无法承担全部开发任务，因此整体市场反应平淡	2011年出台《关于委托区县办理农转用和土地征收手续及进一步优化控制性详细规划审批流程的实施意见》
四	顺应市场，政策微调 进一步提升指标，"研发总部类用地开发强度按照同地区商务办公用地标准制定……最高容积率不超过4.0"。 并分类确定用地底价：如产业项目类外环内不得低于相同地段办公用途基准地价70%，商务办公等经营性用途用地不得低于相同地段同用途的基准地价	逐步为市场所接受，成为工业用地更新的主要方式	办法还针对上一轮博弈中影响市场反应的自持比例要求进行了修正，对非重点地区降低了自持比例，鼓励各方入场。 自持70%以上，剩余部分可分割转让；转型为教育、医疗、科研、养老等不得分割转让	2014年上海推出《关于本市盘活存量工业用地的实施办法（试行）》

（资料来源：根据郑德高，卢红旻.上海工业用地更新的制度变迁与经济学逻辑 [J].上海城市规划 2005（3）：25，32整理）

以上说明，在存量规划中，用地功能的转换和开发强度的调整是获取空间增值收益的主要途径。用地性质和开发强度不同使土地价格相差数倍到数十倍（图6-15）。

而存量更新的焦点是在特定市场环境下，综合效益的判断和抉择。图6-16为短期收益与长期收益的综合比较。比如用地转性为工业用地（M）短期效益低，一旦进入正常运营，每年有利润，长期效益高。用地改作居住，房地产开发，短期效益高，但是一锤子买卖，长期效益低。❶

---

❶ 郑德高，卢红旻.上海工业用地更新的制度变迁与经济学逻辑 [J].上海城市规划，2005（3）：25，32.

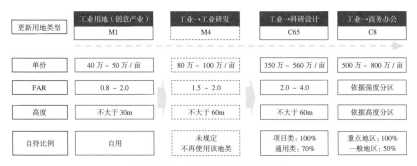

更新用地类型	工业用地（创意产业） M1	工业→工业研发 M4	工业→科研设计 C65	工业→商务办公 C8
单价	40万~50万/亩	80万~100万/亩	350万~560万/亩	500万~800万/亩
FAR	0.8~2.0	1.5~2.0	2.0~4.0	依据强度分区
高度	不大于30m	不大于60m	不大于60m	依据高度分区
自持比例	自用	未规定 不再使用该地类	项目类：100% 通用类：70%	重点地区：100% 一般地区：50%

图6-15　各类用地价格比较

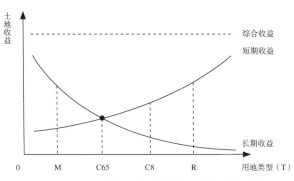

图6-16　短期收益与长期效益的综合比较

广东省对旧工业存量更新采取的办法是，政府对旧工业厂房整栋物业回购，完成空间产权的统一后，根据该厂房所处地块的产业升级需要，将整块旧厂房空间转租给开发运营企业，再由该企业对空间进行既定规划指引下的市场化用地再开发活动。政府承担了改造前期获得空间绝对支配权所支付的投资风险后，以规划控制引导实现第三方市场主体对旧工业用地进行再开发（通过改造后的基本租金逐步抵消政府前期垫付的交易成本）。避免了由于既有空间利益关系难以平衡，而制约了再开发建设的实施。❶

但是，由于市场为主导的更新活动往往忽视了公众利益，追求经济效益最大化，结果产生"吃肉扔骨头"的行为，影响公共配套设施的完善和城市整体功能提升。2009年深圳市政府出台的《深圳市城市更新办法》，明确了综合整治、功能改变、拆除重建三种更新方式。并首次提出"城市更新单元"的概念，城市更新单元规划是管理城市更新活动的基本依据。

城市更新单元应符合三个条件：①城市更新单元拆除范围的用地面积应大于10000平方米；②城市更新单元不得违反基本生态控制线（橙、黄、紫线）；③城

❶ 严若谷，周素红. 产业升级背景下的城市存量产业用地再开发问题与路径 [J]. 上海城市规划 2015（3）: 20-24.

市更新单元内可供无偿移交给政府用于建设城市基础设施、公共设施或者城市公共利益项目等的独立用地，应大于 3000 平方米，且不小于拆除范围用地面积的15%。

城市更新单元由各区政府进行更新项目的筛选，制订计划，向规土局申报并纳入城市更新计划，方可编制城市更新单元规划。未划入城市更新单元，但确需进行拆除重建的特定城市建成区，也可自行拟订城市更新单元，并向各区管理局或政府申报更新单元计划。管理局进行审查并征询区政府意见后，上报市规划和国土资源委员会。经审议通过的更新单元计划，按程序公示并报市政府审批。

城市更新单元规划的表现形式与法定图则相似，但编制过程截然不同。规划为各利益主体提供了博弈的平台，注重协调利益的过程和规则制度。城市更新单元制度的效果包括：

（1）由分散式开发走向整体综合开发；

（2）以捆绑责任保障公共利益。公益项目经协商由开发商代建，建成后无偿返还给政府，减轻了政府财政负担，并避免"吃肉扔骨头"的现象；

（3）以多方沟通协调面向实施。城市更新单元规划建立了多方利益主体的参与规划体制。这种"自下而上"的协商式、过程式规划有别于传统的"自上而下"的指令式规划；

（4）以制度设计实现过程监控。在土地二次开发中，完善的制度设计是公平高效地重新分配空间资源的有力保障。❶

总之，深圳从小规模的自发更新，到市场主导，政府参与，再到如今的政府主导与市场主导相结合，都是在存量规划和更新之路上的探索尝试。这都是规划领域的新课题，需要规划界转变规划观念，迎接新挑战。

第六节 存量规划中的规划师角色

存量规划遇到众多产权人和多方利益主体之间的博弈，尤其居住用地的更新更为突出。对于旧居住区的更新改造，长期以来城市政府都以"征购拆迁"的模式，将复杂的产权问题简单化（快刀斩乱麻的方法），以货币补偿等方式，将产权"归零"，重新按照增量扩张的方式进行土地出让。但 2011 年《国有土地上房屋征收与补偿条例》出台后，提高了补偿标准并实施"先补偿、后搬迁"，"不得采取暴力、威胁或者违反

---

❶ 范丽君 . 深圳城市更新单元规划实践探索与思考 [J]. 规划评论，2013（4）.

规定中断供水、供热、供气、供电和道路通行等非法方式，迫使被征收人搬迁。禁止建设单位参与搬迁活动。"因此征地拆迁难度大增，存量老旧房改造越加困难，旧城不断衰败。

随着拆迁补偿和安置的标准急剧上升，而且老城居民普遍要求就地安置，征地拆迁成本急剧增加。以厦门市的湖滨一里、四里为例，按照就地安置的原则，开发强度增加两倍以上，还需要城市政府补贴 40 亿才能平衡。其中还不包括由于建筑容量大幅度增加，所引起的更加尖锐的小学等公共服务配套短缺问题。而且，即使政府补贴了如此巨额的资金，也无法保证拆迁安置能够顺利完成，这期间还需要投入巨大的行政资源进行社会动员和维稳工作。

尤其旧城居住区多在城市核心区，房屋质量普遍差、密度高，市政设施落后。同时存在大量公房、公私混合房、侨房等复杂的产权关系，难以达成房屋翻建、修缮等事项的共识。居民只能撤离、低金出租，甚至闲置，等待政府拆迁获得一次性赔偿。由于公房租金低且无期限，还能继承，所以公房使用人搬离后，往往转租给外来人口，造成环境恶化，旧区衰败。因此，旧区改造更新中的沟通协调，规则的制定则成为关键。总体来说，旧区改造更新的制度设计比工程设计更为关键。

例如厦门市从 2010 年开始，规划部门开始探索老城"微更新"的新型改造模式，即在整体保护老城城市肌理和风貌的基础上，探索以公房引导更新与私房自主更新相结合的老城整治提升新模式。

案例一：以营平片区改造

（1）成立"营平片区公房管理中心"统筹公房管理，统一行政管理与产权管理。完善公房搬迁安置政策。原公有住房面积大于 70 平方米的，按不大于 1.5 倍面积的标准选择调换；小于 20 平方米的，按不大于 3.0 倍面积的标准选择调换。

（2）制定鼓励私房业主自主更新的策略。如当产权人无法达成统一意见时，根据《物权法》第七十六条："改建、重建建筑物及其附属设施的，应经专有部分占建筑物面积三分之二且占三分之二以上业主同意。"同一栋房子产权继承人众多，任何一个产权人都有权申请翻改建，该部分产权人需出具《具结保证书》，书面承诺房屋翻改建后所产生的升值部分予以放弃，各共有人所得房产份额不变。

（3）对改翻建的屋高、间距等一系列制定规则。

案例二：厦门市曾厝垵的更新

曾厝垵原为渔村，经过更新改造成为充满地方历史气息、浓烈文化品位和世俗生活的新村。2013 年劳动节三天涌来游客 27 万人次，人气超过鼓浪屿（图 6-17、图 6-18）。

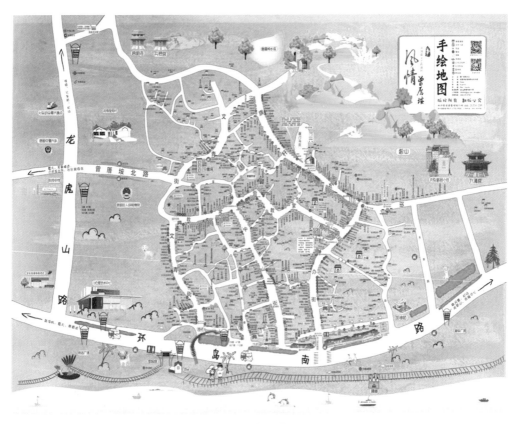

图 6-17　曾厝垵平面图

图 6-18　曾厝垵村景

其中重要的经验是规范自主更新的组织和运作机制，促进共同缔造老城区。

（1）引导成立社区自治组织：曾厝垵文创理事会和业主协会（图 6-19）。

（2）街区运营机构的导入与产业培育：引进文创旅游运营公司负责整个街区的产业发展策划、招商和运营，提高街区的产业品质，打造街巷游等项目，形成独特的街区风情，促进老城产业发展提升。

（3）社区规划师：有专长的人员长期和深度地参与，将政府官员、社区工作者、居民代表、专

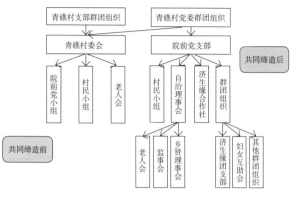

图 6-19　治理体系架构图

业技术人员纳入社区规划师成员中。成立社区规划师议事小组，职责包括解读和宣传规划和政策思路、意义价值；对社区骨干进行培训；收集和整理片区居民所遇到的改造问题解决和反馈；为居民自主改造提供相关的规划设计、施工等技术咨询服务；联系帮助建立各种组织；对居民自治组织和运行规则完善提出建议（图6-20）。❶

图 6-20　规划师和村民们互动

城市在"增量扩张"发展模式下，城市规划应对快速增长的土地需求，综合安排城市土地利用，编制"新区"、"新城"规划。此时"公众"是缺席的，因此规划师兼任了公众利益的代言人，难免"自上而下"，大包大揽。

城市在"存量更新"发展模式中，存量规划时不同利益群体相关人都已在场，城市更新中涉及众多复杂的利益调整。社区、居民、业主和开发商等利益性命攸关，寸土必争，锱铢必较。近年规划部门被作为市民行政诉讼的对象，已经屡见不鲜。

---

❶　曾瘩垅文创会．共同缔造工作坊——社区参与的新模式 [R]．第二届复旦城市规划论坛，2015．

因此，城市规划者的角色发生了根本的变化。正如英国爵士 Peter Hall 所描绘的"1955 年，典型的刚毕业的规划师是坐在绘图板前面，为所需要的土地利用绘制方案……1975 年这些人正在与社区群体交谈到深夜，试图组织起来对付外部世界的敌对势力。" ❶

规划师要能让拥有不同合法诉求的群体走到谈判桌旁，进行协商和交流，获得对于所有利益相关者最佳的可能方案。规划师从安排公共项目、制定土地利用综合规划的工程师角色，转变为协调利益冲突、促成社会共识的社会角色。

城市规划师正因为有更为规划专业知识，比一般社会工作者在城市规划和设计，以及建设实施问题上具有更为特殊的协调能力。当然规划师还应增加法律的知识，增强公关的能力，提高协调、说服力以应对不同背景、性格、年龄、性别的人的技能，既有原则性又有灵活性。

当然，要做好这项复杂的工作，绝非仅靠规划师能完成的，其一定需要是一个集体。厦门曾厝垵工作坊的成员包括规划师、社会组织、居民和政府代表，组成了乡贤理事会、老人会、妇女互助会、村民小组等社会团体。

第七节　规划评估与动态监控及自循环系统

城市规划与设计，尤其是城市总体规划，是对城市未来的预想和安排。由于城市的发展受到多方面的影响，尤其原本就存在着许多不确定的因素，导致预想和实际实施之间存在不一致，甚至南辕北辙。"实践是检验真理的唯一标准"，规划的后评估对提高规划理论水平和实践的能力极为重要。

宁波市东部新城自 2004 年 11 月正式启动，历时整八年，于 2012 年 11 月召开了《宁波市东部新城规划实施效果评估专家研讨会》。这样的会在国内是很难得、可贵的。会上对东部新区建设的经验和问题充分地进行评估。例如对新区建设愿景"活力都市、人文情怀、水乡特色、天人合一。一个满载商业小街廊、归宿感、水印江南、生态走廊……"进行了评估。

研讨会肯定了文化广场设计采取前街后河布局，混合功能，土地整体开发取得较好效果。这与实施中采用总规划师、总建筑师的制度，保证了景观环境的多样与统一有关。但缺乏连续界面（图 6-21、图 6-22）。

---

❶　侯丽. 城市更新语境下汲城市公共空间与规划 [J]. 上海城市规划，2013（6）.

图 6-21　文化中心连续街面不足

图 6-22　文化中心施工

初步摆脱了市政府"衙门"的定式（图 6-23），但人民政府亲近人民的环境气氛还很不够，尤其路网密度上明显不足。在会上一位商业领域的专家一语道出"宽马路无旺铺"的症结与要害（图 6-24 ~ 图 6-26）。与今天中共中央、国务院文件指出的"窄马路，密路网"正好吻合。

图 6-23　市政府

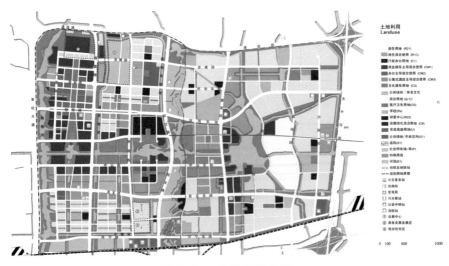

图 6-24　东部新城总图

图 6-25 海宴路

图 6-26 河清路

像宁波东部新区"十年磨一剑"进行认真评估实属少见。可喜的是，城市总体规划层面的评估已形成制度。住房和城乡建设部 2009 年颁布的《城市总体规划实施评估办法（试行）》的通知（建规 [2009]59 号）中，要求原则上应当每两年进行一次，并上报城市总体规划的审批机关。同时对评估的内容作了具体的规定：

第十二条 城市总体规划实施评估报告的内容应当包括：

（一）城市发展方向和空间布局是否与规划一致；

（二）规划阶段性目标的落实情况；

（三）各项强制性内容的执行情况；

（四）规划委员会制度、信息公开制度、公众参与制度等决策机制的建立和运行情况；

（五）土地、交通、产业、环保、人口、财政、投资等相关政策对规划实施的影响；

（六）依据城市总体规划的要求，制定各项专业规划、近期建设规划及控制性详细规划的情况；

（七）相关的建议

城市人民政府可以根据城市总体规划实施的需要，提出其他评估内容。

尤其在各个城市进行城市总体规划编制的时候，对上版城市总体规划实施评估已成为必备的内容，有力推进了城市总体规划实施评估的工作。但从实际工作中，各地评估工作内容覆盖面和深度千差万别，当然成效有多有少。例如某市评估中，发现原近期规划要求建设消防站 33 个，但仅落实 12 个。究其原因在于优先保证房地产的开发，与"土地财政"有关。又如道路建设，管道铺设了，但管道出不去，甚至有管道缺消防栓。这揭示了建设时序、项目间协调的问题，显然与规委会的职能发挥和制度不健全有关。甚至也反映在建设指导思想上，存在重"面子"，"轻里子"等问题。

城市总体规划实施评估的重心当然应在城市空间规划方面上，采用城建实测和规划日常管理数据，基于城市 GIS 技术平台，定量评估空间规划目标在一定时限的实现程度，以及各目标实现程度在空间分布上的差异，判断是否存在规划失灵，以及规划失灵的空间表现及其原因，并评析空间规划战略的科学性和有效性。❶

首先，应做好基础性的评估：

①强制性内容执行情况，如增长边界以外，在禁建区以内的建设情况；在限建区内建设是否符合限制条件；城市干路建设情况，绿、紫、蓝等控制线实施控制情况。

②建设量分布和规划确定城市发展方向一致性；

③改变土地用途情况、案件数量、用地规模；

④根据控制性详细规划，开发强度是否符合管理要求。

⑤应建未建状况，尤其涉及有关公益性的公共服务和市政基础设施建设等。❷

其次，在基础性的评估基础上进一步开展分析。

基础性评估是揭示问题，尤其在差异性中发现问题，进而深入分析其原因。这是提高规划理论和实践能力的关键，也是寻求改进规划、建设、管理工作的重要抓手。

例如，城市发展方向与规划发展方向不一致的原因分析，也许会发现当时在规划预判上存在某些未预想到的原因，这对丰富规划的理论知识十分有意义。

又如，建设工程规划许可与规划不一致，是合理的更改还是违规？合理的更改的程序是否合法？不合理的更改为什么得以通过？这对改进规划、建设、管理的制度建设十分有价值。

再如，规划要求人口疏解，结果人口导入区的配套设施建设不足，造成实际人口导入未能达到规划目标。或者原建成区内小学不足，建了几所小学，建设总量没问题，但在建设量的空间配置上不合理。以及高强度建设地区、新中心的建设和交通等基础设施间是否匹配等问题，这些对提高城市规划委员会协调能力，城市综合管理的行政职能水平都具有重要的意义。

总之，规划评估是使规划与建设、管理间建立起一个循环系统，唯有自循环的系统，得到动态监控的系统才是有活力、有生命、得以不断健康成长的系统。"终极的规划"、一成不变的规划已经死亡。

---

❶ 黄珍. 城市空间规划评估：市场失灵还是规划失灵 [J]. 城市规划学刊，2014（5）：39-48.

❷ 孙施文. 基于城市建设状况的总体规划实施评价及其方法 [J]. 城市规划学刊，2015（3）：9-14.

第八节　科学民主决策与一言堂，真理有时在少数人手里

木匠出身的李瑞环，曾用劈柴做家具，任中央政治局常委、天津市市长时曾说："搞好城市规划关键在领导。领导要关心、重视和支持规划工作。搞城市建设的人，就怕遇上'主观、不懂、有权'的领导，不懂不要紧，懂得太多不可能，就怕不懂又不虚心听取意见，他又有权说话算数，这非误事不可。"一针见血！本节以若干故事，从正反两方面证明这个道理。

1. 一言堂，令人傻眼

笔者在山西某县级市做规划，遇上热心于城市规划的市长，成了朋友。后来他调任一个地级市主管城市建设的副市长。当笔者去拜访他时，郁在心里的话得以倾诉。老城在北，新城在南，相距5公里两点连一直线规划了一条干道。由于这条干道要穿过一个村庄，跨过一条河流，这位热心规划的市长提出调整选线，绕过村庄免拆迁，使路和河直角相交省投资。然而这方案在市长办公会议上讨论时，那位"第一把手"不由分说地说："这是歪门邪道"，笔者的朋友无语。科学决策、民主决策的机制何等重要。

2. "女性化"妙极了

山东某政府大楼刷成桃红色，引起百姓议论纷纷，为此请了些专家求对策。笔者不明背景底细，不敢贸然发言，所以讲了可进可退的看法：这建筑的颜色很"女性化"。猛然坐在身后的一位戳了我的背说："你讲得太妙了！"笔者不解，会后求问。那位告知：这颜色是我们的第一把手定的，她是女的。

任何人都有自己个人的喜爱，穿红戴绿全凭个人。但城市建筑是公共艺术，体现城市的品位，应符合公共艺术规律。作为一位市领导，未必天然就万能，反而暴露其浅薄和无知。

3. "先别争"，听真情再判断

安徽某市在评审总体规划方案时，因码头的选址引起两派激烈的争论：一派坚持在原址上扩建；一派认为原址的岸线在淤，应另选码头地点，双方相持不决。第二天会议继续，主持人想绕开，搁置争论，未果。此时，在会场的一角站起来一个人说："先别争，让我介绍一下岸线的情况。"他来自长江办，今天上午刚到会。他介绍说，这段岸线，从水上看江滩在扩长，似乎在淤，但根据这段水文地质资料，实际河床被冲刷的更深了（图6-27），码头原址扩建无疑。这说明科学决策的前提是先调查、分析和研究，情况明，决心大。

4.真理有时在少数人手里

三峡大坝的兴建使得许多江边的村庄要靠山上迁。但某村因地质原因规划要将其迁往后山去。结果村民们坚决反对，说是祖祖辈辈住在江边，打开窗户就能看到来来往往的船只，听到长江滔滔水声。可

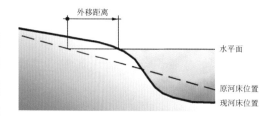

图 6-27　岸线河床变化示意

是新村建成不久，出现了严重的滑坡险情，于是不得以直径 0.5 米、50 米长的长桩加以锚固。说明真理有时在少数人手里。民主决策，还要科学决策，要坚持并不容易。❶

5.规划高层，先建低层

根据合肥市新火车站地区规划，胜利路两侧为高层建筑（图 6-28）。但新站地区尚偏远，人气不旺，于是先以低廉的土地建设临时低层建筑，如家具市场、电器市场（图 6-29）。人们装修建筑，到此采购一应俱全，人气猛增。两年后胜利路终于迎来开发商，规划的高层建筑得以建设（图 6-30）。规划与实施是个过程，利用时间差使城市用地物尽其力，这是明智的决策。

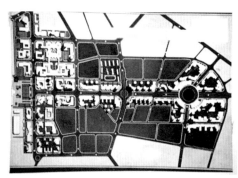

图 6-28　合肥新火车站站前地区规划及模型

图 6-29　胜利路两侧家具市场（左）和电器市场（右）

---

❶　该例是时任建设部长汪光涛接见在京部分规划专家时谈起的，他刚从三峡考察回京。

图 6-30　胜利路两侧高层建筑

6. 规委会是科学决策、民主决策的好机制

厦门市城市规划委员会负责对重大问题进行讨论，供市领导决策提供参谋。但重大工程建设项目则需经过规划委员会下设的艺术委员审议。当审议厦门海湾的悦海湾大酒店方案时，该方案将主体建筑顺着城市干道弯道布置，显然挤压了城市的公共空间，另外与相邻已建成的世贸中心关系也不理想，委员会要求修改方案（图 6-31、图 6-32）。但在第二次审议时，虽有些改进，但基本问题没解决，理由是若将主楼后移，将影响后面建筑的日照。但委员会依旧不通过，直到第三次审议时，新方案终于得到解决（图 6-33、图 6-34）。审议专家不可能临场做深入研究，但从城市的全局提出要求是合理的，设计部门可能懒于多花精力不愿大改。艺委会的坚持肯定使海湾的环境质量，得到保证和提升（图6-35）。

图 6-31　悦海湾大酒店平面　　　　　图 6-32　悦海湾大酒店与世贸中心

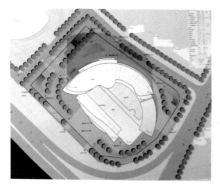

图 6-33　悦海湾大酒店新方案平面图

图 6-34　悦海湾大酒店与周边关系

图 6-35　海湾周边环境关系

图 6-36　北京市规划的绿环

7."点破窗户纸"需要智慧

城市规划在图面上的作业要比规划得以实施，使图纸上的规划变成地上的现实要容易得多。北京市外围规划了一圈绿化隔离系统（图 6-36），总面积为 240 平方公里。但实际上已逐渐被农房建设、各种非农林设施蚕食了，只剩下 60 平方公里。为了实现城市绿化隔离带的规划，通常靠政府征地，变集体土地为城市建设用地，包括农民拆迁、就业安置等费用，240 平方公里合 36 万亩土地就要花上千亿的资金，这几乎是个天文数字。北京市政府通过调查研究，最后提出了两项政策，可以说使这个难题迎刃而解。

政策一:农村产业结构调整:绿化带范围内的农田，不再种粮食、棉花，而改种树、种草。发展林业，并允许结合林木花卉资源发展休闲、娱乐、体育、观光等产业。而林木本身就是很有发展潜力的产业。据上海报道，种林木的利润是种水稻的 25 倍，每亩林地产值为 2 万元，成本约 1 万元，回报率 100%。❶采用了产业结构调整的政策，

---

❶　新谷 [N]. 文汇报，2001-1-27.

就可以较顺利地实现北京绿化隔离带的规划建设的目标。

政策二：农房拆1还1.5，允许房屋租赁。为了将农房集中、腾出土地进行绿化，对农房拆迁采取拆1补1.5的政策，多出的0.5住房允许农民租赁以解决在林木业、休闲业等发展期间的生活费用来源，给农民以生计。

采用了这两项政策，农民的集体土地所有权不变，国家不必花巨资征用农地，进行城市绿地建设；农民的隶属关系不变，也不必由政府进行就业安置，生活出路也得到了保障。

这些政策的提出，也许是"窗户纸一捅就破"的东西，但它是经过研究，创新思维的结果。没有高水平的研究就不可能获得高水平的决策。

8. 桥隧之争，桥为何胜？谋断分离的机制

1990年中共中央、国务院宣布开发浦东，为加强黄浦江两岸交通联系，在江上架桥还是在江底修隧道，曾发生一场"桥隧之争"。由于黄浦江要通行万吨轮，桥下净空必须保证40米高。从工程技术与投资方面比较，隧道无疑是上选。但是，时任上海市市长朱镕基决策，选用架桥方案。上海市区黄浦江上第一桥——南浦大桥于1991年11月19日落成，展现于世人，也向世界宣告"开发浦东"的信号。它不仅是技术问题，更是政治问题。这种政治的敏感度，通常是从事技术领域工作的人所欠缺的。

当今是知识膨胀、信息爆炸的年代，要得以科学的决策，必须拥有更加多方面的知识，必须掌握迅速变化的信息。在这种事态面前，要求一个人既要做到多谋又要做到善断，是非常困难的。唯一的办法就是建立大脑系统，以集体的智慧来应对复杂的大系统问题。事实上，古今中外概莫能外：军师、师爷、谋士、高参即是。

建立科学的决策机制，就是要建构高效的大脑系统。凡有效率的系统，系统内部一定具有结构，即谋断分离结构。1962年加勒比海危机，赫鲁晓夫将导弹部署到古巴，肯尼迪总统面对如此严重的事态，并没有自己去谋划对应的措施，而是请民间的咨询机构兰德公司进行研究，收集敌、我、友各方的情报，研究不同对策的可能后果。利弊分析，最后提出了六个方案：不予理睬、核反应、海上封锁……报告提交给总统，总统选择了海上封锁的方案。苏联和古巴远隔大洋，海上切断联系是致命的，逼使赫鲁晓夫不得不将导弹撤出古巴，一场严峻的国际争端得到平息。

"谋者"利用各种手段和渠道，收集各方面的有关信息，去伪存真，由此及彼，由表及里地综合分析。在此基础上构思可能的备选方案，并分析各备选方案的利弊，提供决策者决策。

"断者"则根据谋者提出的各备选方案，从更高层次上，通观全局，判断利弊进行决策。

断者在谋者形成方案的过程中，可以提出要求，但不宜太具体地介入某方案的形成过程，而且应对各方案的研制者保持等距离，否则可能因对某方案较深入的了解，造成偏爱，影响判断的客观性。

断者大致有两种类型：一是风险型，敢冒风险，"成则为王，败则为寇"；二是保守型（稳妥型），不求大盈，但求不亏。因此在决策机制上，决策者的素质是不容否认的因素：决策者的经历、经验、知识、胆识、个性、修养……为了减少在最终决策时个人的片面性，首长负责、集体决策的机制也是十分重要的。

谋与断之间是有区别的。谋者往往由于其视野多偏重于技术、微观经济层面的考虑；断者则更加综合，从政治、社会等更高层面纵观全局，所做的决策选择，有时并非谋者所推荐的"最优方案"，这是正常的，绝不能简单地认为决策者不尊重科学，更不能说是不尊重知识分子。

作为断者，则要善于听取各方面的意见，经过自己的综合判断，在众议成林中，敢做决断。在这意义上则要求决策者"多谋善断"，这是在健全的谋断决策机制的基础上，在整个决策过程中做的最后拍板。

参与城市规划与建设的各专业人员应当清醒地认识到，政府关心的远远超过城市空间之类的问题，政府更关注的是经济发展、就业问题、城市形象等。"在规划领域里，那些包括经济和社会的领域，在全世界都是规划的最重要方面……那种不考虑经济和社会领域的做法，恰恰是规划家们所持的流行态度。"❶ 这是城市规划与建设等专业人员自身的局限。在规划师与政府间构筑良好的合作平台，就必须尊重专家，理解政府。由于对复杂的问题的决策，必然涉及诸多方面，这些方面的专家意见难免各有侧重，也难免互相不兼容。在充分掌握了各方面的问题后就得分清轻重缓急，从全局最优的目标做决策。

鲁迅曾讲过一个有趣而寓意深刻的故事：爷孙将自家农产品让驴驮着进城出售。回家路上，小孙子骑着毛驴，走了一段路。有路人说，小孩骑驴，老人走，成何体统！老人听了，言之有理，于是便让小孙子下来，自己骑了上去。又走了一段，又有路人说，大人骑驴，小孩走，多不疼爱小辈。老人想，言之有理，于是将小孙子也抱上，爷孙俩一起骑着驴，走了一段路。又有路人说爷孙俩都骑在驴上，如此不爱惜驴子！老人听了觉得也有理，于是决定爷孙俩抬着驴子回家。对于任何问题，从不同的角度看，会有不同的观点，也都有道理，但要分清主次轻重缓急进行综合，否则就会落到抬驴的下场。

决策者的重要性不言而喻。几千年的中国历史给人们心理上留下一个重要的

---

❶ 陈秉钊.城市规划系统工程学 [M].同济大学出版社，1991：2.转引郭彦弘。

心态：太平盛世寄希望于有个好皇帝。中国历史上的确有过明君。也许唐太宗就是其一，他手下有个谋士、忠臣叫魏征，直言不讳，据理力谏，难免弄得皇帝下不了台。一次皇帝下朝回后宫，气呼呼地说："我总有一天要把这乡巴佬杀了！"此时皇后在一旁提醒道："皇上，你难道不要江山了？"忠言逆耳，杀忠臣，容不得不同意见就会决策错误，江山必将难保。后来魏征病故，唐太宗大哭一场说："人用铜作镜，可以正衣冠，用史作镜，可以见兴亡，用人作镜，可以知得失。魏征死去，我丧失一面镜子了。"❶

然而也许几百年难得出一两位好皇帝，期望好领导是良好的愿望，但未必都能幸运如愿。可靠的保障则是要建立科学的、民主的决策机制。深圳市建立了城市规划委员会，其章程上明确规定，规划委员会由 29 个成员组成，其中非公务人员应占 50% 以上，重大问题决策应以 2/3 多数通过，一般问题决策应以 1/2 多数通过。此外，这制度还初步实现决策权和执行权的分离，规划方案由城市规划委员会决定，而规划的实施由城市规划局执行。使规划局执行规划时有所解脱，既有利于摆脱一些干扰，也有利于防止腐败。当然这制度仍有个成熟的过程，例如如何落实监督权，使决策权、执行权、监督权三者分离，形成完整管治系统。深圳的三分制（决策、执行、监督）分开重组机构已在探索❷。

这里还包括政府职能的转变，"转变政府职能的三份'清单'制度（负面清单、权力清单、责任清单）同时遵循'法无禁止皆可为，法无授权不可为，法定职责必须为'的理念，从以往全面、主动的积极干预，转向有选择、补救式的消极干预……"❸

这里几个决策的小故事，多少表达了决策中的问题。但实际上，城市规划的决策往往涉及更加重大、全局的问题，非常重要。正如温家宝在中国市长协会第三代表大会上的讲话所指出的："城市规划是一项全局性、综合性、战略性的工作，涉及政治、经济、文化和社会生活等各个领域，制订好城市规划，要按照现代化建设的总体要求，立足当前，面向未来，统筹兼顾，综合布局。""城乡规划是城乡建设和发展的'蓝图'，是管理城市和乡村建设的重要依据……做好这项工作，必须尊重科学、尊重历史、尊重特点、尊重专家。"❹我国推行"政府组织、专家领衔、部门合作、公众参与、科学决策"的科学编制方法，都是一脉相承的。

❶ 范文澜. 中国通史简编（修订本第三编第一册）[M]. 人民出版社，1965.

❷ 冯现学. 快速城市化进程中的城市规划管理 [M]. 中国建筑工业出版社，2006.

❸ 杨保军等. 社会冲突理论视角下的规划变革 [J]. 城市规划学刊，2015（1）25-31.

❹ 温家宝在全国城乡工作会议上的讲话. 2000-12-27.

第七章 城乡统筹与村镇规划建设

第一节 城乡统筹实现三改变

"十六大"首次提出城乡统筹经济社会发展，2005 年《十一五规划纲要建议》提出要按照"生产发展，生活宽裕，乡风文明，村容整洁，管理民主"的要求，扎实推进社会主义新农村建设，从而开启了城乡统筹规划的全面发展。主要经历了三个阶段：第一阶段是 2005～2008 年的新农村建设热潮，主要面向乡村基础设施与公共服务的缺失，引导政府新农村建设单位投资。第二阶段是 2009～2012 年，在城乡建设用地增减挂钩政策指导下进入了土地整治阶段，主要规划需求是城乡建设用地的统筹与置换。第三阶段是 2012 年以来，随着"十八大"精神的贯彻和新型城镇化的推进，城乡统筹规划进入了全新的发展阶段，主要通过农业产业化、"美丽乡村"建设与土地政策的调整，增强农村发展活力，加大统筹城乡发展力度，着力在城乡规划、基础设施及公共服务等方面推进一体化，促进城乡要素的平等交换和公共资源的均衡配置，形成以工促农、以城带乡、工农互惠、城乡一体的新型工农、城乡关系。❶

习近平总书记在中共中央政治局 2015 年 4 月 30 日就健全城乡一体化体制机制进行第二十二次集体学习时指出，要把工业和农业、城市和乡村作为一个整体统筹谋划，促进城乡在规划布局、要素配置、产业发展、公共服务、生态保护等方面相互融合、共同发展，着力点是通过建立城乡融合的体制机制，形成以工促农、以城带乡、工农互惠、城乡一体的新型工农城乡关系，目标是逐步实现城乡居民基本权益平等化、城乡公共服务均等化、城乡居民收入均衡化、城乡要素配置合理化，以及城乡产业发展融合化。

城乡统筹的核心是破除城乡二元结构，实现五统筹：统筹土利用和城乡规划；统筹城乡产业发展；统筹城乡基础设施建设和公共服务；统筹城乡劳动就业；统筹城乡社会管理。从制度上建立共同发展、共同繁荣的新型城乡关系，让农民享有和城镇居民一样的权利、发展机会。城乡统筹就其目标而言，是立足于社会公平的价值理念，建立城乡居民共享发展成果的新体制、新机制，推动城乡居民的权益平等，缩小城市居民

---

❶ 罗彦，杜枫，邱凯.付协同理论下的城乡统筹规划编制 [J]. 规划师，2013（12）.

收入与生活水平的差距，缩小城乡社会发展水平的差距。然而一般来说，市场只追求效率，政府才倡导公平。因此，城乡统筹必以政府为主导与系统干预。国外的经验也说明这点。

西方国家以市场为主导，城乡差距拉大。挪威在 20 世纪初，70% 的人口生活贫困，1960 年城乡差 3：1 以上。1970 年的"北挪威发展计划"和 1980 年的"应急项目"等，通过资源下放、扶持生产、财政补贴、财政转移……推动农村发展。1970 年农村投资大于其余产业 3～4 倍。

同样地，美国有《地区再开发法》、《加速公共工程法》、《公共工程与经济开发法》、《人力训练与发展法》、《农村发展法》、《联邦受援法案》等。日本有《过疏地区活跃法特别措施法》、《山区振兴法》，《向农村地区引入工业促进法》和 1952 年的《北海道开发法》。德国有《联邦空间布局法》、《联邦改善区域结构共同任务法》。意大利几乎所有开发措施都立法颁布。❶

因此，城乡统筹规划应更多地被理解为一种理念，可以渗透到其他的各种法定规划的编制之中，而非一种固化的规划类型（张京祥）。在城乡统筹的目标下，城乡统筹规划决非通过城乡建设用地的增减挂钩，来解决城市建设用地不足的一种战术安排。城乡统筹规划要实现三改变：

一是要改变以往自然经济条件下形成的农村地区聚落方式，重构城乡空间聚落形态，形成以中心城市、县城、重点建制镇、一般镇和中心村为核心的城乡居民点聚落体系。

二是要改变以城市为主、为重的公共服务布局模式，形成推进城乡基础设施、公共服务设施和社会保障等基本公共服务均等化建设的制度机制，形成以小城镇为主的农村公共服务中心服务圈。

三是要改变以往以农事为主的社会管理模式，探索新型城乡社区的市民社会管理方式，形成依托小城镇的城乡统一协调的社会管理。❷

第二节　村镇体系规划与倍数原则

《国家新型城镇化规划》指出："优化城镇规模结构，增强中心城市辐射带动功能，加快发展中小城市，有重点地发展小城镇，促进大中小城市和小城镇协调发展"。在"第二十二章建设社会主义新农村"中开宗明义，概括地指出："坚持

---

❶ 张京祥等.协奏还是变奏：对当前城乡统筹规划实线的检讨 [J]. 国际城市规划，2010（1）.

❷ 李兵弟.城乡统筹规划：制度构建与政策思考 [J]. 城市规划，2010（12）.

遵循自然规律和城乡空间差异化发展原则，科学规划县域村镇体系，统筹安排农村基础设施建设和社会事业发展，建设农民幸福生活的美好家园。"

当然，广大的农村需要小城镇提供服务和带动，因为农田是平铺在地球的表面上，它不像工厂可以集中，厂房可以叠加成多层厂房。所以，农村也一定是分散的以便就近耕作，图7-1为农村的肌理和爱尔兰西部 Dooline 的农村景象。当然，随着农业的现代化,农村聚居的模式也将会变化。例如许多农村利用农耕作业存在强烈的季节性特征，在农忙季节劳作者临时居住在田间作业房，这里具备基本的生活条件以及农机具存放处（图7-2）。而老人、小孩仍旧能集中在有规模的中心村，享受良好的生活和居住条件。据笔者在江苏省张家港市的调查，农民使用摩托车，出工距离可达 3 ~ 4 公里。

图 7-1　爱尔兰西部 Dooline 的自然村野肌理和散布农舍

图 7-2　山东省东营市田间作业房

尽管会有变化，但绝不意味着乡村会消失。因此《国家新型城镇化规划》指出："统筹城乡基础设施建设，加快基础设施向农村延伸……加快公共服务向农村覆盖……"

因此就需要编制城镇体系规划，为了城乡统筹，为了在区域层面上有个整体、全局的部署，使每个乡村的建设在整体上获得准确的定位。从大城市到小城镇必须形成一个体系、大中小城镇以及中心村协调发展才能实现我国整体的现代化。不同等级的城、镇、村，承担着不同的职能，为产业提供适宜的生存环境，提供不同等级的社会服务，这就是建立完整的区域化的服务设施体系，建设区域化的基础设施，避免空白或重复建设。

　　以浙江省台州市路桥区城镇体系规划为例。从建制镇的现状分布图（图7-3）上可以看到，有些镇彼此十分邻近。在调查中发现，相邻镇的发展往往是背道而驰。因为如若相向发展，越走越近很可能会被合并。但是背道而驰发展的结果是彼此都没有规模效益。例如上海曾经为推进村镇现代化建设，号召实施"几个一工程"，即每个镇都建设"一条商街、一个广场、一处公园、一所中学、一家卫生所、一家文化娱乐中心……"可是，因为规模小，只能搞小而全。虽然铺了马路，装上路灯，搞绿化，设垃圾箱……有了城市外观，却无城市生活的内在魅力和气氛。人气不旺，行人稀落，夜幕未垂，店门早闭，没有诱发消费之氛围，没能形成第三产业发展的土壤和环境。因此，在路桥区的城镇体系规划中采取了"相邻镇统一规划，各自实施"的原则（图7-4）。这样既不伤害各镇领导的积极性，又能确保城镇向规模化发展。而相邻两镇彼此真的要发展到相连的时间，总要有5～8年，在这期间或许有些领导升迁了，或许退居二线或退休了，总会找到合适的时机会实现合并。

图7-3　路桥城镇分布现状　　　　　图7-4　路桥城镇体系规划

　　当然，还有一些镇的规模难以搞大，如最东边的黄琅镇，是以渔业为主的镇。于是在城镇体系规划中规划了一条区域性的快速道路。有了快速路，黄琅镇到中心镇（路桥镇）的车程时间仅须20分钟，因而也能享用到上一级的服务设施。这就是区域化的基础设施和区域化的服务设施的系统配置。

　　在现实中，通常存在小城镇的级差不明显，不大不小的规模，使许多设施难以配套。因为配则不经济，无法维持；不配又影响生产、生活，破坏生态环境。以配置污水厂为例。根据目前的技术和装备条件，污水处理厂能勉强维持运行的最小规模，为日处理1.0万方的污水。若按人均日用水量250升（意味每人每天洗一次澡）的80%为生活污水量能收纳进污水厂，则用水人口规模必须为5.0

万人，若生活用水占总用水量的 50% 计，也得有 2.5 万人的城镇人口规模才能勉强维持污水厂的运营。而污水处理厂投资费与运营规模有着密切的关系，如 0.4 方／秒的污水处理厂，是 4.0 方／秒的污水厂投资的 2.6 倍，而运营费则是 5.5 倍！

因此，城镇的现代基础设施，都有合理的经济规模。但是大有大的办法，小有小的办法，不大不小就难有办法。

例如，福建省建阳生态县的案例（图 7-5）。这是笔者于 2002 年，福建省政府组织省政府顾问对生态省建设进行考察后，向时任福建省省长的习近平同志汇报时的内容之一。农村修建一口沼气池，投资 1000 元，政府补贴 100 元，耗用 50 斤钢筋、2000 块砖就可建成。这样一口沼气池，只要有 3 口人，养 3 头猪，将人畜粪、各种有机垃圾消纳入池，3 年就能达到稳产。可是这样的生态设施在城市的环境卫生条件是难以生存的。而农村用上沼气池，就可不再上山砍柴火，使山林得到养育。想当年全国各地都在为追逐 GDP 的时候，习近平同志就已在福建省抓生态省建设，以至福建森林覆盖率居全国第一，今天雾霾困扰之时，福建获得"清新福建"的美名。因此，最近中央研究《长江经济带发展规划》时，习近平总书记明确要求"共抓大保护，不搞大开发"便不足为奇 ❶。图 7-6 是河南省洛阳市济源市小浪底村的秸秆气化工程，每户出资 40 元，每户每月气费只要 8 元钱。这都是适合于农村设置的基础设施。

沼气池　　　　　收纳沟　　　　　　　猪圈　　　　　　　　沼气灶

图 7-5　福建省建阳生态县

图 7-6　河南省济源市小浪底村秸秆气化工程

---

❶　2016 年 1 月 26 日中央财经领导小组第十二次会议。

　　城镇体系结构上的模糊性，造成等级不清、规模连续、职能雷同。中心城市规模不大，辐射力不强。基层城镇职能交叉重复、混淆不清，造成重复建设或空白。这是城镇体系规划中的关键问题之一。根据笔者主持的国家自然科学基金重点项目《可持续人居环境》的研究，城镇体系规划中应贯彻"倍数原则"，变连续型为阶梯形的结构。依此原则，结合上海地处平原、人口密集等背景，上海城镇体系规划中的倍数宜采取 5 倍（图 7-7）。❶ 中心村 400 户约 1500 人，从事现代农业，可兼营家庭手工副业；集镇是 1500 人的 5 倍，约 0.8 万人，主要为农村服务业为主的第三产业，如化肥、农药、农保、水利、农产品收购……原则不搞工业；而中心镇则是 0.8 万的 5 倍，即 4 万人，是小区域的综合性中心。这一理论的研究成果得到了实践的验证——上海市南汇区城镇体系规划（图 7-8、表 7-1）。

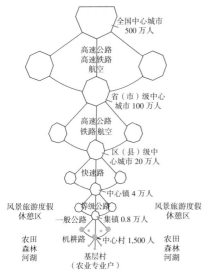

图 7-7　上海"倍数原则"示意

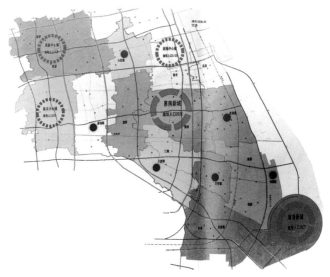

图 7-8　上海市南汇区城镇体系规划

上海南汇区城镇规划等级　　　　　　　　　　　　　表 7-1

等级	城镇名	规划人口规模（万人）
新城 平均约 25 万	惠南新城	20
	芦潮港新城	30
中心镇 平均约 5 万	周浦	12
	航头	5.0
	祝桥	3.5

❶　笔者主持国家自然科学基金会重点资助项目《可持续发展中国人居环境的模式、评价与保障体系的研究》批准号：59838290 及 "上海市重点学科建设项目资助"（沪教科 2001-4）的成果之一。

续表

等级	城镇名	规划人口规模（万人）
一般镇 平均约1万	新场	2.5
	大团	2.2
	书院	2.0
	万祥	0.8
	老港	1.0
	六灶	1.0

城镇体系规划除了解决规模等级、职能、生态、空间结构外，另外就是落实"统筹城乡基础设施建设，加快基础设施向农村延伸，强化城乡基础设施连接，推动水电路气等基础设施城乡联网、共建共享。加快公共服务向农村覆盖，推进公共就业服务网络向县以下延伸，全面建成覆盖城乡居民的社会保障体系……形成可持续的基本公共服务体系，推进城乡基本公共服务均等化。"（《国家新型城镇化规划》）

（1）市政基础设施系统的规划建设

加快农村饮水安全建设，因地制宜采取集中供水、分散供水和城镇供水管网向农村延伸的方式，解决农村人口饮用水安全问题。继续实施农村电网建设升级工程。加强以太阳能、生物沼气为重点的清洁能源建设。完善农村公路网络，实现行政村通班车。加强乡村旅游服务网络、农村邮政设施和宽带网络建设，改善农村消防安全条件。深入开展农村环境综合整治，实施乡村清洁工程，开展村庄整治，推进农村垃圾、污水处理和土壤环境整治，加快农村河道、水环境整治，严禁城市与工业污染向农村扩散。

（2）加快农村社会事业发展合理配置

教育设施应加强农村中小学寄宿制学校。积极发展农村学前教育。建立健全新型职业化农民教育、培训体系。优先建设发展县级医院，完善以县级医院为龙头，乡镇卫生院和村卫生室为基础的农村三级医疗卫生服务网络。加强乡镇综合文化站等农村公共文化和体育设施建设，丰富农民精神文化生活。健全农村留守儿童、妇女、老人关爱服务体系。增加农村商品零售、餐饮及其他生活服务网点。

（3）现代生产性服务设施

为适应农村土地管理制度改革，土地、宅基地、农宅的确权、承包权流转及抵押、担保、转让。农村集体经营性建设用地出让、租赁、入股等相应的管理、金融、担保服务机构、交易市场建设，以及实施新农村现代流通网络工程，培育电商、物流等设施的规划布点和建设。

各等级的城、镇、村合理级配，承担不同的职能，互补协同，形成体系，形成整体。如中心村是农村的居住，从事第一产业的中心；集镇是以为农服务的第三产业为主；中心镇则是以加工业及相应的服务业的小区域综合中心。"支持劳动密集型产业、农产品加工业向县城和中心镇集聚"，县区中心城市承担地区性中心职能。❶

凡是发育越健全的有机体，它的结构必定越清晰，倍数原则就是使城镇体系结构清晰，职能明确。上述上海的"5倍原则"只是一个举例，其本质是合理规模、合理的分工和协作以引导城乡的健康发展。

第三节　小城镇规划建设中若干问题

小城镇规划建设的关键在于从自身的自然禀赋、已有基础、文化资源等比较优势，确定城镇发展的战略与目标，或工贸，或农副加工，或旅游……但是，集聚是共同的规律。例如安徽芜湖市大桥镇，不过是沿一条公路"羊拉屎"似地开些餐馆、汽车修理一类服务业。经过规划，集中建设，一期建成后，居民有了小学、幼儿园等公共服务设施（图 7-9 ~ 图 7-12），为居民提供健康、现代化服务设施和住房，大大改善了生活环境，又能节约土地。在同等服务水平下，能降低道路交通用地、能源的耗费。

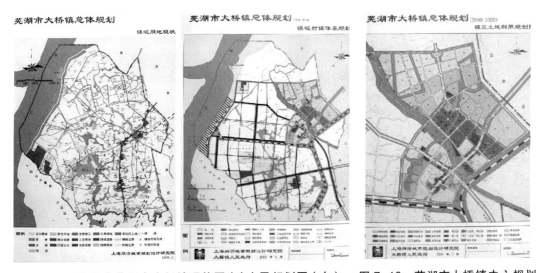

图 7-9　安徽省芜湖市大桥镇现状图（左）及规划图（右）　　图 7-10　芜湖市大桥镇中心规划

---

❶ 《中华人民共和国国民经济和社会发展第十二个五年规划纲要》

图7-11　芜湖市大桥镇一期规划

图7-12　芜湖市大桥镇一期建设实景

1. 方针

《中共中央国务院关于做好 2000 年农业和农村工作意见》指出："发展小城镇应坚持循序渐进，防止盲目攀比、一哄而起。应充分考虑现有小城镇的发展水平，区位优势和资源条件，以及今后的发展潜力，选择已经形成一定规模、基础较好的小城镇予以重点支持，发展小城镇经济，加快小城镇建设……把一批小城镇建设成具有较强带动能力的农村区域性经济文化中心，使全国的城镇化水平有显著提高。"

中共中央国务院 2000 年 7 月发布《关于促进小城镇健康发展的若干意见》，进一步提出"将一部分基础好的小城镇建设成规模适度、规划科学、功能健全、环境整洁，具有较强辐射力的农村区域性经济文化中心，其中少数具备条件的小城镇发展成为带动力更强的小城市。"

显然，在众多的村镇发展中，除自身努力外，政府应发展导向作用，不应"撒胡椒粉"，而应择优扶持，培育领头羊。有好的领头羊，羊群便会更整体、更有序地前进。

2. 问题

乡镇规模小，必然造成财力分散。各自小本经营，结果处处星星，不见明星，难以集中力量，求得突破。

目前我国乡镇的领导干部素质水平差异明显。乡镇数量多，干部队伍必然难以都得到优质的配置，结果能者得不到施展才能的空间，庸者因其小，也能得过且过。江苏张家港市原有 27 个建制镇，经过规划合并为 5 个镇，其余 22 个建制镇降为集镇（图7-13）。现在 5 个镇个个都成长为小城镇。

据人民日报报道："江苏省 1990 个乡镇合并为 1200，按每乡镇平均 100 名干部，年行政开支 300 元计，可精简干部 5 万名，减支 15 亿元。"❶

---

❶　人民日报 2001 年 4 月 1 日。

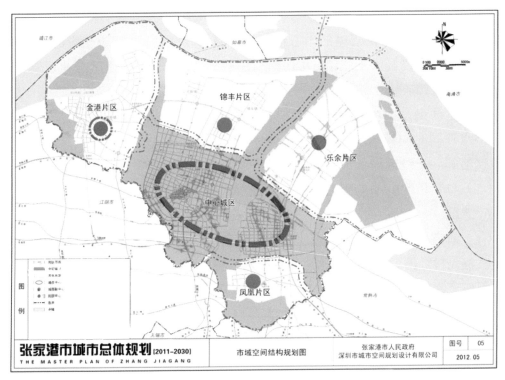

图 7-13　张家港市规划

3. 体制

发展工业是大多数乡镇经济发展的重要方面。许多小城镇多有乡镇企业的历史背景，与当地政府有着千丝万缕的关系。企业形成了强烈的社区属性，经营容易受到当地政府的干预，影响企业经营的科学决策。

例如，笔者在浙江省临安市编制城市总体规划时，首先邀请该市八大集团老总听取意见。其中一位生产集成电路板的企业老总说：我们的市场很好，春节不敢放假，但集装箱车进不了厂。他带威胁的口气说：我们已派人到萧山、上海松江打听过，那里的地价不比临安贵多少，集装箱车进厂问题不解决，我们只好迁厂。这说明该厂一定是独立法人的体制。否则一个地方利税大户哪能说迁就迁。若政府阻挠，这企业很可能被捂死。政府只有做好服务工作，企业才会就地发展，迁厂毕竟是复杂、有风险的。

4. 政策

（1）土地权：优先保证下拨建设用地指标（给地票），允许在中心镇区集中使用，并利用土地权建厂，吸引迁厂，建房，吸引进镇。给地票就等于给发展权。

（2）财政权：达到一定规模的中心镇，在财政投入分成比例上给予倾斜，增强其财力，扩大其财权，享有一级财政。以财政贴息吸引银行贷款，进行非公益性城镇基础设施的建设和开发等。

（3）行政权："依法赋予经济发展快、人口吸纳能力强的小城镇相应行政管理权限。"❶将达到一定规模的中心镇提高一级行政级别，并赋予相应的待遇和权力。例如山东广饶县大王庄镇，从德国引进造纸技术与设备，造纸工业运营很好，花卉生产也直销香港。该镇镇委书记不是科级，而是正处级。

（4）建设权：以中心镇为区域单元建设区域性基础设施。如建水厂，除中心镇区供水外同时向镇域供水，建设污水厂将集镇污水汇集入污水厂，以及建路、环境整治等。上级政府优先给予专项建设拨款或贷款。

（5）与其相配套的应研究制定，如鼓励农村人口迁到城镇的相关政策。

5. 课题

（1）研究农民进城原宅基地、原住房处理，以获得城镇住宅的优惠鼓励政策，缩短"空壳村"消亡周期，使土地尽快得到重新利用。

例如笔者在上海市南汇调查时，曾访问一位镇领导的家（图 7-14）。当我走进她的家，想不到景象极为零乱。她说："我过两年就要退休了，退休后我要到杭州，跟儿子一起过，现在何必收拾"。她家所在的自然村（图 7-15）已经是个"空壳村"，一共只有 12 户人家，全村 48 人，留住 30 人，占 62.5%，37.5% 的外出人口全是年轻人。连"十边地"都已荒芜，空壳之势显而易见。过了两年，笔者回访了该村，发现一户人家原地翻建了新式楼房（图 7-16）。由于事先没做规划安排，将来实施并村，要折迁就困难了。

图 7-14　镇领导家

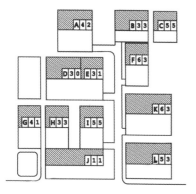

图 7-15　上海市南汇区某自然村

---

❶《中共中央关于推进农村改革发展若干重大问题的决定》，2008 年 10 月 12 日中共中央十七届三中全会。

图 7-16　翻建新楼

（2）研究完善承包田流转的政策，如耕地货币化、土地入股的政策，使耕地得以实现现代化的经营。研究土地置换，鼓励异地开发非耕地资源，研究把一个乡镇，甚至县、区的宅基地指标、公益性建设用地捆绑集中使用。

（3）研究农民进城，获得城镇户口、就业、上学的鼓励政策，同时制定农业专业户规模化的鼓励政策。

（4）建立农民进城的社会保障体系，首先建立最低生活保障线，有条件的逐步建立失业保险、医疗、工伤保险。

例如，浙江绍兴县的"三有一化"：

①失地农民生活有保障，变一次性货币补偿为长期的社会保障，土地换社保。

②集体资产有股份，农民变股民，产权明晰，产权主体到位。

③农民就业有技术，免费技术培训，政府牵头，劳资洽谈，双向选择，就业上岗。

行政村变居委会，实施社会化自治管理。

社保证、股权证、培训证三证到手，社会稳定、和谐。

上述内容许多都有时效性，当前农村的改革创新层出不穷需要我们适时发现，加以总结、借鉴与推广。

第四节　农村现代化不是"城市化"

原总理朱镕基曾在国务院办公会讨论政府工作报告时说：现在城市最大的问题还是城市规划，搞得城市不像城市，农村不像农村。并在视察海南时说：城市像农村，农村像城市，这是最大的失败。朱总理显然认为城市和农村应有区别。

城乡一体化应是指城乡在经济上彼此分工，在政治上互相平等，文化上各具特色，生态环境协调发展的现代化区域整体。"城乡一体化"不是"城乡一样化"，农村现代化的特色在于田园化。

图 7-17 是日本北方仙台地区的饭丰町，2002 年日本农村规划学会原会长清木志郎先生邀请笔者考察。清晨登上一个小山头，面对日本农村的景象，清木志郎先生说："这就是农村的景观，也是一种文化，应该保护好。"农田和农宅彼此交融、分散。笔者马上想到这样的独家村、三家店地，他们都用上抽水马桶了吗？他回答说都有。那管道投资要花多少钱！

图 7-17　日本饭丰町

　　图 7-18 是饭丰町的敬老院。老人行动不便可坐轮椅，轮椅摇到一小坡地，自动滑下就位，按个电钮，两边板升起后，温水便自动注入，连人带轮椅泡在水里洗澡。是，如若老人连轮椅都坐不成，护理人员用躺椅送到浴缸边，有个摇臂将躺椅和人一起举送进浴缸洗澡。显然这个农村无疑是现代化的农村，没有"城市化"。他们珍惜农村的传统，图 7-19 是农村保留着草顶的农宅。草必须 4 年换一次，所以每年换 1/4，这代价比瓦顶更大。笔者还是惦记着他们真的都用上抽水马桶吗？所以要求看看污水处理厂。图 7-20 是去污水处理厂的路上，清木志郎先生问在路中心线上一个个小疙瘩是什么？不像路上为防止夜间行车相撞而设置的"猫眼"。他说这是冬天下雪后，这些疙瘩会喷水来融雪。化雪管都铺上了，何况污水管？笔者疑虑全消。最后还是看到了污水处理厂（图 7-21）。根据日本的规定，凡农村规划经农林省批准后，其投资 70% 由政府出资，10% 由市县出资，10% 由村町出资，10% 由个人出资。

外景　　　　　　　　轮椅入浴　　　　　　　　躺椅浴缸

图 7-18　敬老院

图 7-19　草顶农舍　　　图 7-20　路中化云喷水头　　　图 7-21　污水厂

图 7-22 是山东省青岛市城阳区的东古村新住宅，全村 500 户将迁住楼房。由于该村经济发展实力强，所以底层已安排了车库。但是他们原来住的是平房（图7-23），而且家家都有庭院，种花养鸡，葡萄棚下石板桌上刻有象棋棋盘，邻里间串门是常态。可是住上城市型的楼房，这种农村传统生活方式和邻里关系将难以继续。其实原住宅石基、砖墙、瓦顶的质量并不差，差的是室外环境，烂泥地、杂草、臭水沟。

图 7-22　青岛城阳区东古村新住宅及底层车库

图 7-23　平房与庭院

对照英国 Runcorn 的住房（图 7-24），也不过是砖墙、瓦顶，根本差距是在室外环境，当然在生活水平上也存在差距。

图 7-24　英国农村

农村土地的稀缺度远不及城市。图 7-25 表明，在同样的日照间距下，二层楼占地是平房的 60%，3 层楼是平房的 51%，土地节约效果显著。但随着层数再增加，土地节约已不显著，人们还失去了自家的庭院、农村生活的特点与优点。

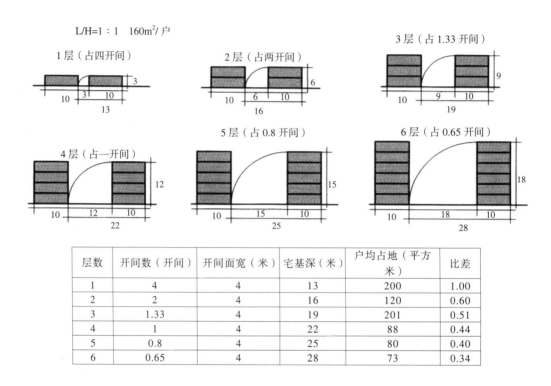

层数	开间数（开间）	开间面宽（米）	宅基深（米）	户均占地（平方米）	比差
1	4	4	13	200	1.00
2	2	4	16	120	0.60
3	1.33	4	19	201	0.51
4	1	4	22	88	0.44
5	0.8	4	25	80	0.40
6	0.65	4	28	73	0.34

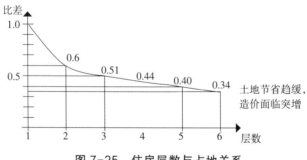

图 7-25　住房层数与占地关系

农村的优势、文化传统的继承，都要求做好乡村的规划。图 7-26 是号称"中华第一村"的江苏省江阴市的华西村，经济成就辉煌，文化建设则显得何等浅薄，与自然环境格格不入，充斥着土豪味！深圳市宝安区沙井镇沙二村的农宅（图 7-27）建成了亲嘴楼（图 7-28），消防、救护、儿童游玩、大人室外活动怎么解决？

《国家新型城镇化规划》指出："一些农村地区大拆大建，照搬城市小区模式建设新农村，简单用城市元素与风格取代传统民居和田园风光，导致乡土特色和民俗文化流失。"农村的建设一定要尊重农民的生活风俗习惯。图 7-29 是上海浦东孙桥镇的环东村，一期建了 120 套，到笔者访问时仅售出 20 套（每套 13 万 ~ 18 万元，村补贴 3 万元以鼓励），仅部分入住。图 7-30 是浙江省台州市黄岩区的桐屿乡新农宅，结果堂屋大门被堆满的柴草堵死，却在山墙上开了边门，进入后先是烧猪食的厨房，猪食味扑鼻，然后才是厨房，堂屋上楼楼梯的底下则是猪圈。笔者因语言不通，没能明白理由。总之，农村建设不能套用城市做法是显然的。

图 7-26　江苏省江阴市华西村

图 7-27　深圳市宝安区　　　　　图 7-28　亲嘴楼　　图 7-29　上海浦东区孙桥镇
　　　　沙井镇沙二村　　　　　　　　　　　　　　　　　　　　环东村新宅

　　新宅　　　　　　　山墙开边门　　　　　　猪食厨房　　　　　　　厨房

　　堂　　　　　　　　　　楼梯　　　　　　　　楼梯下养猪

图 7-30　浙江省台州市黄岩区桐屿乡

农村由于规模小，不可能配置完备的公共服务设施，但可依靠发达的交通网，就近享用城市的现代物质文明和精神文明。同时，正因规模小，更容易亲近自然，和大自然交融。若规划得好，农村既可以就近享用城市的现代文明，又有大城市难得的自然环境。正如 2008 年一号文《中共中央国务院关于切实加强农业基础建设进一步促进农业发展农民增收的若干意见》（2007 年 12 月 31 日）指出："新农村建设，加强村庄规划和人居环境治理，改善农村生活环境和村容村貌。解决住宅与畜禽圈舍混杂问题，搞好农村污水、垃圾治理，改善农村环境卫生。解决农民在饮水、行路、用电和燃料等方面的困难发展集中式供水，提倡饮用水和其他生活用水分质供水。要加快农村能源建设步伐，在适宜地区积极推广沼气、秸秆气化、小水电、太阳能、风力发电等清洁能源技术。突出乡村特色、地方特色和民族特色，保护有历史文化价值的古村落和古民宅。防止大拆大建，防止加重农民负担，扎实稳步地推进村庄治理，发展农村公共交通。""推进新农村建设要注重实效，不搞形式主义；要量力而行，不盲目攀比；要民主商议，不强迫命令；要突出特色,不强求一律；要引导扶持,不包办代替"（五要五不要）。实现"生产发展、生活宽裕、乡风文明、村容整洁、管理民主"的要求（2005 年中共中央《十一五规划纲要建议》）。

第五节　美丽乡村怎样算美丽？

胡锦涛同志在党的十八大上做的报告中号召"努力建设美丽中国，实现中华民族永续发展"以后，美丽乡村的建设在各地迅速展开。

中国改革开放三十多年，已发生了巨大的变化，尤其是城市面貌日新月异。在物质环境方面，一些城市的重点建设地段也许与世界发达国家的城市相比毫不逊色，甚至比它们更"美丽"。但是，在我国广大的农村情况则恰恰相反。农村由于经济发展滞后，农村的基础设施普遍缺乏，公共设施普遍不足，住房破旧，村容村貌、卫生环境等方面的问题多多,大多数的乡村还十分地不"美丽"。当然，农民的质朴、善良、社会风尚传统还保存良好。

当前，全国正在努力促进新型城镇化。在城镇化的同时，千万不能忘记新农村的建设，正如习近平总书记 2013 年 7 月 22 日在考察湖北省鄂州市长港镇峒山村时说，即使将来城镇化达到 70% 以上，还有四五亿人在农村。农村绝不能成为荒芜的农村、留守的农村、记忆中的故园。城镇化要发展，农业现代化和新农村建设也要发展，同步发展才能相得益彰，推进城乡一体化发展。建设美丽乡村，是要给乡亲们造福，不要把钱花在不必要的事情上。比如说"涂脂抹粉"，房子

外面刷层白灰，一白遮百丑。不能大拆大建，特别是古村落要保护好。❶

　　中央城镇化工作会议也指出："要注意保留村庄原始风貌，慎砍树、不填湖、少拆房，尽可能在原有村庄形态上改善居民生活条件；要传承文化，发展有历史记忆、地域特色、民族特点的美丽城镇"，"让居民望得见山、看得见水、记得住乡愁"。

　　图 7-31 是 2009 年住房和城乡建设部"村镇规划设计"评优中获得一等奖的江西省《高安市八景镇上保蔡家村整治规划与行动计划》的实例。图 7-32 ~ 图 7-38 是上保蔡家村整治前后的对比，基本体现了"建设美丽乡村，是要给乡亲们造福"的精神。

图 7-31　江西省高安市八景镇上
　　　　　保蔡家村规划鸟瞰

图 7-32　上保蔡家村整治前鸟瞰

图 7-33　上保蔡家村整治前（左）和整治后（右）鸟瞰

图 7-34　整治前（左）和整治后（右）道路

---

❶　习近平：建设美丽乡村不是"涂脂抹粉" [EB/OL]. 新华网 .2013-7-21.http://news.xinhuanet.com/politics/2013-07/22/c_116642787.htm

图 7-35　整治前禽畜随意放（左）和整治后集中牛栏、人畜分离（右）

图 7-36　整治前（左）和整治后（右）公用水塘

图 7-37　整治前（左）和整治后（右）农民家

图 7-38　整治前（左）和整治后（右）农家厨房

福建（漳州）美丽乡村博览会倡导"尽可能去除城市化、园林化、奢华化，保持田园本色、农家风情，体现自然、朴素、生态、和谐之美。如房前屋后种蔬菜、香蕉等农家作物，修缮闽南古大厝、祠堂、戏台。"

屋后无垃圾，鸡鸭圈养无异味，河道沟渠无污水，道路两旁无丢弃的"四无"标准，建筑改造坚持宜土不宜洋，宜简不宜繁，宜淡不宜浓，宜软不宜硬的"四宜四不宜"。这些都是值得借鉴的经验。❶

今天，我们要建设"美丽的中国"，正如《中共中央关于推进农村改革发展若干重大问题的决定》（十七大三中全会通过）中所指出的"没有农业现代化就没有国家现代化，没有农村繁荣稳定就没有全国繁荣稳定，没有农民全面小康就没有全国人民全面小康"一样，没有乡村的美丽，也就没有美丽的中国。当前"美丽中国"的半壁江山在农村，"美丽乡村"的实现是建设"美丽中国"的短板。"美丽乡村"建设工作已在全国各地展开，正在摸索，要避免重蹈以往的"刮风"，重演以往的形式主义。

我国有着悠久的农耕文明史，历史情结令人向往田园生活。当城镇化率超过50%之后，传统的乡村文化、农业景观、田园风光将变为稀缺资源，必将萌发农村游、田园悠居的热潮，成为农村经济繁荣的新支点。图7-39是我国台湾省台东地区六十石山的农村。台湾人钟爱的金针菜过去主要从大陆进口，该地区改种金针菜后，逐步发展了山村游。

图 7-39 六十石山景区

---

❶ 探祕美丽乡村"长泰样本" [N]. 福建日报，2013-11-20.

　　以瑞士 Diablertets 山村建设、发展旅游为实例（图 7-40）。该村历史上是以牧牛为业，至今依然保留着牧牛传统（图 7-41）。他们用牛铃、牛套等装饰住宅，以牛而自豪，以牛文化为特色（图 7-42），同时以山村特有环境、特色发展旅游、度假业。图 7-43 是世界著名的分时度假公司 RCI（Resort Condominiums International）机构，保存着传统的山村民居特色（图 7-44），具有完备的旅游信息中心、村中心、教堂、超市、餐饮、公共服务设施等（图 7-45），并拥有齐备的市政基础设施（图 7-46）。

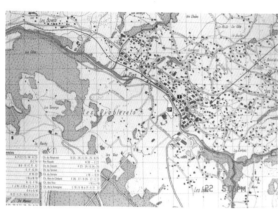

图 7-40　Diablertets 村平面图（左）和鸟瞰（右）

图 7-41　牧牛传统

图 7-42　牛铃、牛套装饰住房　　　　图 7-43　分时度假机构 RCI 驻地

图 7-44　山村入口和农宅

旅游信息中心　　　　　村中心　　　　　　餐饮　　　　　　　超市

教堂　　　　　　公共活动场地　　　　滑翔爱好者　　　　滑翔活动

图 7-45　完备的服务设施

信箱　　　　　　　　　垃圾箱　　　　　　　　消防栓

各种地下管　　　　　　　徒步山路指示牌、休息座椅

图 7-46　齐备的市政基础设施

133

　　瑞士山村案例说明，乡村游的吸引力在于与城市截然不同的环境和人文氛围。某旅游专家对"旅游"的定义是："在自己家里待腻了，到你那里过几天。"❶

　　浙江省三门县横渡镇岩下村有着很好的乡村自然环境，打造了乡村游的"潘家小镇"（图 7-47）。然而，在开发旅游业之前已建好的新宅，作为游客的住宿就显得缺少乡村味（图 7-48）。离该村约 300 米的丈家坑村，若加整治和装修肯定更有魅力（图 7-49）。正如前面提到的旅游定义："在自己家里待腻了，到你那里过几天。"本村村民也许在这样的农舍也待腻了，想换个现代化的住住，这也很可以理解，但一定要珍惜老宅的资源（图 7-50）。

图 7-47　潘家小镇

图 7-48　常见的新农宅

图 7-49　丈家坑农舍和村宅

---

❶　中国特色魅力及旅游城市品牌建设高端论坛，2010 年。

图 7-50　浙江省温岭市石塘镇前红村

　　笔者曾参与浙江省台州市黄岩区桐屿乡沙滩村美丽乡村的规划建设的尝试。图 7-51 是规划平面图与模型，模型东侧为废弃的兽医站。图 7-52 废弃的兽医站如今兽医站改为旅游中心。兽医站西侧向北通向太尉庙小径三棵古银杏树全保留了下来（图 7-53）。中太尉庙的右侧是工作室，左侧是戏台（图 7-54）。图 7-55 为规划工作室，融入了现代元素。戏台、太尉庙西老街前后、农家饭店、厕所、溪径与绿化、环境小品等，都努力保留农村的气息（图 7-56 ～图 7-61）。

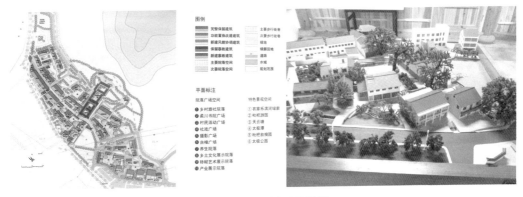

图 7-51　规划图及模型

图 7-52　废弃的兽医站（左）和改建的旅游中心（右）　　图 7-53　兽医站西侧向北通向
少尉庙

图 7-54　中太尉庙、　　　　图 7-55　规划工作室注入　　　图 7-56　戏台
戏台（左）、工作室（右）　　　　　现代元素

图 7-57　太尉庙西侧老街

图 7-58　农家饭店　　　　　　　　　　图 7-59　厕所

图 7-60　溪径与绿化

图 7-61　环境小品

本案例从进点调查到规划、实施不到两年，在黄岩区农办的大力支持下，有了初步的成果。但在公众参与、发挥效益，并成为村民自觉行为等方面，还须总结并深入探索。

第六节　路线确定后，干部决定一切

苏北淮安市涟水县是传统产粮区。涟水县曾选择三个村作为新农村建设的试点，王咀村不在其中，后来是他们自己向县政府申请，结果"无心插柳柳成荫"（图7-62）。

图 7-62　王咀村口

王咀村全村 360 户，1562 人，分布在 37 个自然村，平均每个自然村仅 42 户。全村耕地 5070 亩，人均耕地 3.2 亩。由于良种推广应用，小麦产量翻番，经济收入有所提高。

自从农户拥有拖拉机后，居住地与农地间的出行距离就发生很大变化，为集中建设中心村提供了条件，并且建一幢新房也只要5万~10万元（装修等存在差别）。

　　中心村建设规划先行（图7-63），规划用地248亩，最终规模402户（全村360户）。中心村由6个组团构成，中心道路宽30米。小学占地16亩，改制为民办后，为外国语小学，学生从200人增加到600人，吸收了外村甚至外乡镇的子弟来就学。农贸市场大棚5000平方米，有两处冲水公共厕所，农民公园广场7000平方米（图7-64）。由于集中建设中心村，利用原宅基地、零星闲置地，共复垦出1500亩（图7-65）。

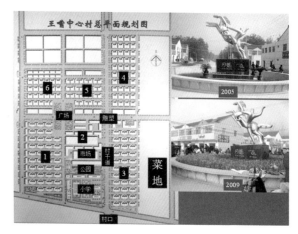

图7-63　王咀村规划

小学

建设中的农民公园

农贸市场

图7-64　中心村建设

图7-65　复垦中的农家大院

2005年笔者访问该村时已建成226户住宅，以及有线电视、自来水、小灵通基站、腾飞雕塑、公共汽车候车廊、5条水泥路等（图7-66）。由于家庭小型化原计划每户三开间，居民自愿改为两开间联排式住宅，节约了用地，每户住房面积200平方米（图7-67）。由于集中居住中心镇，修了水泥路，小孩上学近了，雨天不穿"水鞋"了。中心镇已集聚226户，发展有成批服务业，商业也起来了（图7-68），农民不仅种地，也当老板。生动说明人口一集聚，就带动服务业的道理。正如《国家新型城镇化规划》所言："人口集聚、生活方式的变革、生活水平的提高，都会扩大生活性服务需求。"

图 7-66　公共汽车候车廊　　　　图 7-67　联排式住宅

图 7-68　村干路商业连线

该村的成功关键在于有了好领导——村党支部书记王伟章。他原本是村长，有一天村支书请他吃饭，结果酒喝了，饭吃了，支书说准备将村里生产的树苗打7折卖给一位关系户。王没同意，于是不欢而散。不久王伟章便辞去村长职务进城经商。后来是村里的群众、党员到县里要求劝说王回村，王伟章才当上了村党支部书记，带领新农村的建设。冬天村里兴修水利，他的哥哥是火头师，一次他看到哥哥将一块大肉放到自己碗中，王当群众骂了亲哥。正是他的正直、公正，全村齐心形成一套中心村迁村集中建设的若干规定：

（1）每户6分宅基地，建房若不用足，余下部分留作小菜地，集中安排于村东头。

（2）进村每户交出6分责任田，并相应交纳承包额，同时原承包地相应减少相应的承包额。

（3）兄弟分户建新房必须在中心村建设。

（4）所交出的土地调整连片后按规划统一编号，保证连片开发。宅基地的选择原本住在本村的有优先权，其余一律用抽签的办法确定。

（5）建房每户交6000元作押金，保证住房按统一标准建，规定时间内完工。原住房必须同时拆清，否则没收。

（6）困难户（20户）用因集中建村增加的耕地，获得县政府奖励金从中给以补贴。

（7）并联式住宅两户间合用的山墙，用抽签的办法确定底层与楼层的山墙建造、维护责任人。

（8）周转用地利用当年推行承包田时保留的21亩科技队的集体田，用这些集体土地作为起动用地。

中心村建设取得明显的效果：

（1）全村耕地5070亩，迁村并点，复垦多出1500亩耕地，增加30%；住宅从三开间减少为两开间，体现了"十一五"规划建议"搞好乡村建设规划，节约和集约使用土地"的精神。

（2）发展农村公共事业，建设有线电视、小灵通基站、公共交通、自来水、公共厕所，改善农村物质与文化生活，推进农村现代化。

（3）繁荣经济，兴办农贸市场与各类商店、服务业，方便生活，扩大就业，增加收入。

（4）增强了干群、乡邻间的关系，呈现和谐农村的新面貌。

当笔者请王伟章同志题词签字时，他说"我不识字"。顿然令人感受到从"泥

土"味中透出农民的质朴与智慧（图 7-69）！ ❶

过了 4 年，笔者回访王咀村时，得知他已因癌症去世了，真令人遗憾至极！不过，令人欣慰的是当年时在江苏省委书记李源潮曾亲自授予王伟章同志"模范共产党员"称号。

县委向王咀村派来了新书记（图 7-70）。万事开头难，王咀村沿着已开创的路继续前进着：兴办工业，引进了上海铜仁药业彩印包装厂、淮安今世缘塑料制品有限公司等，厂房租金和税收收入成为村重要经济来源（图 7-71）。在省部门资助下，村民出资建设了秸秆气化厂（图 7-72）。外国语小学吸引周边儿童入学，建起寄宿生宿舍（图 7-73），服务业更多样（图 7-74）。

涟水县推动撤组并村，撤乡并镇。王咀村与邻村合并，增加了 300 户，共 700 户，3400 人，村里人气更旺了（图 7-75）。王咀村的建设道出一个关键：路线确定后，干部决定一切。

图 7-69　笔者与王伟章（最右）合影

图 7-70　笔者与新书记（最右）合影

图 7-71　村建工厂厂房和车间

---

❶ 上述许多信息是三位县报记者提供的。

秸秆气化炉　　　　　　　　　秸秆堆场　　　　　　　　　　　控制室

图 7-72　秸秆气化厂

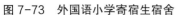

图 7-73　外国语小学寄宿生宿舍　　　图 7-74　服务更多样　　　　图 7-75　村里人气更旺

第三篇

城镇化与新型城镇化

前　言　以人为核心的新型城镇化，公平与正义

城镇化是历史必经之路，新型城镇化的核心是人的发展。人追求美满的生活，一要富裕，二要尊严，公平与正义。

2002 年，笔者率团赴美考察城市规划教育，我们在美国芝加哥伊利诺斯大学（UIC）城市规划和公共事务学院的城市规划系座谈时，伊利诺斯大学规划系主任 Hoch 教授说："如果你要发财，就该报考商学院，而报考城市规划专业，你首先是要立志维护社会的公平与正义。"

美国的基尼指数 2011 年高达 0.49，但美国采取对高收入者征高税等措施，所以美国的税后基尼指数降为 0.378。❶

城市规划首先是公共政策，如保证"居者有其屋"，对住豪宅者征高税，既体现公平与正义，也是倡导理性消费，节约土地资源。新型城镇化的内涵是深刻的。

---

❶ 张庭伟 .2000 年以来美国城市的经济转型及重新工业化 [J]. 城市规划学刊，2014（2）.

第八章 城镇化概念

第一节 城镇化概念：质与量

城镇化是指人类生产和生活方式由乡村型向城市型转化的历史过程，具体表现为乡村人口向城镇人口转化以及城市不断发展和完善的过程。据统计，世界各国城市化率从 20% 提高到 40%，英国用了 120 年，法国用了 100 年，德国用了 80 年，美国用了 40 年，日本、前苏联用了 30 年，我国用了 22 年，其速度是世界上少有的。（邹德慈）

上述"乡村人口向城镇人口转化"指的是城镇化"量"的变化过程，即农村人口在减少，城市人口在增加。而"城市不断发展和完善的过程"讲的是城镇化"质"的提升，即人们虽然已经生活在城镇中，但起先可能没有卫生设施，医疗、教育等公共服务条件都不完善，而后逐步得到了改善与提升。所以城镇化既要讲数量的提高，又要讲质量的提升。

以我国香港居住条件的变化（图 8-1）为例，可以具体看到城镇化质量提高的过程。从 20 世纪 50 年代每户居住面积 10 平方米，没有独用厨房和卫生间，逐步提高到 2000 年每户居住面积 13 ~ 60 平方米，不仅住房有充分的配套设施，还有便捷的公共交通等公共服务设施（表 8-1）。

上海在 2010 年时，正值中国的城镇人口从不到 50%，但即将超过 50% 的历史转折点（中国在 2011 年达到 51.27%）。因此恰逢其时以城市为主题申办世博会，所以成功了。❶

2010 年上海世博会的主题词是："城市，让生活更美好"。但是，在申办过程中，所有的文件都是用英文写的，英文的主题词是："Better City，Better Life"。我们把中文和英文作个比较会发现，两者存在着很微妙的差别。英文原意的直译是"好的城市，好的生活"。显然，这里有个潜在的意思，就是只有好的城市，那么城市生活才会美好。也就是说，不好的城市，城市生活也就不会好。如果城市住房短缺、蚁居群租、交通堵塞、垃圾围城、污水横流、雾霾迷漫，这样的城市当然不会让人生活得美好。

---

❶ 上海前一次世博会（2005 年）在日本爱知县举办，主题是"生态"；后一次是在意大利的米兰市举行（2015 年）主题是"粮食"。

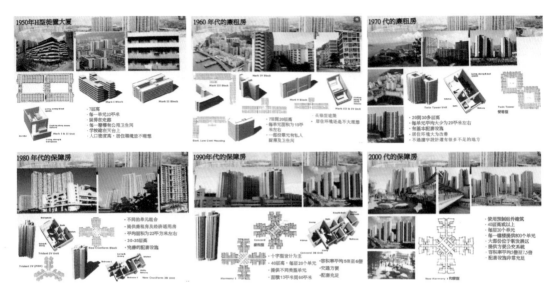

图 8-1　香港居住条件变化历程

香港居住质量提高一览表　　　　　　　　　　　　　　　　　表 8-1

年代	层数	单元面积（平方米）	设施配套	其他
20 世纪 50 年代	7	10	厨房在走廊，公用卫生间	学校在天台上
20 世纪 60 年代	7～20	15	一部分单元有独立厨房、卫生间	居住环境不太理想
20 世纪 70 年代	20～30	20	有基本设施配套，居住环境大为改善	楼宇设计还有很多不足之处
20 世纪 80 年代	30～35	22	完善配套设施	提供廉租房和经济适用房
20 世纪 90 年代	40	13～60	提供不同类型单元，配套充足	容积率 5～6，交通方便
21 世纪	＞40		配套设施非常充分	大部分在新发展区，容积率 5～7.5，便捷公交

（资料来源：麦凯蔷. 香港公共房屋发展经验分享 [R]. 2013 年中国城市规划学会年会青岛—香港论坛，2013.）

　　因此，在上海世博会中专辟了"最佳实践区"，从全世界筛选出近百个好的案例集中展出。例如，台北馆的主题是"垃圾不落地"（图 8-2），城市干净自然让人生活得美好；伦敦零碳馆，主题是"没有浪费的城市"（图 8-3）；丹麦欧登塞市馆标题"飞旋之轮"（图 8-4），说明骑自行车二氧化碳是零排放，开汽车排放二氧化碳为 163 克 / 公里等等。

　　显然，正如在《城市化的世界：联合国全球人类居住区报告 1996》的前言里所指出："在我们即将迈入新的千年之际，世界真正地处在一个历史的十字路口。城市化既可能是无可比拟的未来光明前景所在，也可能是前所未有的灾难的凶兆。""所以未来会怎样就取决于我们当今的所作所为。""总体看来，乡村地区居民外流已成为人类历史最大的流动潮，他们本是为了寻求更好的生活，可结果是用乡村的贫困换来了城市的贫困，而且住房或者说缺乏住房，是他们面临的最显著的问题。"❶

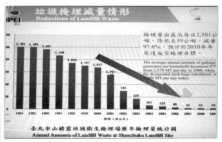

图 8-2　台北馆

图 8-3　伦敦零碳馆

图 8-4　丹麦欧登塞市馆

　　人类走到十字路口，一边是光明，一边是灾难。印尼首都雅加达市中心就在高级旅馆下的贫民区（图 8-5），充分说明了"用乡村的贫困换来了城市的贫困"的事实。城镇化可能是光明，也可能是灾难。

---

❶　联合国人居中心. 城市化的世界：全球人类住区报告 [M]. 沈建国，于立，董立译. 中国建筑工业出版社，1999.

Aryadut 旅馆　　　　Aryadut 旅馆下方一条河　　　　河边贫民区

河边垃圾　　　　　　贫民区住房　　　　　　靠小买卖求生

图 8-5　印尼雅加达市中心

　　世界城市中，居住在贫民窟的人口比重分别为：撒哈拉南 72%，南亚 53%，东亚 36%，西亚 33%，拉美 32%，东南亚 28%，北非 28%，大洋洲 24%，欧洲及其他发达国家 6%。墨西哥的墨西哥城 2800 万人居住在贫民窟的占 2000 万，这种"过度的城市化"称为"拉美陷阱"。❶"圣保罗州贫民窟多达 1500 处。墨西哥非正式住宅占 40%（1980 年数据）❷，环境卫生问题严重。1991 年霍乱蔓延，秘鲁引发 32 万例患者，2606 人死亡。"❷ 图 8-6 为巴西的里约热内卢贫民区，图 8-7 为埃及开罗的贫民区。

图 8-6　巴西里约热内卢贫民区　　　图 8-7　埃及开罗贫民区

---

❶　仇保兴 2006 年 4 月 10 日在同济座谈。

❷　李浩. 城镇化率首次超过 50% 的国际现象观察——兼论中国城镇化发展现状及思考 [J]. 城市规划汇刊,2013（1）.

这种情况中国也存在，图 8-8 是笔者在浙江某地拍到的棚屋，图 8-9 是《中国城市状况 2014—2015》中的照片❶。就是在我国最发达、最现代化的城市上海，黄浦区是上海的行政、经济、文化中心，竟然在高楼大厦背后，至今还有 8.3 万只连片的马桶，加上零散的共有 9 万只马桶（图 8-10）。❷

图 8-8　浙江某地棚屋　　　　　　　图 8-9　农民工住所

第二节　城镇化阶段和中国城镇化成熟期

图 8-10　上海居民刷马桶

城镇化是一个历史的过程，通常是以城市化率来表达其发展的程度。

城镇化率是以城镇人口占全部人口的百分比来定量表达。我国城镇化率从 20% 到 40% 只用了 22 年（1981 ~ 2001 年），比发达国家平均快一倍多，英国 120 年，法国 100 年，美国 40 年（1860 ~ 1900 年），前苏联 30 年（1920 ~ 1950 年）、日本 30 年（1925 ~ 1955 年）。❸ 说明城镇化是一个相当长的历史过程。中国 2011 年城镇化率达到 51.27%，在统计学意义上，中国已成为"城市化"国家，所以 2012 年成为中国城镇化的"元年"。

美国城市地理学家诺瑟姆（Ray M.Northam）在对英、美等西方国家工业化进程中城镇化率变化趋势进行分析的基础上，于 1979 年提出了城镇化发展的一般规律：一个国家或地区城镇化的轨迹为一条稍被拉平的"S"形曲线（即诺瑟姆曲线）。他把城镇化过程大致分为三个阶段：初始阶段、加速阶段、成熟阶段（图 8-11）。不同阶段其产业、人口、社会结构等各有特征。在工业化初期，主导产业是轻纺工业，城镇发展缓慢，城镇化率低于 30%，这是城镇化的起步阶段或

❶ 中国城市状况 2014—2015[M]. 中国城市出版社，2014.

❷ 上海东方广播电台 2015 年 11 月 15 日《对话区县委书记》节目对话黄浦区周伟书记。

❸ 陆大道，姚士谋. 中国城镇化进程的科学思辨 [J]. 海峡城市，2007（5）.

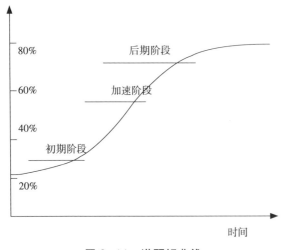

图 8-11　诺瑟姆曲线

初始阶段。在工业化中期或扩张期，主导产业是钢铁、化工、机械等重化工业，这时城镇数量增多，规模扩大，城镇化率高于 30%，并以较快的速度向 70% 攀升，随着人口和产业向城市集中，产生了劳动力过剩、交通拥挤、住房紧张、环境恶化等"城市病"。小汽车普及后，许多企业和人口开始迁往郊区，出现了郊区城市化现象，这是城镇化的加速阶段。在工业化后期或成熟期，第二产业上升到 40% 后将缓慢下降，而第三产业则蓬勃兴起，成为城镇化进一步发展的主要动力。此时城镇化总水平比较高，城镇化率大于 70%，但增长速度趋缓甚至停滞。城市地域不断向农村推进，大城市的人口和工商业迁往离城市更远的农村和小城镇，大城市人口减少，出现"逆城市化"现象，这是城镇化的后期或停滞阶段。

中国经过约 30 年的加速发展阶段，目前城镇化率 2014 年已达到 54.77%，但距成熟阶段还有相当长的路程。中国城镇化成熟期的城镇化率可能与西方多数国家不同，中国城镇化成熟期的城镇化率可能在 65% ~ 70%（详见本篇第七章第三节 中国城镇化的底线）。

第三节　城镇化与经济发展中的"春天的故事"

城镇化是人类进入工业化时代后所伴生的历史产物，它与经济发展密切相关。图 8-12 是中国城镇化发展变化的曲线，它生动地说明了这规律。

1949 ~ 1957 年，新中国刚成立，百废待兴，各方面工作都十分谨慎。1949 ~ 1952 年为三年经济恢复期。尤其经过第一个五年计划（1953 ~ 1957 年），国民经济进一步获得稳步增长，因此，我国城镇化率从 10.6% 平稳上升到 1956 年的 14.6%。由于经济获得稳步发展，诱发了更快发展的主观愿望。于是 1958 年全国掀起了"大跃进"运动，"全民大炼钢铁"，小高炉遍布城乡，"五小工业"（小煤矿、小钢铁厂、小化肥厂、小水泥厂和小机械厂）如雨后春笋，城镇职工猛增，城镇化率急剧上升到 1960 年的 19.7%。然而在"大跃进"的冲动下，为了"放卫星"（完成钢产量），甚至把屋前铁栏杆等铁器作原料回炉炼钢，结果炼出的是无用的钢碴。经济实际没有真正的发展，高城镇化率自然无法支撑下去，不得不"三年整顿"，2600万城市职工下放回农村，城镇化率骤跌至1964年的14.0%。接着又是"文化大革命"，导致中国经济走到了崩溃的边缘。城市没能提供就业，2000万知识青年不得不"上山下乡"，城镇化率一路下滑。

随着"四人帮"的垮台，从"阶级斗争"转变为"以经济建设为中心"，经济开始复苏。❶ 接下去的历史已为多数人所熟悉，不必细述。这里就以《春天的故事》的歌词给以描述："1979年那是一个春天，有一位老人在中国的南海边画了一个圈……春雷唤醒了长城内外，春晖温暖了大江两岸，中国……走进万象更新的春天。1992年又是一个春天，有一位老人在中国的南海边写下诗篇，天地间荡起滚滚春潮，征途上扬起浩浩风帆……"这是中国改革开放前后历史的真实而形象又艺术的写照。

中国城镇化发展曲线中1958年、1962年、1978年、1992年为转折点（图8-12）。1992年后，中国城镇化率持续提升，正是这段历史的反映。这个历史的足迹，有力证明了一个真理：城镇化与经济发展密切相关，推进城镇化不可能脱离经济的发展和努力。

图 8-12　中国城镇化发展曲线（2015 年 56%）

---

❶ 叶维钧，张秉忱，林家宁.中国城市化道路初探[M].中国展望出版社，1988.

第九章　中国特色的城镇化之路

第一节　西方发达国家城市化三部曲

城市化是人类进入工业化时代后所伴生的历史产物。各国城市化因经济、社会、文化背景的差异，城市化之路也不尽相同。西方发达国家城市化之路可简单地概括为三步，自然不能以偏概全。

第一步：工业革命始于18世纪的英国工业化（1765年珍妮纺纱机、1785年瓦特蒸汽机问世）带动了城市化，伦敦的人口从几万人猛增到几百万人。1801年英国第一次人口普查已达100万，20世纪初达到660万人。由于人口大量、迅速地从农村向城市集聚，但住房、市政设施跟不上，造成严重的城市环境问题，污物遍地，瘟疫横行。伦敦1832、1848、1866年分别发生三次大规模流行性霍乱。另外，社会管理也跟不上，造成治安问题，偷盗横行。

第二步：大城市弊病使得中产阶层人口纷纷迁往郊区，寻求较好的生活环境。各大城市纷纷向外围扩展建卫星城，尤其随着汽车的普及，出现了郊区化（逆城市化）。洛杉矶、纽约郊区出现大片独立住宅区（图9-1、图9-2）。中产阶级迁离中心区，造成中心区税收锐减，进而衰败，大量建筑被荒废，图9-3是2000年在华盛顿拍摄到的离中心区不远的废弃住宅。从清水砖墙上看，可知质量是上乘的，但门窗被三夹板钉死。许多废弃住宅的地下室成为无家可归者的栖身地。

由于大量迁往郊区的人口白天还得进城上班，以致修建双向16车道的高速公路依旧拥堵（图9-4）。因此不得不采取共享车道等措施，即在高速路上标划了较宽的"双黄线"，双黄线左侧叫Capool（图9-5），凡车上载两个人及以上者可走这条车道。或开设收费车道，花钱买车速（图9-6）。

图 9-1　洛杉矶郊区

图 9-2　纽约郊区

图 9-3　华盛顿废弃住宅

图 9-4　高速公路双向 16 车道

图 9-5　高速公路上"共享车道"

图 9-6　左侧车道收费

　　第三步：大城市中心区的衰败带给政府巨大压力，不得不启动中心区的复兴工作，力求中心区的复兴与协调发展。例如，2000 年英国政府发表了一份城市白皮书，认为较为富裕的人群向郊区的迁移，出现了对汽车交通高度依赖，并带来整体性的交通问题和土地、能源等资源的浪费。2000 年，仅英格兰地区的城

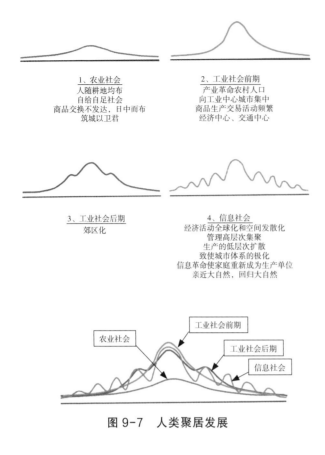

1、农业社会
人随耕地均布
自给自足社会
商品交换不发达，日中而布
筑城以卫君

2、工业社会前期
产业革命农村人口
向工业中心城市集中
商品生产交易活动频繁
经济中心、交通中心

3、工业社会后期
郊区化

4、信息社会
经济活动全球化和空间发散化
管理高层次集聚
生产的低层次扩散
致使城市体系的极化
信息革命使家庭重新成为生产单位
亲近大自然，回归大自然

农业社会　工业社会前期　工业社会后期　信息社会

图 9-7　人类聚居发展

市中就有 70 万幢住房是无人居住的，其中 25 万幢已经空置了一年以上。这种局面必须改变，并提出了"城市复兴"（urban renaissance）问题。❶

西方发达国家城市化经历了从高度集中到郊区化及中心区空洞化，再到中心城区的复兴的发展历程。每一步都付出了沉重代价，中国绝不能重蹈覆辙。

而人类从农业社会的均布，到工业化社会前期高度集中、工业化社会后期郊区化，再到信息化社会的高层次集聚和低层次扩散（图 9-7）。哪些是历史之必然，哪些是未必，这需要我们去探索中国特色的城镇化之路。中国实现城镇化是在高新技术发展、信息革命已开始的历史条件下进行，所以有避免重复西方先集中再疏解的老路，发挥后发之优势的可能。

正如美国著名经济学家斯蒂格利茨（J.Stiglitz）的著名论断："21 世纪影响世界进程和改变世界面貌的有两件事：一是美国高科技产业的发展，二是中国的城市化进程。"❷ 因此，中国必须认真地吸取西方城镇化的经验与教训，探索中国的城镇化道路。

第二节　离土不进城，"准城镇化"阶段

中国由于其特殊的历史背景和条件，在实现工业化过程中和西方有个极重大的区别，即工业化不仅在城市中进行，也同时在农村中进行。这是由于中国的特殊历史背景和传统文化造成的。

❶ 孙施文．英国城市规划近年来的发展动态 [J]．国外城市规划，2005（6）．

❷ 斯蒂格利茨．中国世纪从 2015 年开始，2014-12-12．

由于中国长期处于短缺经济时期,最基本的物品都供不应求。粮票、布票、肥皂票……为乡镇企业发展提供了市场。另外,还因为中国的传统文化、城乡血缘和亲缘关系,使乡镇企业发展得到滋养。比如村长想办工厂,苦于没门路。也许有人会提醒:"我们村头的张三,听说有个舅舅在上海。"说不定他们从小就没见过面,但只要舅舅有点办法,都会热心支持家乡建设,介绍退休老师傅、购买廉价二手机器设备、代加工产品……实现广大农村地区的工业化。对照西方文化,观念差别更明显。笔者有个朋友跟女儿去美国,住了 10 年。一天移民官到她家,说你已在美国住了 10 年,可以申请加入美国籍。在填写申请表中有一

图 9-8　苏州城乡建设用地分布图
（1986—2004）

项是在美国的生活经济来源。她很自然地填上:"女儿每月给 1000 美元。"结果那位移民官主动提示:那么美国政府的津贴费将相应扣除 1000 美元。于是那位申请人当场划去女儿的奉养金,每月可得美国政府津贴 1200 美元。这表明中西方文化、亲缘、血缘上的差异。

由于农村工业化的资金很有限,建厂房,买设备机器,就不可能为工人建新村。因此农民白天到工厂、车间当工人,晚上回老家居住。这就是离土不离乡,离土不进城的"准城镇化"。

例如著名的苏南模式,在村镇主导下,乡镇企业"遍地开花"、"村村冒烟,户户办厂",就地非农化。据统计,苏州从事农业生产的劳动力占农村劳动力总量的比重,由 1978 年的 75.49% 下降至 1990 年的 38.56%。与此同时,非农劳动力就业比重由 24.51% 上升到 61.44%,超过半数的农村劳动力实现了生产方式的非农化。他们的生活方式也由传统的"日出而作,日落而息"向工业社会生活方式转变。政府收益包括乡村工业发展的税收及镇办企业获得利润分红,其中收益部分用于村镇基础设施、公共服务设施等小城镇建设（图 9-8）[1]

中共中央 [1984] 一号与四号文件指出:乡镇企业是"国民经济的一支重要力量",有利于"实现农民离土不离乡,避免农民涌进城市",大大促进了乡镇企

---

[1]　范凌云 . 空间视角下苏南农村城镇化历程与特征分析——以苏州市为例 [J]. 城市规划学刊,2015（4）: 27-35.

图 9-9　上海枫泾镇乡镇企业分布图

业发展。从 1983 年到 1988 年的五年间，乡镇企业总产值从 1016 亿元增加到 6495 亿元，年均增幅为 44.9%，企业职工人数从 3234 万人增加到 9545 万人，年均增加 1262 万人，占农村劳动力比重从 9.3% 提高到 23.8%。❶

"离土不离乡"曾经在乡镇工业发展历史上起过积极的作用。正如中共中央十五届三中全会决定中所指出："乡镇企业异军突起，带动农村产业结构、就业结构变革和小城镇发展，开创了一条有中国特色的农村现代化道路……"但乡镇业企业的发展也有它的生命周期，它的作用也逐渐从正面走到反面，随之暴露出许多问题：

一是村镇工业分布零散，规模小，政企不分，经营方式落后，产品质量不稳定，效益下滑，日益失去竞争力。"八五"期间平均增长率 42.5%，1996 年为 21.0%，1997 年为 17.4%，1999 年降为 12.2%。

二是布局分散，土地资源浪费，污染点多面广，难以治理，严重威胁着生态环境，也日益严重地危及人们的生活。

三是离土不离乡，人口没能集中，第三产业没有滋生的土壤。而兼业农民实际蜕变为业余农民，既无心实现农业的现代化，又阻碍了城镇的发展，进而阻碍第三产业的发展，最终阻碍了经济的发展和生活水平的提高。

图 9-9 是上海枫泾镇乡镇企业分布图，除镇政府所在地集中几家企业外，几乎一村一厂，村村冒烟，一厂一路一电。生产经营落后，难以持续发展。据研究，亚洲"四小龙"每增加一个第二产业就业岗位，就相应增加 1.5 ~ 2.9 个第三产业就业岗位，而我国仅增加 0.6 个，相差近 6 倍之多。离土不离乡，进厂不进城，经过约 20 年的历程便逐渐转入第二阶段。

第三节　低成本异地城镇化阶段

中国大地上涌现出农民工潮，大批廉价农村劳动力涌向城镇（图 9-10），尤

---

❶ 张正义 . 乡镇企业发展历程 [EB/OL]. 百度文库 . http://wenku.baidu.com/view/e154f025af45b307e8719744.html

其来自中西部地区的农民工，涌到东南部沿海地区。他们在务工城镇工作、居住 6 个月以上就计入当地的城镇人口，实现了异地城镇化。但他们的居住、生活环境十分简陋。❶

据人力资源和社会保障部发布的数据，2014 年全国农民工总量达到 27395 万人，平均年龄为 38.3 岁。农民工支撑了城镇工业蓬勃发展。同时，大量农村集体土地转为建设用地，使开发区、新区迅速发展，城市面貌日新月异。农村珍贵的集体土地被廉价征购，"土地财政"为城市发展提供了巨额资金。例如，20 世纪 90 年代初，苏州先后建立了 5 个国家级和 11 个省级开发区。原乡镇企业逐渐改制，部分和外资结合实现重组，并在空间上向镇区的工业园区、开发区集中，成为现代化的新城区，有力推进了城镇化。但村集体与农民在城镇化收益分配中逐渐沦为弱势主体，城乡居民收入差距较苏南模式期间有所扩大。开发区、企业和政府通过土地市场获取高回报；而村集体和村民仅获得少量补偿费，并不参与土地增值后的利益分享。新苏南模式被质疑"只长骨头不长肉，富 GDP 不富民"。

图 9-10　农民工进城

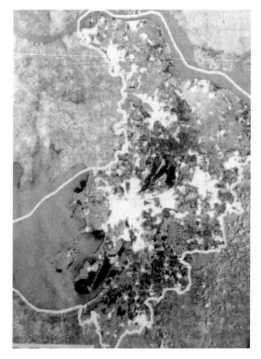

图 9-11　苏州城乡建设用地（2004—2013）

新苏州模式的主战场从小城镇转移到中心城市及各县级城市，城市外围大量耕地被征用，转化为城市建设用地。以苏州中心城为例，1978 ~ 1990 年建设用地由 26.6 平方公里增长到 37.1 平方公里，仅增长了 39.5%。而 1990 ~ 2000 年，增长了 133.2%（图 9-11）。这阶段"离土又离乡，进厂又进城"的农民脱离了农业也脱离了农村，但农民户口和身份并未发生变化，充其量只是农民工。而远

❶ 中国城市状况报告 2014—2015[M]. 中国城市出版社，2014：37，41.

157

郊农民依旧以兼业形式为主，农闲时在镇上工业园上班，农忙时回乡务农。❶

劳动力输出地的农民家庭经济收入有所改善，但城乡差距进一步扩大。农民工献出了青春，牺牲了第二代（留守儿童）。当然，农民工在外出打工的经历中，也开阔了眼界，结识了一些朋友，学习到一些技能，这些也为部分农民工回乡创业创造了条件。

第四节　就地城镇化与异地城镇化并存阶段

随着我国经济的发展，中央提出"工业反哺农业"、"城市反哺农村"的方针政策。如上海政府加大投资进行农村危桥改造、村镇公路标准化、河道治理、村容村貌整治、教育培训、完善卫生医疗体系、发展文化体育事业……

"工业反哺农业"、"城市反哺农村"的方针政策，是对农民、农村为城镇化做出巨大贡献与牺牲的合理回报。邓小平1988年提出的两个大局的思想："沿海地区要加快对外开放，使这个拥有两亿人口的广大地带较快地发展起来，从而带动内地更好地发展，这是一个事关大局的问题。内地要顾全这个大局。反过来，发展到一定的时候，又要求沿海拿出更多力量来帮助内地发展，这也是个大局。那时沿海地区也要服从这个大局。""工业反哺农业"、"城市反哺农村"是邓小平"两个大局"伟大思想在中国城镇化领域的延伸。

由于东南部沿海城市劳动力成本的上升，2008年左右劳动密集型产业开始向中西部转移，同时政府加强了对中西部、对农村的投入，也促使城镇化走向就地城镇化和异地城镇化相结合的阶段。根据山东的调查，当农民工月薪超过3000元，就可买车进城就业，并能兼顾父母妻儿，出现了新的"离土不离乡"态势。尤其山东是孔孟之乡，受到"父母在，不远游"的观念影响，已出现新的农村聚落形态。❷河南信阳市在外打工约50万人，根据城市总体规划编制期间（2015年7月）对在广东打工的1000名信阳人的调查，80%的打工者希望回乡就业，其中49%希望回信阳市区就业。

就地城镇化的重要原因是，在东南部一线城市生活成本高，而在中西部就近打工的收入结余反而多。根据《中国城市状况2014—2015》数据："中西部地区农民工在东部地区务工收入结余少……中部地区农民工在中部、西部地区务工，比在东部地区务工多获得64元和130元；西部地区农民工在中部、西部地区务工，

---

❶ 范凌云.空间视角下苏南农村城镇化历程与特征分析——以苏州市为例[J].城市规划学刊，2015（4）：27-35.

❷ 山东省新型城镇化规划（2014—2020）.中国城市规划设计研究院，2014.

比在东部地区务工多获得 228 元和 90 元。"❶

"外出农民工在大城市的居住条件总体较差，仅有 0.6% 的外出农民工在务工地自购房。"尤其一线城市住房价格持续上涨，农民工居住呈现出与他人合租住房比重上升、独立租赁住房比重下降的趋势，自购房比重极低。

图 9-12　安徽阜阳乡镇企业学校

据人力资源和社会保障部劳动科学研究所的调研结果，影响农民工市民化的原因里，排第一位的是"买不起房"，占 65.29%，第二位原因为"城市生活成本太高"，第三、四位原因分别是"能与家人在一起，孝敬父母"和"农村有地有房子"。约有 13.71% 的农民工选择"我们根本不属于这里，迟早要回去"。❷ 因此，早期异地打工的农民工达到一定年龄后，多数无法在打工地获得社会福利保障。即使是已在工作地城镇生活多年的外来人口，也仍难以真正融入本地社会并产生心理上的归属感。这些都将驱使他们回流，选择返回原籍城镇及农村。❸

农民工到外地打工开阔了眼界，学习了技术，积累了资金，一部分回到家乡附近城镇创业。就地城镇化更有利于使他们能够照顾家人，过上完整的家庭生活。

据福建日报 2007 年 7 月 13 日报道：福建省已有 20 万农民工，通过外出打工完成资本积累后回乡创业。创造就近转移就业新模式，不仅可带动新农村建设，而且转移就业成本低，还可兼顾家庭和农忙，备受新生代农民工青睐。根据农民工情况开展美食、建筑装潢、纺织服务、电子装配培训。甚至有些农民工的输出地还办起学校，培训回乡农民工，帮助创业。图 9-12 是安徽阜阳乡镇企业学校，已培育出许多回乡农民工创办的企业。

据云南日报 2013 年 11 月 8 日报道："昔日在浙江打工的 13 万镇雄人，在外打工学得一手水晶加工好手艺，目前至少有 10 万人带回资本超过 200 亿元（含机器设备折价）到家乡创业，发展水晶产业。"❹

❶ 中国城市状况 2014—2015[M]. 中国城市出版社，2014：34.

❷ 中国城市状况 2014—2015[M]. 中国城市出版社，2014：34.

❸ 赵民，陈晨，郁海文."人口流动"视角的城镇化及政策议题 [J]. 城市规划学刊，2013（2）.

❹ 蔡泽华. 云南镇雄 10 万"打工军团"回乡创业 带回资本 200 亿 [EB/OL]. 云南网 .2013-11-8. http://yn.yunnan.cn/html/2013-11/08/content_2949755.htm

诺贝尔经济学奖获得者、经济学家阿瑟·刘易斯提出的"二元经济"发展模式可以分为两个阶段：一是劳动力无限供给阶段，此时劳动力过剩，工资取决于维持生活所需的生活资料的价值；二是劳动力短缺阶段，此时传统农业部门中的剩余劳动力被现代工业部门吸收完毕，工资取决于劳动的边际生产力。由第一阶段转变到第二阶段，劳动力由剩余变为短缺，相应的劳动力供给曲线开始向上倾斜，劳动力工资水平也开始不断提高。经济学把连接第一阶段与第二阶段的交点称为"刘易斯转折点"。

伴随着我国劳动力从无限供给阶段转到劳动力短缺阶段（民工荒出现），刘易斯拐点出现了。而另一部分农民工，尤其新生一代的农民工——20世纪80年代和90年代进城务工的农民工的子女，已经开始成长为农民工的主体。"1980年以后出生的新生代农民工，占外出农民工的61％左右。与老一代农民工相比，新生代农民工逐渐丧失了从事农业生产的技能……四分之三的新农民工从来没有从事过农业生产。他们受教育程度更高，更注重个人的职业发展，更愿意选择较为轻松的职业，更注重个人生活品质的提高，融入城市生活的意愿更强。"❶农民工队伍已从数量型向质量型的产业工人转变。这些人拥有较高文化程度，几乎人人都会上网，甚至成为熟练的技术工人。这批新生一代农民工正为"中国制造"注入新生力量。他们在权益平等和融入城市方面的期待，比老一代农民工更为强烈。政府应重视并应对他们的利益诉求，提高其劳动权益和社会保障，提高其公共服务水平，健全公平通畅的社会流动机制。

例如郑州的富士康公司，2010年从征地、拆迁、建厂房、安装设备到招工、培训、投产，当年就形成拥有10万职工的大企业（图9-13）。第二年，富士康计划扩大到27万职工的规模，但是招工遇到了困难。

笔者还记得，国务院2012年批准设立"中原经济区"后，河南省政府组织"中原经济区行政服务区概念性城市设计方案专家评审会"（2012年8月22日），省长要亲自到会。但临会前突然说省长有要事不能到场，希望改个会期。由于到会不少专家表示改期有困难，会议只得照开。过后，笔者打听，原因是富士康老总郭台铭当天早上从台北飞抵郑州，急见省长谈招工事宜。据说，省长直言：一是要提高工资。所以富士康职工当时底薪3300元/月，比郑州科级干部收入高，若加班可得5000元。二是向各县市下达招工指标（图9-14）。这说明我国与刘易斯转折点相伴而生库兹涅茨转折点也出现了（1955年，库兹涅茨揭示了一个倒U字形曲线：随着经济发展水平的提高，收入差距先扩大，达到一个峰值后趋于缩小，其中从扩大到缩小的拐

---

❶ 中国城市状况 2014-2015[M]. 中国城市出版社，2014：30.

点即著名的库兹涅茨转折点）。

组成家庭郑州富士康的农民工若男女成亲就能月收入近万元，在郑州市安家立业。所以富士康已不再建职工宿舍（图9-15），而是由当地政府起动"合村并城"项目（图9-16、图9-17），拆迁户拆一赔二，一幢自己住，另一幢可出租。富士康职工就有房子租住，实现了市民化。

图9-13　富士康厂区　　　　图9-14　年轻职工队伍　　　图9-15　富士康职工宿舍

图9-16　合村并城项目　　　　　　　图9-17　合村并城住宅设计

总之，农民工逐渐成为正式市民，子女教育、医疗、住房保障等各项相关制度逐步配套与完善。就地城镇化与异地城市化并存阶段，预示着低成本城镇化阶段正走向终结。

第五节　以人的发展为核心的可持续发展阶段

这一阶段应该以2014年3月16日中共中央、国务院发布《国家新型城镇化规划（2014—2020年）》为重要标志。

"新型城镇化"也许最早见于中国发展研究基金会于2010年9月21日发布的《中国发展报告2010：促进人的发展的中国新型城市化战略》报告之中。报告提出了中国新型城市化战略目标和政策建议，并指出新型城市化的核心内容是"促进人的发展"的城市化战略。

报告认为改革开放以来，中国的城市化以人类历史上从未有过的规模快速发展，有力地推动了我国经济与社会的快速发展，但同时也面临着"半城市化"特征突出、城市形态和布局不均衡、资源和环境约束严峻等方面的挑战。

所谓"半城市化"是指改革开放 30 年来，我国城镇人口增至 6.07 亿人，但同时也要看到，我国现有城市化率的统计口径包括了 1.45 亿左右在城市生活 6 个月以上但没有享受到和城市居民等同的公共福利和政治权利待遇的农民工，也包括约 1.4 亿在镇区生活但仍从事务农的农业户籍人口，这些并没有真正转变身份的人口约占城镇总人口的一半。

中国城市化进程中还面临另外一个挑战，就是土地城市化在城市发展中扮演了"发动机"的角色。农地转为城市建设用地带来巨大收益，"土地财政"导致城市的快速扩张，也导致土地城市化明显快于人口城市化。同时也造成了城市化的形态和布局，呈现一种低密度化、分散化的现象。

这些提法都成为《国家新型城镇化规划》中的核心内容。例如《规划》在开篇的"常住人口城镇化率与户籍人口城镇化率的差距"图实际就是表示"半城市化"的含义（图 9-18）。

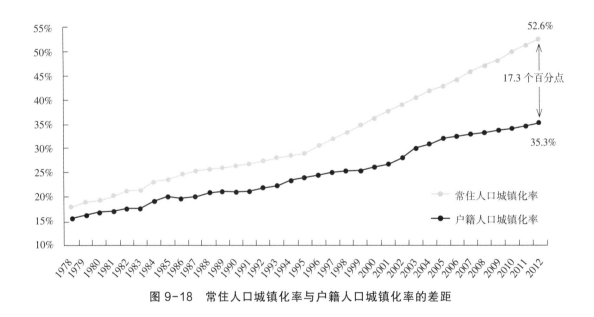

图 9-18　常住人口城镇化率与户籍人口城镇化率的差距

总之，新型城镇化是要扭转以往"半城镇化"的城镇化质量不高，以及"低密度化"和"分散化"的泡沫现象，"努力走出一条以人为本、四化同步、优化布局、生态文明、文化传承的中国特色新型城镇化道路。"❶

---

❶　中共中央　国务院印发《国家新型城镇化规划（2014—2020 年）》. http://www.gov.cn/gongbao/content/2014/content_2644805.htm.

但颇为有趣的是，在中国发展研究基金会发布《中国发展报告 2010：促进人的发展的中国新型城市化战略》报告的第二天，中央电视台特约评论员杨禹发表了评论。评论中有两点也许对"报告"作了意味深长的补正，这十分有助于对《国家新型城镇化规划》的理解。

一是"城镇化与城市化一字之差大不同，城镇化包括更广些，既包括城市也包括城镇，特别是小城镇的发展，我们注意到这些年中央文件、官方文件提到的是城镇化，并没有提城市化。而在学者研究的报告中更多提到的是城市化，城市化更代表整个发展进程的描绘；城镇化更代表在实际工作中，特别针对中国国情既要考虑城市的发展，也不能忽视城镇的发展，特别是小城镇的发展。当然城市化代表了整个发展的主要方向，城市化能够提供发展的动力，中国经济发展的主要动力来自于城市、大城市、城市群等等。但是对于中国来讲地大物博，物产丰富，同时在很多地方物产分布并不均衡，在主攻城市化、主攻大城市的时候，不能放弃小城镇。就像今天中秋节吃月饼❶，大城市就像月饼的瓤，小城镇就像月饼的皮。光有皮没有瓤，月饼水平上不去，光有瓤没有皮就称不上月饼，所以大城市的发展和小城镇的发展要齐头并进。"

二是"发展大城市和城市群，对于大多数发展中国家来说都是最好的选择，这句话的表达是准确的，但是这句话说的不完全。最好的选择是一部分的选择，但对于我们国家不是唯一的选择。在发展大城市、城市群的时候，一定注意到它不能解决中国的所有问题。今天对于中国发展大城市、城市群非常好，还有大的发展空间。但对于我们国家，还有美好的地方，或者说，我们希望美好的生产、生活方式并不仅仅存在大城市和城市群一种形态之中。在我们国家还有城镇，它代表一种特色产业的落脚地、特色文化的落脚地、特色生活的落脚地。城市人今天还存在一种逆城市化的倾向，从城市回到城镇，甚至还有到更偏远乡村去，体验一种新型的生活。"

显然，评论员的评论肯定了《报告》发展大城市和城市群的意见，这是《规划》的重要内容，但不能忽视小城镇的发展和农村的发展。表达了在推进新型城镇化中，应重视大中小城镇的协调发展，以及在《规划》中专门列出第二十二章《建设社会主义新农村》。

总之，新型城镇化要"以大城市为依托，以中小城市为重点，逐步形成辐射作用大的城市群，促进大中小城市和小城镇协调发展"的要求，推动城镇化发展由速度扩张向质量提升"转型"。中国城镇化开启了全面的、可持续发展的历史阶段。

---

❶　杨禹评论当天正值中秋节。

第十章 以人为核心的新型城镇化

《国家新型城镇化规划（2014—2020年）》中明确指出："走中国特色新型城镇化道路，全面提高城镇化质量的新要求，明确未来城镇化的发展路径、主要目标和战略任务，统筹相关领域制度和政策创新"，其内涵极为丰富，但核心是以人为本，提高城镇化的质量，其关键是制度的创新与发展模式的转型。

第一节 "规划首先胆子要大"的土地财政与转变城市发展方式

《中国城乡建设统计年鉴》显示，2001～2010年，全国城市市区面积年均增长11.64%，全国城市市区人口年均增长7.34%，全国土地城市化年均增长速度比人口城市化年均增长速度快4.3个百分点。《国家新型城镇化规划（2014—2020年）》也指出："1996—2012年，全国建设用地年均增加724万亩，其中城镇建设用地年均增加357万亩；2010—2012年，全国建设用地年均增加953万亩，其中城镇建设用地年均增加515万亩；2000—2011年，城镇建成区面积增长76.4%，远高于城镇人口50.5%的增长速度；农村人口减少1.33亿人，农村居民点用地却增加了3045万亩。一些地方过度依赖土地出让收入和土地抵押融资推进城镇建设，加剧了土地粗放利用，浪费了大量耕地资源。"必然造成"'土地城镇化'快于人口城镇化，建设用地粗放低效。一些城市'摊大饼'式扩张，过分追求宽马路、大广场，新城新区、开发区和工业园区占地过大，建成区人口密度偏低"的结果。

地方政府为了发展经济，城市政府大量出让土地。例如，福州"宗地2010-12号"地块面积2800亩，起拍价就高达178亿元。[1]也许又会拍出超200亿的地王，而福州2010年的地方财政收入也不过247.82亿元。[2]土地出让金成为许多地方

---

[1] 国土部叫停福州2800亩"准地王"出让 [EB/OL]. 网易财经.2010-4-12. http://money.163.com/10/0412/12/642 0KNCC00253B0H.html.

[2] 福州市统计局，国家统计局福州调查队，2011年3月28日。

政府财政的主要收入来源（图 10-1、图 10-2）。❶

　　我国的土地出让收入，除 2008 年因美国次贷危机波及有所下降外，均一路攀升。2010 年中国土地出让总额 2.7 亿元，同比增长 70%（图 10-3）。❷ 2013 年 4.1 亿元，同比增长约 45%。❸ 2014 年为 4.29 亿元，同比增长 3.1%❹

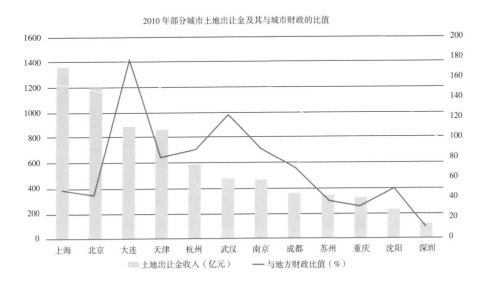

图 10-1　2010 年和 2013 年部分城市土地出让金及其城市地方财政比值

❶　杨保军，陈鹏 . 制度情境下的总体规划演变 [J]. 城市规划学刊，2012（1）.

❷　2011 年 1 月 10 日《21 世纪经济报道》。

❸　2014 年中国土地出让金收入再创历史之最 [EB/OL]. 中商情报网 .2014-07-14. http://www.askci.com/news/201407/14/14636459799.shtml.

❹　地产网讯，2015-3-24.

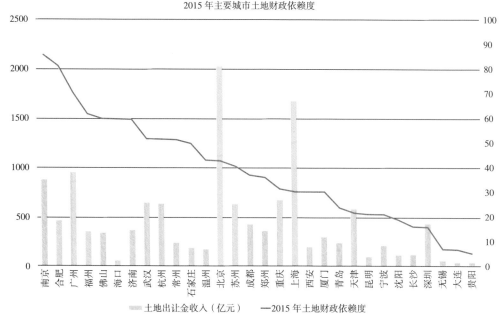

图 10-2　2015 年主要城市土地财政依赖度

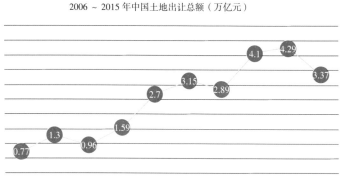

图 10-3　土地出让收入逐年变化

图 10-4　政府通过规划来圈地

　　地方政府为了能更多地卖地，于是竞相扩大城市规划的规模，以获得更多的土地指标。图 10-4 表明政府通过规划来圈地，一般每增加 1 万人口至少将增加 1 平方公里的规划建设用地。例如某市召开《开发区扩区规划评审会》，计划将开发区用地规模从 20 多平方公里扩大到 200 多平方公里。评审会的评审小组组长是原建设部的副部长、两院院士周干峙。他在评审会上说："开发区 20 多平方公里用地，十几年还没用完，何必急急忙忙地要扩大到 200 多平方公里，搞规划要讲科学。"结果在吃中饭的时候，他又当着市委书记的面说了这句话。料想不到，市委书记也直截了当地回应道："搞规划首先胆子要大！"

政府要卖地，而竞拍土地最踊跃者是房地产开发商。因为房地产业投入资金回收快，回报率高，尤其房地产开发商热衷于开发高端住宅。尽管国土资源部从2003年起就已明令停止提供建造别墅的用地，但"豪庭"、"帝苑"、"奢华独幢别墅"的广告依然铺天盖地，已严重毒化了理性消费的社会风尚，"奢侈"成了褒义词。

例如，中央电视台的《焦点访谈》节目曾披露的云南省大理市洱海的情人湖变成了别墅（图10-5）。媒体曝光后，大理市政府称："忽视了人民群众生活休闲的需求；为吸引投资商，在招商过程中，拿出全市最好的公园附近地域进行开发建设，项目未完全顾及市民的历史情结，并缺失有力监管。"开发商罚款5000万元，政府没事。后来只因主管领导从中拿好处才被判刑。

豪宅别墅快速发展，越来越豪华，面积大到数千平方米。例如，上海紫园位于佘山脚下，占地1389亩，共建有268幢独立式别墅，户均占地5.2亩。2004年一套住宅售价1.3亿元（图10-6）。北京"丽宫"一期87栋别墅，户型面积在685～1500m^2，室内设有泳池、桑拿房、私家电梯、温泉水疗、270°湖景宴会厅与11米挑高阳光会客大堂。单栋售价8880万元（图10-7）。北京的Moma不仅炫耀客厅安放胶带式电影放映机，还因为每个房间屋角上都有经过滤的进风口而标榜"MOMA恒湿又恒温，呵护健康第一居所"，20～26℃——"看不见的空调"。常年住在恒湿恒温的房间里会是健康的吗？

正如全国人大财经委副主任、九三学社中央副主席贺铿所说："房价上涨得过快，这个上涨不是市场需求拉动的，而是政府炒地、社会资金炒房，两者合力让这个房价不正常地上涨。"居高不下的房价，使得"农民工"实现"市民化"成为妄想。

房地产业的产业链很长，其上游拉动了钢铁、水泥、陶瓷、玻璃等等，这些不都是靠烧煤烧出来的吗？而其下游，带动的是家用电器、卫生洁具等，这些不都是要增加耗水、耗电的吗？而同属高污染的石油化工产业，它的上游在炼油过程排放大量的二氧化硫，对环境有害；但下游带动的是塑胶和化纤，塑胶和化纤却能减少对木材与棉花的消耗，对生态，低碳有着正面的作用，而房地产业上下游全不利于环境保护。

显而易见，"土地财政"、"房地产支柱产业"使土地资源锐减、环境恶化、雾霾威胁半个中国，首都北京成为雾都（图10-8）。恩格斯早已告诫："我们不要过分陶醉于我们对自然界的胜利。对于每一次这样的胜利，自然界都报复了我们。"❶依靠土地投入的粗放式发展，今天我们不是已遭到报应了吗？李克强总理

---

❶　恩格斯《自然辩证法》。

在 2014 年政府工作报告中指出："雾霾天气范围扩大，环境污染矛盾突出，是大自然向粗放发展方式亮起的红灯。"因此，坚决要求："今年要淘汰钢铁 2700 万吨、水泥 4200 万吨、平板玻璃 3500 万标准箱等落后产能，确保'十二五'淘汰任务提前一年完成，真正做到压下来，绝不再反弹。"

图 10-5　云南大理情人湖别墅

图 10-6　上海紫园别墅

图 10-7　北京丽宫　　　　　　　图 10-8　雾霾中的天安门

　　房地产业及其所带动的上游和下游产业，多数属于传统的低端产业。由于它的高收益，吸走了一些高新产业的资金，釜底抽薪，削弱了我国创新能力。因此，房地产业应回归居住的本质，以解决普通百姓的居住刚性需求为目的，仍有不小的发展空间。总之，正如《国家新型城镇化规划》所指出："主要依靠土地等资源粗放消耗推动城镇化快速发展的模式不可持续"，必须转型，刻不容缓。

　　中国经济每遇下行，就以房地产来救市。如 2008 年全球经济危机，波及中国经济下行，1999 年财政部、国家税务总局《关于调整房地产市场若干税收政策的通知》（财税字 [1999]210 号）中规定 1998 年 6 月 30 日前建成未售者免收营业税、契税。最近中国经济下行，2016 年 2 月 19 日财政部又发布了《关于调整房地产交易环节契税、营业税优惠政策的通知》（财税 [2016]23 号），除了一线城市，此次契税减免几乎是全线下调。不仅针对首套 144 平方米以上改善性需求大幅减征，二套房不论是否大于 90 平方米都一律减征。但愿不是饮鸩止渴，而是对前阶段房地产的过度开发不得而为的"去库存"的无奈之举。房地产毕竟是重要的民生产业，所以上海规土局等四部门联合发布《关于进一步优化本市土地和住房供应结构的实施意见》规定中心城中小套型不低于 70%，郊区不得低于 60%。还规定在轨道交通站点中心城 600 米，郊区 1500 米范围内，中小套型供应比重分别为 100% 和 80%。体现出房地产回归居住本质。

当前中国经济下行压力大，中央号召"转型"、"大众创业、万众创新"，这里才真正要胆子大！

第二节　"二元经济"是对农村发展权的剥夺，打破之以释放城镇化动力

2003 年笔者一位学生在博士论文中提出："二元经济是对农村发展权的剥夺"，这虽然触及国家的基本制度和体制，但论文答辩顺利通过。"二元经济"体制下，一方面，农村集体所有的土地，必须先通过国家征购转化为国有土地后才能进入土地市场，开发建设。政府垄断土地一级市场，城市政府从土地征购与土地转让中获得巨大的资金（土地财政），城市蓬勃发展，日新月异。这正是土地城市化快于人口城市化的根本原因。另一方面，农民最值钱的财产土地被征购，政府以廉价的补偿费征用农村集体土地，土地征用补偿金市县政府拿走 70%，劳动安置单位和村委会得 20%，农民个人仅得 5% ～ 10%，剥夺了农民进城、实现市民化的资本。[1]农民进城打工，只能出卖廉价的劳动力。年轻的农民、失地的农民、守法的农民进城了；工伤了、生病了、年老了、失业了返回农村。城市获得廉价劳动力，城市获得蓬勃发展；而农村、农民难以脱贫，城乡差距在扩大。

对于城乡二元结构在《中共十八大三中全会决定》（2013 年）中已明确指出："全会提出，城乡二元结构是制约城乡一体化的主要障碍。必须健全体制，形成

---

[1]　谢从朴，田莉.城乡统筹背景下的集体土地制度创新与城乡统一规划——来自重庆的实践 [J].上海城市规划，2010（3）.

以工促农、以城带乡，工农互惠，城乡一体的新型工农城乡关系，让广大农民平等参与现代化进程，共同分享现代化成果。要加快构建新型农业经营体系，赋予农民更多财产权利，推进城乡要素平等交换和公共资源均衡配置，完善城镇化健康发展体制机制。"❶

这个问题实际早在 2008 年中共中央十七大三中全会中就已经提出："……在土地利用规划确定的城镇建设用地范围外，经批准占用农村集体土地建设非公益性项目，允许农民依法通过多种方式参与开发经营并保障农民合法权益。逐步建立城乡统一的建设用地市场，对依法取得的农村集体经营性建设用地，必须通过统一有形的土地市场、以公开规范的方式转让土地使用权，在符合规划的前提下与国有土地享有平等权益。抓紧完善相关法律法规和配套政策，规范推进农村土地管理制度改革。"❷

决定中指出的"城镇建设用地范围外"不就是指农村吗？农村土地与国有土地享有平等权益。如此明白无误的改革、制度创新，多年过去了，实际毫无动静，原因不言自明。那就是在于上述引文的最后一句话："抓紧完善相关法律法规和配套政策，规范推进农村土地管理制度改革。"要抓紧无疑要靠政府，但是如果政府真抓紧了，不就断了"土地财政"，政府就没活路了。

农村、农民最值钱的资产就是土地，而集体土地在二元经济体制下，只能毫无商量地按官价卖给政府，政府从中获得巨额资金，而农民个人所得很有限，失地农民进城只能出卖廉价劳动力。因此，只有允许农民的土地财产进入市场，财产变为资本，农民进城就有资本，可能进行经营，有致富的可能，就有希望成为市民。

当然，农村土地制度的改革涉及极其复杂的问题。例如允许农民将土地使用权、宅基地与农宅抵押贷款，如果经营亏了呢，甚至将贷款用于赌博、吸毒了呢？因此，制度的改革与创新还得谨慎而行。但无论如何必须破题。正如李克强总理所说："干一寸胜过说一尺。"列宁也曾说："一步行动胜过十部纲领。"

广东省"十二五"城镇化规划中，对解决进城农民后顾之忧，提出了允许农民在自愿基础上通过市场流转方式出让承包地、房屋、合规面积宅基地并获得财产收益。帮助农民赚好进城的"第一桶金"。❸ 各地在农村土地、宅基地、农宅方面都已开展"确权"工作，颁发产权证，以及银行贷款的相应配套政策等。

---

❶ 《中共中央关于全面深化改革若干重大问题的决定》（2013 年 11 月 12 日中国共产党第十八届中央委员会第三次全体会议通过）

❷ 《中共中央关于推进农村改革发展若干重大问题的决定》（2008 年 10 月 12 日中国共产党第十七届中央委员会第三次全体会议通过）

❸ 广东城镇，渴望再次破茧蜕变 [J]. 人与城市，2013（3）.

中央也在有组织地进行试点，2015 年 2 月 25 日全国人大常委会授权国务院在北京大兴区、福建晋江市等 33 个试点县（市、区）行政区域暂时调整实施土地管理法、城市房地产管理法关于农村土地征收和集体经营性建设用地使用权出让、租赁、入股，实行与国有建设用地使用权同等入市、同权同价等的改革试点。

2015 年 12 月 27 日十二届全国人大常委会第十八次会议通过《关于授权国务院在北京市大兴区等 232 个试点区、县，天津市蓟县等 59 个试点县行政区域，分别暂时调整实施有关法律规定的决定草案》。草案提出暂停实施《物权法》、《担保法》中，关于集体所有的耕地使用权不得抵押的规定，允许以农村承包土地耕地的经营权抵押贷款。在天津蓟县等 59 个试点县（市、区）行政区域暂时调整实施《物权法》、《担保法》关于集体所有的宅基地使用权不得抵押的规定，允许以农民住房财产权，含宅基地使用权抵押贷款，农村土地承包经营权和农民住房财产权抵押贷款试点将有了法律支撑。2016 年 1 月 8 日国土资源部部长姜大明在全国国土资源工作会议上要求 2017 年底前完成农村土地制度改革试点工作。❶

总之，只有制度的创新，新型城镇化才能有动力。农民进城就能提高生存能力，带着资产，拥有资本进城，可以创业，而不是单纯地出卖廉价劳动力，就有可能实现市民化。

第三节　开征房地产税，倡导理性消费，构建公平和谐的城市

地方政府靠卖地过日子也实出无奈，因为自从 1994 年实行"分税制"后，将与经济发展直接相关的主体税种，如增值税、企业所得税、个人所得税等都作为中央与地方的共享税。但中央政府拿大头，如增值税的 75% 归中央。归地方政府的 25% 中，8% 归省财政，市、县政府仅拿到 17%。❷ 而地方政府要承担大部分公共服务，包括城市维护和建设、地方文化、教育、卫生等的支出。地方政府为了发展经济，必须改善投资环境，进行城市基础设施建设，改善环境等以利招商引资。这些巨大的资金投入主要是从出售土地中获得，这就是地方政府依赖土地财政的根本原因。因为土地批租/出让收益被界定为政府预算外收入。

因此，要使地方政府摆脱对"土地财政"的依赖，就应当给地方政府稳定的

❶　中央电视台财经频道报道
❷　赵燕菁等.税收制度与城市分工 [J].城市规划学刊，2009（6）.

财源。凡发达的市场经济国家都开征房地产税（表 10-1）。

房地产税是促使西方住房理性的重要因素之一，从表 10-2 中可以明显地看出：这些发达国家的住房面积随着经济的发展不但没增大，反而减小了。正如作者宋春华论文的题目"摈弃炫耀摆阔型住宅消费观"。宋春华是原建设部主管住房的副部长，他曾亲口告诉笔者，他曾到过瑞典环境部部长家里做客，这位国家部长的住房面积居然仅 90 平方米。

笔者根据对法国地中海海滨城市 Perpignan 的 373 例二手房住宅样本统计（图 10-9），法国当时人均 GDP 为 2.3 万美元，绝大部分住房面积在 100 平方米上下。[1]

发达国家房地产税率							表 10-1
国家	瑞典	奥地利	丹麦	芬兰	法国	德国	美国
房地产税率（%）	0.5 ~ 1.0	1.0	< 2.4	0.5 ~ 3.0	3.0	1.0 ~ 1.5	1.0 ~ 3.0

（资料来源：世界各国的物业税和其他房地产税收简介 . 上海市人类居住科学研究会会讯，2008.）

发达国家住房的理性消费		表 10-2
国家	1978 ~ 1980 年平均住宅面积（m²）	2002 年平均住宅面积（m²）
瑞典	115	99.7
德国	103	85.1
日本	94	91.3

（资料来源：宋春华 . 摈弃炫耀摆阔型住宅消费观 [J]. 城市导报，2005.）

法国住宅面积（surface habitable）散点分布图

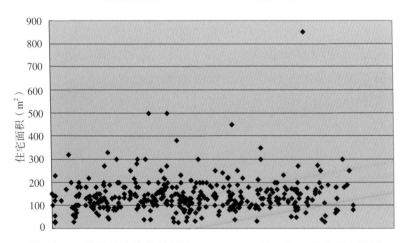

图 10-9　法国地中海海滨城市 perpignan 373 个二手房样本统计

---

[1]　笔者现场收集二手房资料并统计。

2010 年上海世博会的德国汉堡馆标明，汉堡平均住房面积仅 71.4m^2。加拿大温哥华法定每户只能有一套住房，如果要改善住房条件，允许两年内拥有两套住房，两年以后就要对新增的住房征税。

可是我国住宅不但越来越大、越豪华，而且成为投资投机的标的物。有些人拥有多套住房，甚至几十套、上百套住房（表 10-3）。

住房是要建在土地上的，土地是公共资源，且是不可再生的资源，因此应当提倡理性消费。印度圣雄甘地曾说："地球具有足够的蕴藏以满足每个人的需要，但不能供每个人的贪婪。"（Earth provides enough to satisfy every man's needs，but not every man's greed）❶ 土地资源是珍贵的，尤其对于人多地少的中国更是如此。当然，在市场经济下，不应以行政手段来限制高消费，但对于土地这一公共资源，不能只要有钱就可以无节制地任意占有，这是一种社会的不公。正如联合国人居中心所指出："大部分资源的利用、废物和污染的产生，以及温室气体的排放并非城市所致，其责任应由具体的工业、商业、工业企业（或公司）、高消费生活方式的中高收入群体来承担。"❷ 又如原建设部副部长宋春华所言："对市场价的商品房，也应提倡中小房型，本着资源有偿使用的原则，对超过一定标准的大型商品住宅，应通过税收杠杆进行合理的调节控制。"❸ 开征房地产税，有利于促进人们的理性消费。

然而，笔者曾当面问宋副部长：你那文章写得很明确，"应通过税收杠杆进行合理调节控制"，可是为什么没有动作？他回答得很简单，因为"人微言轻"。

的确，若要开征房地产税，就是总理说了也不行，必须人大通过立法。但更大的障碍是在貌似有理的"重复收税"等的理由下，受到一大批既得利益者质疑。在我国的特定背景下也许的确存在重复收税的问题。因为"我们买入的商品住房，付出房价的 30% ~ 50% 的为土地出让金（"楼面地价"）。这本质是我们为了获得土地 70 年使用权而趸交的地租，收租者是地方政府……如果每年还要按核定房价的一定比例缴纳房产税，那等于是政府又重复收取一遍地租，仅仅 70 年土地使用权，要收上两遍租金不妥吧？"❹

这里不可能对这复杂的房地产税问题展开讨论，因为它涉及房地产业的营业税、企业所得税、房产税、城镇土地使用税、印花税、土地增值税等等。但从可持续发展、集约城市建设用地、公平公正地使用土地资源、构建和谐的社会的大局出发，面对中国住房面积已远超发达国家的水平的状况（表 10-4）。

---

❶ 出自甘地的自传，转引自吴良镛. 走向持续发展的未来 [J]. 城市规划，1996（5）.

❷ 联合国人居中心. 城市化的世界 [M]. 沈建国，于立，董立译. 中国建筑工业出版社，1999：433.

❸ 宋春华. 中国住宅任重道远——对世纪之交住宅建设的思考 [J]. 建筑学报，1999（10）.

❹ 史哲. 开征房产税请三思 [N]. 南方周末，2014-11-6.

房姐、房叔们的房子 表 10-3

地区	身份	戏称	姓名	房产数
山西	煤炭局长	煤老板	赫鹏俊	36 套
陕西神木	农村商业银行副行长	房姐	龚爱爱	41 套
河南郑州	房管局局长女儿	房妹	翟家慧	29 套
广东陆丰	广州番禺城管分局政委	房叔	蔡彬	172 套
江西	副省长	—	姚木根	十几套（单北京一套值 1 亿多元）

世界主要大城市人均住房建筑面积 表 10-4

城市	墨尔本	奥斯陆	多伦多	斯德哥尔摩	慕尼黑	巴黎	伦敦	维也纳	赫尔辛基	阿姆斯特丹	香港
建筑面积（m²）	51.0	42.0	41.5	39.5	33.0	33.0	32.5	31.0	29.0	24.0	7.0

最高的是墨尔本，人均 51.0 平方米，澳大利亚是个地多人少的国家。最小的是我国香港，由于香港人多地少，尽管人均收入高达 1.5 万 ~ 2.0 万美元，人均住房建筑面积仅 7.0 平方米。❶

高收入国家的人均住房才 35 平方米，而上海试点征收房地产税起征点，居然高达 60 平方米，而且仅限新购的增量住房，不包括存量住房。❷ 上海城市家庭人均收入 2010 年为 31838 元，约折合 5000 美元。❸ 德国人均收入 2005 年为 20400 欧元，约折 26500 美元，是上海城市家庭人均收入的 5 倍。如此的住房消费，不禁想起当年，20 世纪 60 年代中苏关系僵化，苏联不给我们汽油了，我们就在公共汽车顶上背着大气袋，烧煤气。没有油，汽车开不动，我们可以骑自行车。但是，如果没饭吃了呢？想当年，每人每月粮食 33 斤，油、猪肉都定量，吃不饱。在食堂买馒头，馒头哪能做得一般大，谁拿到小的就和厨师吵。为什么那么斤斤计较？因为饿啊！美国的小麦、玉米、黄豆都比中国便宜。但是，美国扼制中国之心路人皆知，所以李克强总理号召"把 13 亿中国人的饭碗牢牢端在自己手中"。因此，有社会责任心的人，都应该知道小道理要服从于大道理，应该为合理征税积极地提出建设性的对策！而非千方百计、绞尽脑汁设法堵截。例如，有人借技术问题来唬人、阻挠，称"上海房产估价师只有 1351 名。一个估价师需要 3 个工作日左右才可对一处房产进行精确的价格评估"。上海截至 2008 年竣工面积已达 4.57 亿平方米，2009 年存量

❶ 联合国人居中心.城市化的世界 [M].沈建国，于立，董立译.中国建筑工业出版社，1999.

❷ 《上海市开展对部分个人住房征收房地产税试点的暂行办法》，2012 年 12 月 26 日。

❸ 2011 年 1 月 16 日韩正市长《政府工作报告》。

房面积为 4.98 亿平方米。估价师需 1 万个工作日，即 28 年才能评估完毕。于是声称对一幢价值 100 万的房产，进行估价费需 5000 元，如此巨大的估价费用谁出？ ❶

总之，为中国的粮食安全、为社会的公平正义，我们应排除万难，尽早开征房地产税。

首先为地方政府获得稳定的财源。而物业税在发达国家赋税结构中，是与消费税、所得税并存的三大支柱之一。如 2005 ~ 2006 年，物业税在美国地方政府的收入中，占地方财源的 45.2%，占其税收的 71.7%❷

其次，为了社会公平、和谐。房产税是财产税，具有调节收入分配重要作用。住房是家庭中最大的存量财富，而且是不容易隐藏、容易估价的财富。住大房、住豪宅、拥有多套住房就要多交税。多消费、多付费，符合公平原则。中国基尼指数 2012 年高达 0.49，远超警戒线 0.4，列世界前十，在前面的都是拉美和非洲国家（据中国统计局公布 2015 年基尼系指数为 0.462，因为近年我国降低了国企高管酬薪、提高个人所得税起征点、提高退休人员退休金等措施产生效果）。因此，为社会稳定，我国应该构建二次分配的机制，缩小贫富差距，增进社会公平。只有增加住房持有的成本，才会减少存量住房闲置，增加有效供给，减少资源浪费。 ❸

《国家新型城镇化规划》指出：建立健全居民生活用电、用水、用气等阶梯价格制度，制定并完善生态补偿方面的政策法规，切实加大生态补偿投入力度，扩大生态补偿范围，提高生态补偿标准。

为了提倡理性消费，上海已经实施了居民阶梯水价措施。户年用水量在 220 立方米以下，每立方米水价 1.92 元，220 ~ 300 立方米，水价每立方米 3.3 元，提高 0.7 倍。300 立方米以上，每立方米水价 4.3 元，涨 2.2 倍。

国家发改委发布了《关于建立健全居民生活用气阶梯价格制度的指导意见》，全国于 2015 年底前全面实行天然气阶梯气价制度，居民用气将分三档，气价原则上按 1：1.2：1.5 左右的比价安排。

阶梯水价、阶梯电价、阶梯燃气价……水电气等资源尚且如此，不可再生的土地资源不是更该阶梯收税？

第三，房地产税属地方税，它将发挥为政府服务水平定价的作用。因为，只有政府治市有方，房地产才能保值乃至增值，政府的税收才有保障甚至增加。地

---

❶　引自《每日经济新闻》，2010 年 5 月 15 日。

❷　Bureau.www.cesus.gov/govs/estimate/0600vss_1.html.

❸　秦虹 . 房地税之疑惑与思考 [N]. 中国建设报，2011-2-16.

方政府就有动力转变角色，关注民生，成为服务型的政府，提高城市治理水平。

总之，征收房地产税将有利于倡导理性消费、公平消费、节约资源、构建和谐社会、提高城镇化的质量与可持续发展。

第四节　新型城镇化要求政府改变角色

李克强总理说："政府过紧日子，百姓过好日子。"❶ 政府应瘦身，反腐倡廉。中国政府行政开支过大，豪华办公楼比比皆是就是一例（图 10-10）。有人测算，单公车改革省下的钱，就能保证所有小学生乘上校车。

总之，政府要为农民工的市民化做实事，安居房向农民工覆盖。医疗、卫生、教育上学为农民工、农民工子女市民化创造条件。真正做到：学有所教、老有所养、病有所医、住有所居。

山西贫困县柳林县县政府

重庆万州天成交通局

云南红河哈尼族州州政府

安徽阜阳市颍泉区区政府

湖北兴山县县政府

昆明五华区区政府

图 10-10　豪华办公楼

---

❶ 2013 年 3 月 17 日十二届全国人大与中外记者见面等多处场合。

第十一章　新型城镇化若干问题的思考

世界各国由于复杂的经济、社会、文化背景之不同，各国城镇化模式也存在极大的差异。例如"拉美模式"（跨国公司主导下的区域经济一体化），城市中贫民窟的居住人口最高达城市人口60%，一般则在30%，过度城市化或假城市化，职业没转化、产业没转化，失地农民无社会保障。又如巴西的无土地农民运动，主要成员是城市贫民，直接强夺大庄园主的土地。"日本模式"（出口加工和海外销售一体化）中，1960年仅占12%的东京、大阪、名古屋、福冈大城市圈，独占日本工业生产总值70%，其中四大临海工业地带，虽然只占国土面积的2%，工业生产总值却占日本全国的30%。❶中国同样有自身特殊的问题和模式。

第一节　独特土地制度下的城镇化

我国土地制度主要有三点：一是耕地保护，18亿亩红线；二是用途管制，农用地转为非农用地，即建设用地，需加以管制；三是政府垄断土地一级市场，农用地要转为建设用地必须由政府征收，使用人需使用建设用地，要通过政府出让。

近年来我国已经进行了一轮以土地流转为核心的土地改革，各地先后出现了各种新型的城镇化改革的尝试。如对土地确权颁证，建立农村土地产权交易市场，设立建设用地增减指标挂钩机制的"成都模式"；以乡镇政府主导的以宅基地换房，通过土地节约增值发展地区产业，解决就业问题的"天津模式"；以股权分红的"广东佛山模式"；将农地国有化后，再流转的"深圳模式"；海南省尝试的允许农村集体经济组织或村民集体开发经营，已经纳入流转试点的农村集体用地用于旅游、农贸市场、标准厂房等非农业建设等等。另外，还有重庆的"地票模式"广为人知。重庆土地交易所交易的地票，是将农村宅基地等农村集体建设用地复垦为耕地，形成建设用地指标，这个土地指标可以拿到市场上进行交易，补充城镇化对建设用地的需求。这种地票模式，使得原本不能直接流转的农地实现

---

❶　谢杨.《中国城镇化战略发展研究》（总报告摘要）[J]. 城市规划，2003（2）.

市场化流转。❶2015 年 12 月 27 日十二届全国人大常委会第十八次会议通过《关于授权国务院在北京市大兴区等 232 个试点区、县，天津市蓟县等 59 个试点县行政区域，分别暂时调整实施有关法律规定的决定草案》，以推进土地制度改革。

正是由于这种独特的土地制度，以及正进行着的改革，都深刻地影响了中国的城镇化。根据《广东省外来务工人员入户留城意愿调研报告》显示，36% 的被访者担心入户后无法享受到家乡的土地分红政策。❷因此，中国农民进城打工一般不是举家迁移进城。相当一部分的农村户籍人口基于利益的考量，而不愿放弃农村户籍。即使要迁居，也是基于对风险的判断。"大多数家庭不能一次性完成核心家庭成员的整体迁移。近七成的家庭中，家庭成员是分次分批地流入。夫妻首先流入，再把全部或部分子女接来同住，是最常见的方式。家庭化迁移使得流动人口，在流入地更容易产生归属感，有利于增强其幸福感。"❸采取逐步迁居的方式实现"市民化"，是中国城镇化的特色。

因而有些学者从经济学理论中的"经济人"演绎为"经济家庭"来分析农村人口进城决策背后的微观动力机制。农村家庭中仅部分劳动力进城，部分家庭成员留守，以便继续经营承包地，并使宅基地及私宅等存量资产的效用得以继续。这样，一方面可以减少在城镇的租房等生活开支；另一方面又能保持农村户籍身份，可以分享农村集体经济组织的资产和收益，从而保证了较高的净收益。

这种的劳动力配置乃是"经济家庭"在硬预算约束下的一种理性选择，当然同时也要承受家庭成员长期分离的困扰，其代价也不言而喻。总之，"经济家庭"的行为逻辑，是家庭资产价值和效用的最大化和风险的最小化。因为在农村留有后路，万一进城站不住脚，农村还有退路。❹

这种模式从宏观上考察，"我国独特土地制度，使城乡人口互通流动，成为应对全球金融危机的稳定器。如果裸身进城，有去无回，国家整体经济就失去弹性。"❺2008 年受美国次贷危机的波及，我国许多企业减员，并没有产生重大的社会动荡，已经得到了证明。

"国际城市化经验证实，将土地交给资本，从未造就成功的案例，整部城市规划学的历史就是均衡和约束资本掠夺土地的历史。"如果土地是私有化的，"农

❶ 谈土地制度改革与新型城镇化 . 凤凰台，2013-9-14.

❷ 广东城镇，渴望再次破茧蜕变 [J]. 人与城市，2013（3）.

❸ 中国城市状况 2014-2015[M]. 中国城市出版社，2014.

❹ 赵民，陈晨 . 我国城镇化的现实情景、理论诠释及政策思考 [J]. 城市规划，2013（12）.

❺ 仇保兴 . 简论我国健康城镇化的几类底线 [J]. 城市规划，2014（1）.

民把土地一卖了之，举家迁到城市，将会造成巨大的贫困窟。"❶

有些学者进一步指出："中国特色的刘易斯拐点，其实是青壮年劳动力的'拐点'，据此可推断，如果家眷及次等劳动力等，都随青壮年劳力进城，……城镇却可能出现大量贫民和贫民窟，呈现出很多拉美及南亚国家的那种过度城市化景象。"❷

对于中国特殊的土地制度的认识，会让我们更深刻地理解，中国的城镇化道路之特殊和缘由。感觉到的东西不一定会理解它，只有理解了的东西，才会更深刻地感觉到它，从而会更自如地把握它。

第二节　两端城镇化的思考

我国的城镇化已开始了以人的发展为核心的可持续发展阶段，这是指城镇化从速度型转向质量型的发展，主要意味着城镇化方针的变化，但将延续就地城镇化和异地城镇化并存的空间格局。

1. 大城市（含特大城市与超大城市，下同）的城镇化中的问题思考

在异地城镇化中，"中国全国流动人口动态监测数据显示，2012 年流动人口的平均年龄约为 28 岁，超过一半的劳动年龄流动人口出生于 1980 年以后。与上一代相比，新生代、流动人口的外出年龄更轻，流动距离更长，流动原因更趋多元，也更青睐大城市。新生代流动人口在 20 岁之前就已经外出的比例达到 75%。在有意愿落户城市的新生代流动人口中，超过七成希望落户大城市。"❸

由于大城市大量制造业向郊区转移，以及高昂的生活成本，尤其住房价格的不断上涨，这些进入大城市的人口，只能在生活成本较低的郊区、农村落脚，大城市的农村成为外来人口的聚居地。例如"2012 年，上海外来常住人口总量已增至 960.24 万人，占全部常住人口的 40.3%，比 2000 年增加 3654.24 万人。主要分布在上海郊区，松江、闵行、嘉定基本上翻了一番。"❹

外来人口涌入大城市郊区，刺激了农村户籍红利的显现（如宅基地等资产）。"村民在自家空地（早期的晒谷场等）新建简易小屋，甚至在主屋破墙开门，将一层房屋分割提供出租。"

---

❶ 仇保兴. 简论我国健康城镇化的几类底线 [J]. 城市规划，2014（1）.

❷ 赵民，陈晨. 我国城镇化的现实情景、理论诠释及政策思考 [J]. 城市规划，2013（12）.

❸ 中国城市状况 2014-2015[M]. 中国城市出版社，2014.

❹ 朱金. 特大城市郊区"半城镇化"的悖论解释及应对策略——对上海市郊的初步研究 [J]. 城市规划学刊，2014（6）：13-21.

由于大城市郊区农民在社会福利上与非农户口的差异逐渐缩小，又有房租的收入，不少本地农民保留农村户籍前往市郊城区、镇区购房。这些人仅仅实现了居住空间的转移和生活方式的转换，而身份并不转变。

"郊区人口向城镇居住小区集中，外来人口向农村地区集中"的趋势日益显著。"以嘉定为例，2010年全区农村户中出租私房有8.5万余户，占农户总数80%；嘉定全区外来人口约有82.8万人。据报道，在本地农村的外来农民工近50万人，（近6成）散布全区42个行政村。"❶

这样外来人口的大量涌入，并未实质提高郊区的城镇化率，居住在农村的常住人口增量抵消了居住在城镇的常住人口增量，降低了郊区整体的城镇化率的水平。

城边村、园边村成为这些典型半城镇化外来人口的居住首选地。这些地区存在住房空间狭小、功能简陋、日照通风条件差等问题，已成为中国式的"贫民窟"。原先的熟人社会被打破，外来人口与本地人口矛盾频发，治安刑事案件增多❷（图11-1）。

图11-1　上海嘉定葛隆村

外来人口涌入大城市，大城市郊区成为他们的聚居地，带来了社会、环境的问题，如何加强治理则是一种挑战，值得思考。

当然，大城市郊区农村，由于举家迁移到城区，可能造成土地撂荒，甚至被集体收回，因此多有老龄家庭成员留驻。以本地居民为主的农村，他们关爱自己

---

❶ 朱金.特大城市郊区"半城镇化"的悖论解释及应对策略——对上海市郊的初步研究 [J].城市规划学刊,2014（6）：13-21.

❷ 参考朱金.特大城市郊区"半城镇化"的悖论解释及应对策略——对上海市郊的初步研究 [J].城市规划学刊,2014（6）：13-21.

的家园，并发挥农村传统文化，建设新农村又是另一番景象（图 11-2）。

还有，一些企业钟爱农村的环境，介入农村的开发，也是一番别样的模样（图 11-3）。

图 11-2　上海嘉定毛桥村

图 11-3　上海嘉定大裕村

图 11-4　农场鸡司令与白领

此外，在大城市工作的人，向往农耕的生活，已出现了"逆城镇化"的苗头。"上午是农场鸡司令，下午是职场金领"的报道，对此有着生动的描绘（图 11-4）。❶"清晨七点十五分，庄主老蔡从宁静的睡梦中醒来，他穿上齐膝的套鞋，带上一人多高的铁锹，开始劳动。他先把前些日子挖出的河泥运到门口林地，然后去菜园里采摘刚上霜的青菜。挖土时，不断有蚯蚓从土里爬出来，老蔡的几十只鸡就眼巴巴地守在边上，等着啄食。中午十一点，老蔡享用午餐，菜是刚刚采摘的青菜，蛋是刚从鸡窝摸出来的头窝蛋，做了一上午的重体力劳动，老蔡很饿，他吃掉了半斤米饭，扫光了桌上的菜和汤。

午饭后，老蔡换上干净的套装，开上银灰色的帕萨特，用一个多小时回到市区。晚上，他和客户推杯换盏，一边喝着五粮液，一边讨论行业前景和经济动向。半夜走出餐厅，走在熙熙攘攘的人群中，老蔡恍若隔世：'放眼望去，皆是匆忙的路人。'

在上海，中产阶级开办农庄已经成为一种方兴未艾的全新生活方式。蔡庄主的同道，松江有，青浦有，崇明也有。"

2. 以县城为主体的小城市的城镇化问题思考

在本篇第九章第二节"就地城镇化和异地城镇化并存"中已经论述，"外出打工者开阔了眼界，学习了技术，积累了资金，一部分回到家乡就近城镇创业。就地城镇化使他们更有利于照顾家人，过上完整的家庭生活。""早期异地打工的农民工，达到一定年龄后，多数……选择返回原籍的城镇及农村。"

回流家乡的农民工，多数选择在县城或建制镇就业或创业，并实现家庭团聚，或工农兼业，可以就近照顾家庭。

首先，他们回乡购房，首选在城镇买房。以安徽省利辛县为例，2011、2012 两年卖出 1 万套住房，超过 70% 的购房群体是外出打工回乡置业的农民工群体。❷其次，在实现家庭团聚的同时，中国父母都极看重子女的教育，县城的教育质量高，因而也引导农村人口向县城集聚。以安徽省临泉县为例，2005 年县城人口为 9.3 万人，2013 年增

❶　张梦麒. 上午是农场鸡司令，下午是职场金领 [N]. 青年报，2012-2-17.

❷　郑德高，闫岩，朱郁郁. 分层城镇化和分区城镇化：模式、动力与发展策略 [J]. 城市规划学刊，2013（6）.

长至 32 万人，据统计其中学生有 10 万人，另外有 5 万人的陪读人员。❶ 此外，乡镇的高收入者，如公务员、个体户等等也纷纷到县城置业。

我国 "20 万人以下的小城市与小城镇，集聚了全部城镇人口的 51%。其中县级单元自 2000 年以来，聚集了全国新增城镇人口的 54.3%，成为城镇化发展的重要层级。" "2008～2010 年全国县级单元经济增速达到 16.1%，高于同期地级及以上城市市辖区的 11.8%。当前 2.6 亿农民工中的 50% 以上集聚在县级单元。"❷ 在我国历史上，"县" 一直是最基本的行政治理单元，因此，在我国城镇化两端的态势下，县城无疑是重要的一端。

但是，除了县城外，我国有着量大面广的小城镇。根据村镇建设统计年鉴，2009 年底，我国共有 19322 个建制镇（其中县城关镇 1635 个）、14848 个集镇和 696 个农场。它们承担着服务农村、服务农业、服务农民的重大使命，更是多种兼业的据点。但是，小城镇发展普遍动力不足，小城镇发展普遍陷入困境。"以重庆为例，国家每年下达新增建设用地指标平均为 150 平方公里，其中 93% 用于保障重庆主城区和 31 个区县用地需求，而 900 多座小城镇仅获得 7%。"❸ 这里除了自身自然地理条件等因素外，更存在行政权、财权、用地权等等被 "上收" 的问题，急待破解之道。

浙江省绍兴县 2006 年 12 月正式拉开强镇扩权序幕。杨讯桥镇等试点镇，在不新增编制人员前提下，实行开发区管理模式。下放涉及发改、经贸、外经贸、建设、旅游、安监和国土局的 30 项事权。以 2006 年财政收入为基数，增加部分享受增值税，企业所得税地方留成部分全额分成，土地出让净收益实行全额返还。❹

大城市和县级城镇将是我国城镇化的热点，故宜称之为 "两端城镇化"。

第三节　中国城镇化的底线

中国基本的国情是地少人多。中国国土面积 960 万平方公里，但可耕地仅占国土面积的 1/10，约 20.3 亿亩。这虽然比一次调查的 18.27 亿亩，多了 1.6 亿亩，但若将不宜耕种的逐步退耕还林等扣除后，仅 18 亿亩左右，人均耕地 1.5 亩（二次调查的相关数据反映，全国有 564.9 万公顷耕地位于东北、西北地区的

❶ 郑德高，闫岩，朱郁郁. 分层城镇化和分区城镇化：模式、动力与发展策略 [J]. 城市规划学刊，2013（6）.

❷ 李晓江. 中国城镇化道路、模式和政策 [J]. 城市规划学刊，2014（2）.

❸ 王伟. 行政 or 市场：新一轮改革视阈下中国城镇发展逻辑 [J]. 北京规划建设，2014（5）.

❹ 龙微琳. 镇扩权下的小城镇发展研究——以浙江绍兴县为例 [J]. 现代城市研究，2012（4）.

图 11-5　云南省元阳县哈尼梯田

林区、草原以及河流湖泊最高洪水位控制线范围内，还有 431.4 万公顷耕地位于北纬 25° 以上陡坡，这 996.3 万公顷（近 1.5 亿亩）耕地中，有相当部分需要根据国家退耕还林、还草、还湿和耕地休养生息等安排逐步调整，有相当数量耕地受到中、重度污染，大多不宜耕种，还有一定数量的耕地因开矿塌陷造成地表土层破坏、因地下水超采，已影响正常耕种。这样算下来，适宜稳定利用的耕地也就是 1.2 亿多公顷）。对比印度，印度国土面积为 298 万平方公里（不含中印边境印占区和克什米尔印控区，印官方公布为 328 万平方公里），但可耕地占国土 55%，约 1.6 亿公顷（合 24 亿亩），人均耕地约为我国的 2 倍。

我们自豪世界屋脊喜马拉雅山脉在中国，世界第一高峰 8882m 的珠穆朗玛峰也在中国，正因此我国的国土海拔被拉高了，土地在雪线以上就不适合人类生活居住（从青藏高原、昆仑山到天山、阿尔泰山，雪线海拔高度从 6000 米依次下降到 2600 米）。因此，我国可适合人类生活的国土仅有 1/3 左右。我国的人均耕地仅为世界水平的 40%，而且 66.0% 的耕地为在山地、丘陵、高原（图 11-5）。

显然，中国的耕地极为珍贵，为了保证粮食安全，"把 13 亿人的饭碗牢牢地端在自己手中"（李克强），我们必须施行"精耕细作"的模式。这样中国农村就要保持相当的农业人口。因此，中国的城镇化率到达后期成熟阶段，不会像西方英美国家 80% ~ 90% 的程度（根据世界银行《1996 年世界发展报告》数据，1994 年世界各国城市化率分别为：加拿大 90%，英国 89%，澳大利亚 86%，德国 83%，日本 76%，美国 76%[1]。另外，美国农业人口仅占 1.8%，而城市化率只有 76%，有人解释是美国很多人居住在农村，但并不从事农业活动）。

我国学者仇保兴从另一角度分析，也得出类似的结论："世界国家分两类：第一类'新大陆国家'，外来移民为主，土地辽阔、平坦，如美、澳。最终城镇化率可达 85%，甚至 90%。第二类具有传统农耕历史，原住民为主的国家，一般地形崎岖，人多地少，城镇化率峰值往往只能达到 65%。由于这些国家的市民

---

❶　朱庆芳，莫家豪，麦法新 . 世界大城市社会指标比较 [M]. 中国城市出版社，1997：519-521.

的祖先都来自农村，一般易发'逆城市化'现象，进入老年社会之后，到农村养老，在农村生活成为城市老年居民的向往。所以这一种留恋田园生活的原住民国家，与第一类国家城镇化率的高峰值是不一样的。中国无疑是属于后一类。""实际调查，大部分40岁以上的劳动力（包括到城市打工的），确会考虑将来在农村养老。"❶

而且，"保持一定数量的农村人口和乡村生产生活方式，有利于减少资源消耗，稳定生态环境品质。"❷尤其中国幅员广大，各地区条件差别极大，有平原、有山区、有高原，应从实际出发，采取不同的城镇化目标。1935年，我国地理学家胡焕庸提出从黑龙江省黑河（爱辉）到云南省腾冲画一条直线（约为45°），即胡焕庸线。首次揭示了中国人口分布规律，即胡焕庸线的东南半壁36%的土地供养了全国96%的人口，胡焕庸线西北半壁64%的土地仅供养4%的人口。二者平均人口密度比为42.6∶1。线东南方以平原、水网、丘陵、喀斯特和丹霞地貌为主要地理结构，自古以农耕为经济基础；线西北方人口密度极低，是草原、沙漠和雪域高原地区，自古是游牧民族的天下。因而划出两个迥然不同自然和人文地域。根据2000年"五普"资料，利用ArcGIS进行精确计算表明，东南半壁国土面积占全国43.8%，人口占94.1%，人均人口密度为285人/平方公里；西北半壁国土面积占全国56.2%，人口占5.9%，人均人口密度为14人/平方公里。因此，在推进城镇化时应避免盲目追求城镇化率，并不是城镇化率越高就越先进，越发达。

必须指出，中国城镇化率的成熟期，可能在70%左右，这不该被简单地认为，是可奈的低城镇化率的底线。除了前面已提到的中国农耕文化的深厚，部分人留恋田园生活之外，从经济发展的视角，也许反而是一种优势。随着经济的发展，人们生活水平的提高，人们的主食消费量会进一步降低，相反人们对副食的需求，会越来越要求多样化、个性化。也就是说人们对消费品的生产越来越要求小批量、个性化的"定制"。中国耕地的地理条件的多样化，小面积的生产，反而更适应这市场的要求，而小批量、个性化的生产，其产品附加值必然更高，因此从事农副业生产的第一产业，将会成为高收入的产业。

❶　仇保兴.简论我国健康城镇化的几类底线 [J]. 城市规划，2014（1）.
❷　李晓江.中国城镇化道路、模式和政策 [J]. 城市规划学刊，2014（2）.

第四篇

城市生态与特色

前言　从工业文明走向生态文明

　　1962 年《寂静的春天》（Silent Spring）（[美] 雷切尔·卡森 Rachel Carson 著）问世："原来百鸟歌唱，春光明媚的春天，如今阴影笼罩，听不到鸟鸣的音浪；以前清澈的河水，清澈的小溪游洄看鱼虾类，绿荫碧波的池塘栖息着异类的水生生物，现在捕不到鱼虾，也听不到动物的声息——像失去了任何生命似的一片寂静……"作者指出，因人类的自大和傲慢——滥用化学物质（化肥、农药等）造成严重污染，人类将面临没有鸟、蜜蜂和蝴蝶的世界。唤起了全人类对自身生存环境的关注，环境保护运动逐渐兴起，人类将从工业文明走向生态文明之时代。

　　1971 年，联合国教科文组织"关于人类聚居地的生态综合研究"（MAB 第 11 项计划）中首次提出了"生态城市"的概念，指出"生态城市规划就是要从自然生态和社会心理两方面去创造一种能充分联合技术和自然的人类活动的最优环境，诱发人的创造性和生产力，提供高水平的物质和生活方式。"显然，生态城市既有自然生态的，又有社会心理的；既有物质的、又有精神的。

　　生态城市定义众多，前苏联生态学家奥·雅尼斯基（O·Yanitsky）1987 年提出"技术和自然充分融合，人的创造力和生产力得到最大限度的发挥，而居民的身心健康和环境质量得到最大限度的保护……简单概括为高效和谐的人类栖境。"这是从末端所作的定义，抓住了生态城市的根本：让人的积极性与创造性得到最大的发挥。当然，有利于人们积极性与创造性发挥的因素极为广泛，生态城市包含的内容也极为广泛，不胜枚举。

第十二章　生态城市

第一节　紧凑城市亦是生态城市

当西方在"现代主义"思潮的主导之下，城市空间随着车轮无控制地向郊区扩张。一方面导致城市中心的衰落；另一方面，在扩展的城郊，一栋栋孤立的房子低密度蔓延，从密集拥挤的城市中心沿高速公路迁徙出来的人们发现，功能单一的空间无法满足心理上的渴求，当认同的场所消失时，意想中的家园也随之消失（图12-1、图12-2）。人们为了从郊区进城修起了双向16车道的高速公路，上下班时间依旧拥堵不堪，不得在同方向的车道上划出"共享车道"（Carpool，双黄线的左侧，让乘坐两个人及以上的车辆通行）（图12-3）。

图 12-1　洛杉矶鸟瞰

图 12-2　纽约鸟瞰

澳大利亚的首都堪培拉，到处是森林、湖泊，鸟语花香，但毫无人气（图12-4）。仇保兴说"堪培拉绿色、宽广、机械美，人均绿地100平方米。游客第一天振奋和震撼，第二天疲惫，第三天赶快打道回府。"❶ 人们批评堪培拉是一座"建设在车轮上的大村庄"。议员们质疑前总理霍华德为什么家不在堪培拉，影响履行公职。他回答得很简单："因为我的夫人不愿住在堪培拉。"可见，这种松散的城市，不但浪费了大量的土地资源，其结果反而是不宜居的城市。

图 12-3 共享车道
（Carpool）

图 12-4 堪培拉

据世界银行1984年发展报告，公元1年世界人口约为3亿人，经过了1500年世界人口才增加一倍即6亿人；到1800年人口达到10亿人，几乎也经历了300年人口才增加一倍；但到20世纪末全球人口增到60亿，联合国将1996年6月16日定为世界"60亿人口日"，100年间全球人口增加了6倍（2015年世界人口为75亿）！人类面临人口、资源、环境的严峻挑战。1972年6月5日联合国斯德哥尔摩第一次人类环境会议提出《只有一个地球》（Only One Earth）的报告。人类只有这一个地球，这个地球能容纳、养活这么多的人吗？

1983年世界环境与发展委员会（WCED）成立，并于1987年向联合国提出了题为《我们共同的未来》的报告，首次提出了可持续发展的概念："既满足当代人的需要，又不损害当代人满足他们需要的能力的发展"。同时建议联合国召开大会共同探讨这关系全人类环境和发展的问题。

1990年，欧洲社区委员会（Commission of the European Communities，CEC）于布鲁塞尔发布了《城市环境绿皮书》（Green Paper on the Urban Environment），首次公开提出"紧凑城市"（Compact City）的城市形态。"城市的经济和社会重要性最终依赖于由空间密度提供的使用方便的交通，以及利用这种机会的人们和机构的绝对多样性"，"强调混合使用和密集开发的策略导致了人们居住得更靠近工作地

---

❶ 仇保兴. 紧凑度与多样性——中国城市可持续发展的两大核心要素 [J]. 城市规划，2012（10）.

点和日常生活所必需的服务设施。那样小汽车就成为一种选择而不是必需品。"❶ 低密度、松散的城市必然造成过分依赖小汽车，这十分不利于节省土地、节省能源，是不可持续的。"紧凑城市"最基本的是紧凑而高密度的形态，具有便于步行、非机动车通行、建立公共交通设施的形态和规模，并被普遍认为是居住和工作的理想环境。

对于人多地少的中国，建设紧凑型的城市更是明智的选择。图 12-5 表明，欧洲、北美洲、南美洲，甚至非洲大部分是绿色的，大洋洲更是全绿色；唯独亚洲，尤其是中国是一片咖啡色。我们常自豪世界屋脊喜马拉雅山脉在中国，世界第一高峰珠穆朗玛峰在中国。但正因此使我国山地多、海拔 4000 米雪线以上就不适合人类生存。因此，我国的人均耕地仅 1.39 亩，是世界人均水平的 40%，而且其中山地、丘陵、高原占耕地 66.0%。❷ 中国国土资源部 2007 年 4 月 12 日公布 2006 年前 10 月比上年度末净减少耕地 460.2 万亩，相当每年净减 500 万亩。

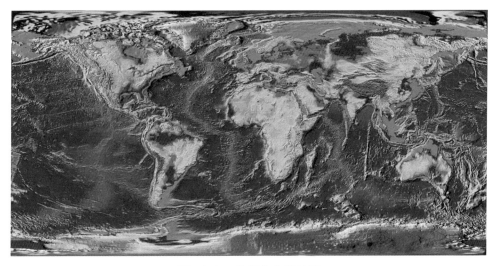

图 12-5　世界各大洲地形

图 12-6 是苏州—天锡地区三个时段的红外线照片，凡人口密集，绿化少的地方，温度就高，在红外线拍摄下就显示为红色，表明了城市建设用地的分布状况。开发区、大学城、别墅、住宅等的建设大量吞噬着耕地。

❶　欧共体.Greenpaper on the Urban Invironment，1990:9.
❷　保护耕地问题专题调研组.我国耕地保护面临的严峻形势和政策性建议 [J].中国土地科学，1997（1）.

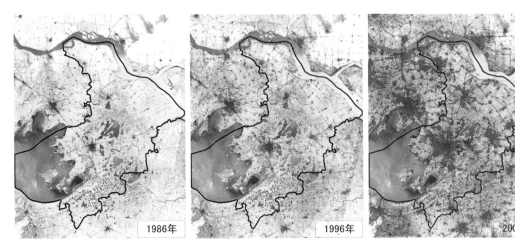

图 12-6　苏州—无锡地区

按 1996 ～ 2004 年土地扩张模式，苏州土地存量在保护基本农田的前提下，还可以开发建设 5 ～ 6 年，2009 年将用光，即使不保护基本农田，苏州存量只够 8 ～ 9 年，2012 年全用光。

深圳 2006 年总土地 1952 平方公里，极限建设用地 1138 平方公里，已建 891.8 平方公里（超计划 218 平方公里），仅剩 247 平方公里。若按 2000 ～ 2006 年年均耗用 36 平方公里的速度，不到 7 年耗尽（2007 年 10 月深圳国土规划）。

显然，无节制地靠大量土地投入的发展是难以持续的。但是当人们提起"生态城市"自然联想到清新的空气、洁净的水、满目的绿色、惬意的居住环境……这似乎和"紧凑的城市"联系不起来。

紧凑的城市，减少城市建设的用地，缓解了山林、田野被侵吞的压力。有人告诉笔者："在香港与深圳的上空往下看，凡是有建筑的就是在深圳，凡是有山林的就在香港。"这当然是一种形象的表达。因为香港地少人多，因此采取集中紧凑的发展，"规管市区内的商业用地最高不得超过 15 倍的地积比率（即容积率），而住宅用地最高不得超过 10 倍。"[1] 因此香港得以保留住 40% 的土地作为郊野公园，让市民能就近、方便地接触到大自然。

理查德·瑞杰斯特在《生态城市伯克利：为一个健康的未来建设城市》一书中指出："……高层建筑将不会造成紧张、嘈杂、难闻的气味以及危险的街道，因为小汽车将很少需要使用，并且可以在城市的大部分地区被完全禁止，人们将创造出 Ernest Callenbach 在《生态理想国》一书中所称的'小汽车禁行区'

---

[1] 潘国城．回顾香港高密度发展 [R]．第三届泛珠三角区域城市规划院长论坛，2008．

（Carfree zones）。"❶ 同时指出："其实许多城市的一些活动场所及功能，如剧院、仓库、照相冲印店以及某些工业生产不需要许多自然光源——甚至只需要人造光源。"并作了图示，图12-7左侧图为蔓延式，右侧图为紧凑式，在两幅图中都有一座旅馆、一座影剧院、在一个酒吧、三个饭店，两个咖啡屋、一个仓库……15个办公场所和120套居住单元。"紧凑式街区少了停车场、

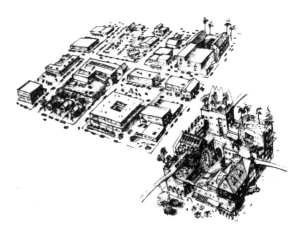

图12-7　蔓延式和紧凑式的比较

加油站，却多了2座屋顶温室花房、2倍的乔灌植物、室外咖啡馆。从三楼上望出去的美好景色，从四楼上伸出的连接其他街区的步行天桥……""紧凑型街区更加安静，没有烟尘，并且在普通的夜晚，也有比前者多10倍的星星镶嵌在清澈的夜空，几乎可以说是晶莹剔透。"

　　笔者在美国旧金山就看到类似的案例（图12-8、图12-9）。一个是红色外墙，一个是白色外墙，分别在街道两侧。一、二层为公共建筑，三、四层为住宅。在二层屋顶上绿意盎然，两个街区有天桥相连。

　　图12-10是香港观塘地区的裕民坊的更新案例，原住宅楼面积不足15万平方米，更新后的容积率为7.5，新的建筑面积增加到40万平方米。由于经过5轮的方案推敲，精益求精，住宅高度140～170米（50层以上），消除屏风效应，形成了通风廊和大型景观窗口、公共休憩空间；全天候公共交通总汇，全面行人专区，人车分隔，直达各种交通工具；多层次、多元化公共服务设施，维持平民化，包括街铺、小商铺，市集；保留25棵大树，移植70棵，新植500棵，绿化率近30%。方案还进行了交通影响、环境、排水、污水、饮用水、公共管道、空气流通、景观影响等8项技术评估。该案例令人深信"规划设计是巨大的生产力"的道理，既提高城市的土地效率，又保证了良好的居住环境、完备的公共服务、便捷的多元交通，户外活动空间、住宅日照、通风等都十分良好。

---

❶　[美]理查德·瑞杰斯（Richard Register）.生态城市伯克利：为一个健康的未来建设城市[M].沈清基，沈贻译.中国建筑工业出版社，2005.

图 12-8　旧金山 Bridgeway Plaza 街区

图 12-9　旧金山 Maritime Plaza 街区

| 裕民坊现状 | 规划方案模型 | 方案剖面 |

图 12-10　香港观塘地区裕民坊更新案例

　　根据联合国人居中心的统计，随着人口密度的提高，人均道路长度明显降低，随着人口密度的提高，人均汽油消耗量明显降低（图 12-11、图 12-12）。❶ 紧凑

---

❶　联合国人居中心 . 城市化的世界——全球人类住区报告 1996（第二版）[M]. 沈建国，于立，董立等译 . 中国建筑工业出版社，1999:293.

型的城市，不仅节省了土地，减少大自然被人类建设活动所侵扰，而且意味着减少了出行距离，降低出行次数，减弱对小汽车的依赖，有利于发展公共交通，更有利于步行和自行车出行；紧凑型的城市，减少人们对汽车的依赖，节约了能源，有利于环境保护；紧凑型的城市使公共服务设施更加多样化和方便；紧凑型的城市使城市运营更高效。总之，紧凑型的城市应该是，也可能是生态良好的城市。

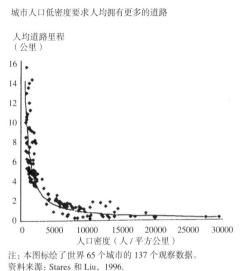

城市人口低密度要求人均拥有更多的道路

注：本图标绘了世界 65 个城市的 137 个观察数据。
资料来源：Stares 和 Liu, 1996.

图 12-11　人口密度与人均道路长度关系

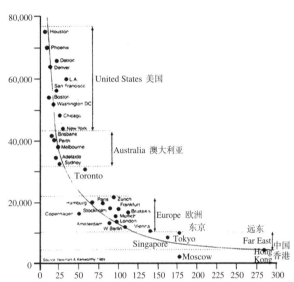

图 12-12　人口密度与人均消耗汽油的关系

第二节　组团城市，夜排档没生意

组团式的城市常被推崇，因为它将大自然引进城市，从而密切了城市和大自然的关系，提高了城市的生态品质。例如，山东的东营市，最初是因 1961 年发现了胜利油田之后，随之成立了中国石油化工股份有限公司胜利油田公司负责经营，并逐渐建成工矿新城区。1983 年国务院批准设立东营市，原工矿区为西区，并在相距 10 公里的东部规划建设以行政功能为主的东城区，形成东西两个组团的组团式城市（图 12-13）。

笔者曾任东营市政府规划顾问，每次去东营都住东区的宾馆。有一次阅读资料到深夜饿了，到宾馆门口找辆的士，请师傅拉到附近去夜宵。结果一拉就拉到 10 公里外的西城区，因为东区人少，没有 24 小时营业的餐饮店。

无独有偶，某次参加宁波总体规划会，身后有两位小女生不断地说话影响听会。她们聊什么？结果却有意外收获。她们家住在仅 20 多万人的镇海区，人气不旺，夜排档没生意（图12-14）。当时宁波市已是130万人口的大城市，分为三个组团：北仑组团30多万人，镇海组团20多万人，三江组团为80多万人，但实际给人的真实感受还是小城市，人气不旺。第三产业，尤其是商业、服务业难以滋生。如果宁波市沿着甬江、城市主干道将三个组团串联起来，在空间形态上就可以不被郊野所分割。轴带交通始终都在城市建成区中穿行，既提高道路交通的效率，又不会令人感到是出了一个城区，在郊区走一段后，再进入另一个城区的疏离感，同城感将大大加强。这种轴带的城市中，人们向轴带两侧也能与郊野、大自然亲近，既有生态，又有文态。

图 12-13　东营市建成区演进图

图 12-14　宁波市总体规划图

时任建设部副部长仇保兴，在2005年7月21日的全国城市总体规划修编工作会议上，列举了八个方面的盲目性，其三就是"盲目提倡多组团的空间布局"（"八个盲目"包括：盲目地拔高城市的定位，国际化大都市成风；盲目扩大城市人口规模；盲目提倡多组团的空间布局；盲目进行旧城的成片改造；盲目遵循小轿车的交通需求，砍人行树，压缩自行车道；盲目进行功能分区，片面建设功能单一的各类园区；盲目进行城市周边环境的再造，开山、填河、挖湖，破坏了自然资源；盲目地体现第一责任人的权威，一届政府，一时规划）。

在实践中，人们逐渐认识到城市发展的规律。东营市在2005年规划中就在东西两组团间进行了填补（图12-15）。真可谓早知今日，何必当初！

同样，江苏省淮安市是在淮阴市、淮阴县、淮安市（县级市）的基础上，"三合一"组建的地级市，显然原有基础是三大块。北面的原淮阴市、县基本已连体，关键是与南部的原淮安市要不要保持组团关系？笔者从南京市主城区和南部的江宁区之间规划了绿化隔离带结果却被侵蚀的教训中，认为要保也保不住。

当年在讨论南京总体规划时，有人提出在南京主城和江宁区之间规划的绿带被"麦德龙"等大市场所占用，指出这是违反城市规划的行为。南京主城区与江宁区之间的双龙大道等干路已建成，交通条件、区位条件都十分有利于开发建设，为什么一定要人为地留作绿地（图12-16）？楔形绿地要比环形绿地更能平衡各种利弊。因此笔者认为，"麦德龙"建在规划的在绿带上当然是违反了规划，但应该说规划本身并不符合经济规律。

图 12-15　东营市 2005—2020 年规划图　　图 12-16　南京主城与东山副城

　　同样地，淮安市总体规划坚持要以绿带分隔南北形成组团城市（图 12-17）。10年过后，实践再一次证明，违背经济规律的规划终将被打破。连接南北两组团间的翔宇大道两侧，几乎已全被开发了（图 12-18）。不禁令人想起列宁说过的一句话："任何君主都无权向规律发号施令"。在没有地形等因素约束的情况下，不要盲目地追求组团城市。只有当城市规模十分大的情况下才可能采用组团城市的结构。这如同细胞的分裂，只有当细胞成熟了才会分裂一样。

图 12-17　淮安 2005—2020 年总体规划　　图 12-18　淮安市翔宇大道景观

第三节　创新城市关键在营造非正式交流的场所

大众创业、万众创新是国家发展的战略。其中关键在于制度建设和创新人才的培养，但也离不开城乡创新氛围的营造。

自从 1995 年 5 月《中共中央国务院关于加速科学技术进步的决定》颁布后，"科教兴国"在全国各地兴起建设"大学城"的热潮，截至 2014 年已建成 70 多座大学城。❶巨大的投入，大批现代化校园，甚至是豪华之极的校园的涌现，除了扩大大学招生规模外，对创新人才的培养，激发创新、创业的效果微乎之微。例如上海松江大学城，几乎全部是由市区内的大学到大学城开设分部组成的。这些大学往往规定低年级学生在大学城的新校区，高年级与研究生回到市区本部。教师只是在有课时才从城区到大学城给学生讲课，讲完课便回到了城区。而校园高高的围墙、森严的门卫，高低年级同学间、师生间、各院校间、不同学科间都处在割裂状态，更何以谈得上大学与地方的产业发挥协同创新的作用。

关于创新、创业先从两个故事说起：

第一，第二次世界大战期间，美、德竞相研制原子弹，双方都知道为实现核裂变必须减慢中子速度，减速剂一用石墨，二用重水。德国顶尖物理学家波特（Walter Bothe）用石墨实验无效后改用重水，但重水从水中提取是万分之一，且耗电极大。德国在挪威一水电站建了重水厂，但直到战争结束时才提取不到所需一半的重水。

而美国在物理学家费米（Enrico Fermi）领导下石墨实验也失败了。但由于研究团队里的斯席拉德（Leo Szilard）曾学过化学工程，知道制造石墨所用电极材料是碳化硼，可能因石墨中含有硼杂质，硼能大量吸收慢中子，于是改用无硼的纯石墨，终于取得成功。这说明技术难点的突破往往要靠不同学科的合作。边缘学科、交叉科学的发展，往往成为创新的重要突破点。

第二，1999 年当时正上大学五年级的自动化系学生王科，一遍遍阅读、琢磨邱虹云的研究成果，激动不已。一天在食堂里遇到好友徐中，谈及此事，正读 MBA 的徐中也被打动，决定合作创业。邱 21 岁，王 23 岁，徐 29 岁，他们东挪西借了 50 万元资金。在宿舍里，在活动室中开始了早期的产品研制和市场的调研。后来得到上海第一百货公司先期投入 250 万元的风险资金，注册了"视美乐科技发展有限公司"，由邱虹云发明的多媒体超大屏幕投影仪终于转化为产品

---

❶　徐莹 . 大学城规划建设研究综述与展望 [J]. 南方建筑，2016（1）:93-97.

走上了市场。技术发明、市场调研、社会公关，不同人才的组合使创业走上成功之路。❶

　　美国的硅谷之所以不断产生大量的专利，就是靠众多小企业间的激烈竞争，不断衍生与淘汰。在硅谷虽然有像思科（CISCO）之类世界知名的大企业（图12-19），但80%以上的企业不到10人（图12-20、图12-21）。硅谷的科技企业2000年达到8000多家企业。根据统计，1997年硅谷有2000家企业破产，又有3500家企业诞生。而硅谷现有的500家生物科技公司，1997年有200家倒闭，但又有300家诞生。

图 12-19　思科公司　　图 12-20　美国硅谷的小企业　图 12-21　硅谷企业规模结构

　　这种竞争激发出巨大的创新活力，正是来源于硅谷的文化。所谓"硅谷文化"，即存在着一种社会网络，一种巨大的"社会资本"，就是指一种社会氛围，一种人才间的人际网：上班时彼此是竞争对手，各自都在努力为所服务的公司工作，争取早日获得突破，抢占先机；下班时彼此是朋友，在一天紧张工作之余，到咖啡吧、小酒吧，在游泳池畔、在健身房里、在网球场上，在一些不经意的场所，彼此沟通，这种非正式的交流和合作十分频繁。许多难点得以突破，恰恰是"在办公室里解决不了的问题，到酒吧去"（图12-22）。这就是水尝无华，相搏乃成涟漪，石本无火，相击乃发灵光的道理。所以人们把"马车轮酒吧"称为硅谷IT产业的发祥地。

　　这种人际间的非正式交流场所，并非只存在于科研地区，凡是有人活动的地方都是应该去营造的，尤其在今天"大众创新、万众创业"的背景下更应提倡。图12-23是笔者在台湾新竹市中华大学的一位博士生解先生主持的，将邻居们组织起来营造的"非正式交流空间"。设计人为邻居们创造了男主人、女主人、儿童休闲、游憩的公共空间。这里居住着各种专业背景的家庭，物理学、电子学、

❶　吴娟. 视美乐：传奇背后的故事 [N]. 解放日报，2003-6-26.

城市规划……也许一些创意就在这愉悦、宽松的聊天中产生。

活动中心

咖啡吧

游泳池

公共绿地

图 12-22　非正式的交流场所

图 12-23　台湾新竹中华大学教师住宅组

总之，在这激烈竞争中，就更加需要营造一种宽松的环境。唐宋八大家之一欧阳修，谈及创作的诀窍时，坦然地回答是三个上："马上、枕上、厕上"，即在骑马的时候、躺在床上的时候、在上茅厕的时候。这就是为什么有人"占着茅坑不拉屎"的道理，在宽松、无压力的环境中会萌发出奇思妙想，灵感萌生。❶

❶　智海. 世界上最伟大的策划大师 [M]. 时代文艺出版社，2001.

2003 年笔者接受上海杨浦区大学城概念规划的委托。该项目是对整个杨浦区 63 平方公里进行整体的研究，显然它不同于当时流行的"大学城"。笔者对当时的"大学城"早已产生质疑，逐渐产生了"大学城应是高智力人群聚集的社区，即校区、园区、住区三位一体的"的概念。这理念已经成为杨浦区"三区融合，联动发展"的发展战略。自然也不再称"杨浦大学城"，而称之为"杨浦知识创新区"。

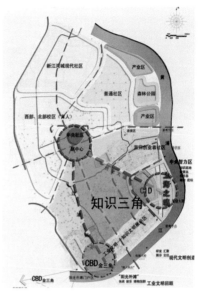

图 12-24　杨浦知识三角

笔者根据这一概念，开始着手高起点地重排山河，形成了"杨浦知识创新区"知识三角的结构（图 12-24）。知识三角的三顶点包括：①中央社区（副中心），以复旦大学和高科技产业园"创智天地"为主体（图 12-25）；②中央智力区（Center Intelligence District，CID），利用上海黄浦江上唯一的岛屿——复兴岛的特殊地理条件与环境，发展为上海创新城市的高端科技论坛、科学宫等所在地，集会议、展示、信息、咨询、旅游等功能于一体（图 12-26）；③中央商务区（CBD），金三角的一点，它与黄浦江对岸的陆家咀金融中心、西侧上海外滩的金融中心，共同组成中央商务中心金三角。杨浦区主要为科技产业金融服务为主，并营造江滨商品展示、商贸洽谈、餐饮、娱乐、休闲等综合功能。

知识三角的三连线分别为：①联系中央社区与中央智力区（CID）的创业大道，将黄兴公园、杨浦公园及若干小区公共绿地串联起来。创业大道不是以交通功能为主，而是形成创业、创新者提供户外自由相聚的场所，散布着毕昇、华佗、爱迪生、牛顿等发明家的塑像。正如路易斯·康所描述：两个人坐在大树下面交流思想，草坪、树林、林荫道会引发学生的灵感。❶ 同时也寓意着从创新人才培养走上成功的创业之路（图 12-27）；②沿黄浦江（杨树浦路）保存中国近代工业化初期大量的遗存，打造从工业文明到知识文明的科学技术展示廊，充满着历史感与现代感的风景线（图 12-28）；③江浦路，是校区、教学科研和滨江创业商贸服务，餐饮、娱乐、休闲的联系轴，充满着都市生活的风情。

---

❶ 薛军. 探讨高情感的未来高校规划模式 [J]. 规划师，2002（7）.

图 12-25　创智天地广场

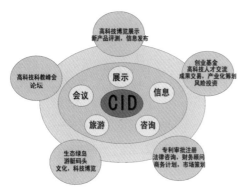

图 12-26　中央智力区

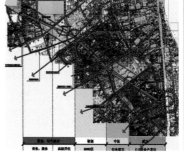
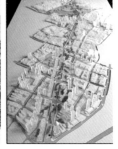

图 12-27　创业大道及模型

图 12-28　杨树浦水厂（上）和发电厂（下）

2004 年，为了充实杨浦知识创新区的内涵，对杨浦历史文化资源进行整合规划研究。1929 年国民政府迫于对上海租界的无奈，制定《大上海计划》，只得在上海东北隅的江湾地区建设新市区（图 12-29）。从 1929 年起，在短暂的 8 年间，惨淡经营，曾因 1932 年"一二八"事件，日军攻打上海而中断，直到 1937 年日军全面入侵而终止，半途夭折，仅完成了"十字"形中心的西半部（图 12-30），留下了悲惨的历史记忆。图 12-31 为上海市政府建筑方案，由爱国建筑师童大酉设计，他留学西洋却用中国传统营造法式。图 12-32 为上海市政府，图 12-33

为被日军炸毁的市政府，图 12-34、图 12-35 为市政府前国父孙中山雕塑被日军摧毁。依此历史构建"忆园"（图 12-36）（今上海体育学院部分校园），在忆园中轴上安排一座忆奋园（图 12-37），以半个镂空的"十字"和水中倒影构成完整的"十字"，隐含着计划"落空"、"水中楼阁"、"半途而废"之意。中轴上还规划了警世钟广场等（图12-38）。总之，充分挖掘历史资源，为杨浦知识创新区增添了展示上海近代历史的爱国主义教育基地，作为创业大道的起点。

2009年杨浦区进一步为争取设立"国家科技创新型示范城区"，在原有基础上，主要从建设社会网络方面进行深化研究与规划。在分析全区交往空间的基础上（图12-39），规划了三级的交往空间节点（图12-40）。目的是让人才间流动起来，校际间交流起来。杨浦区建设了校际间自行车道系统（图12-41）。由于当时要打破校园围墙尚不具备条件，于是让人们走出校园，到交往空间相聚。复旦一条街已呈现交往空间的雏形（图12-42、图12-43、图12-44）。让人们"流"起来，又让人们"留"下来。这些理念后来在杨浦区"创智坊"大学路得到了初步体现（图12-45～图12-51）。

但是必须指出，创新环境的营造，上述只是在城市规划建设领域、在硬件方面的营造。实际更关键的是在创新软件环境方面的建设（图12-52）。创新体制的建设，是杨浦区创新城区更重要的方面，也是急待补上的短板。实际上，杨浦的条件十分难得。例如，2005年11月24日第八届"挑战杯"全国大学生课外学术作品竞赛在华南理工大学圆满落幕。清华大学荣获本届大赛团体总分第一名，捧走"挑战杯"，但复旦大学由于累计三次捧走"挑战杯"，在闭幕式暨颁奖典礼上，获得挑战杯永久纪念杯一座。可惜我们对大学生的创新、创业的意识培养极为薄弱。吴敬琏指出：一个国家、一个地区高新技术产业发展的快慢，不是决定于政府给了多少钱，调了多少人，研制出多少技术，而是决定于是否有一套有利于创新活动开展和人的潜能充分发挥的制度安排、社会环境和文化氛围。

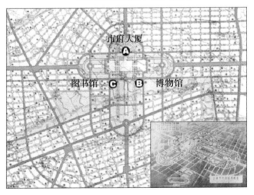

图 12-29　大上海计划

图 12-30　建成十字形中心的西部

图 12-31　上海市政府童大酉方案

图 12-32　上海市政府

图 12-33　被炸毁的上海市政府

图 12-34　孙中山雕塑被日军摧毁

图 12-35　雕塑基座

图 12-36　忆园中轴模型

图 12-37　忆奋园及水面上半个镂空的十字

图 12-38　警世钟广场

图 12-39　交往空间分析　　　图 12-40　三级交往空间节点

图 12-41　校际间自行车道系统

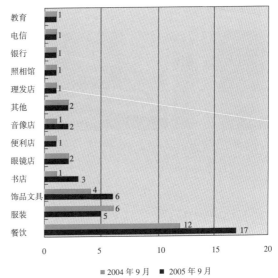

图 12-42　复旦步行街周边构成　　　图 12-43　复旦步行街业态构成

图 12-44　复旦步行街实景

图 12-45　杨浦区五　图 12-46　创智坊三区融合　图 12-47　东端对着江湾体育
角场创智坊区位　　　　　　　　　　　　　　　高科技产业园场创智天地

图 12-48　大学路西端对着　图 12-49　海外人才创业大厦　图 12-50　大学路服务设施分布图 ❶
　　　　　复旦大学主楼

同济设计创智中心　　　　　云海大厦　　　　　学院咖啡馆　　　　　人行道

图 12-51　大学路实景

　　杨浦区"除同济设计行业、复旦微电子行业已形成和正在形成'产学研'互动的创新群落外，其他并未有明显的带动作用，区内纳税百强企业仍集中在烟草、房地产、零售、设计、机械制造等。影响力较大的科技创新成果也不多见。如同济定位以建筑与城市规划设计为龙头的大设计产业、工程咨询和环保产业，有数万高素质人才就业，预计 2015 年产值将达 300 亿。但'大设计产业'依然徘徊在传统工程设计领域，业务范围比较窄，智能、生态、绿色等前沿设计领域创新不足，工业设计、广告和动漫设计等有巨大市场潜力的其他设计门类进展缓慢。因此，从产业门类角度而言，作为拥有 87 个国家重点学科的知识创新区，杨浦区各大学的创新潜能远未充分释放。"杨浦"大学与园区'弱相关'，高校围墙自封闭，一些企业在孵化毕业、税收优惠期结束后离开，少有社区贡献，更鲜有社会归属感。"

　　对照"美国波士顿的经验：以活跃的创新生态为特色的大学型城区，128 公路现今 3600 多家高科企业中 70% 是麻省理工学院的毕业生创办的，10 个顶级生物技术公司中有 8 个是麻省理工学院的教师和毕业生独立创办的，过去 10 年科技发明的 2/3 由哈佛、麻省理工等大学完成。"

　　"在大学里创业课程、创业组织以及学生社团 MIT 创新中心提供 35 门创业

---

❶　李晴. 具有社会凝聚导向的住区公共空间特性研究——以上海创智坊和曹杨一村为例 [J]. 城市规划学刊,2014(4): 88-97.

相关课程。内容涵盖商业计划、法律知识，创业营销，管理组织，创业金融等。学校有企业论坛、资本网络、产业联络计划、创业辅导服务中心等众多官方组织，分别担负创业教育、专业领域研发、资金支持、专利申请和授权及产业界与研究机构中介等职能，使学校不同学科、学校与产业界、创业者与风险资本之间建立正式联系。学生社团方面，MIT 有 10 个创业相关的学生社团，通过创业竞赛等活动使学生获得创业实践经验。"❶

当然，杨浦知识创新城区的建设毕竟还不过十多年，任重道远。可喜的是其已经起步，设立了我国首个"杨浦国家创新型试验城区"（图 12-53）。

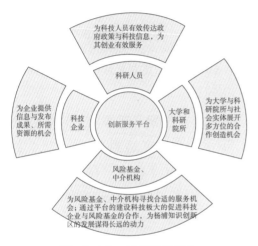

图 12-52　创新服务平台

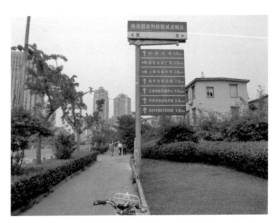

图 12-53　杨浦国家创新型试点城区

（附注：该研究在杨浦区委直接领导、支持下，前后经历了三阶段，延续 9 年。除杨浦区的相关部门外，还有数十名同济大学建筑与城市规划学院几十位师生，连续接力的参与，这里恕不一一列名，连续参与的主要有杨帆、杨贵庆、范军勇、戴春、任春洋、吴燕、于泓、胡晓华等。）

第四节　海绵城市，里子与面子

近年来我国城市的洪涝频发。媒体上调侃武汉与成都成了"东方威尼斯"、"到北京看海"，"到广州划船"（图 12-54、图 12-55）。这与我们长期以来注重城市的形象，轻视城市安全防灾的城市建设思想有关。正如李克强总理 2014 年 5 月

❶ 上述均引自王颖，程相炜，郁海文，封海波，知国栋. 上海市杨浦区面向 2040 年建设大学型城区的思路与对策探讨 [J]. 上海城市规划，2016（1）:94-99.

23日在赤峰考察时指出：我们的城市亮丽光鲜，但地下基础设施仍是短板。"面子"是城市的风貌，而"里子"则是城市的良心。只有筑牢"里子"，才能撑起"面子"，这是百年大计。

图 12-54　武汉 2015 年 7 月 13 日水灾　　　图 12-55　福州 2015 年 8 月 8 日苏迪罗台风后

法国巴黎素来多雨，有"爱流泪的女人"之称，但巴黎几乎没有内涝。巴黎在 160 年前就开始建设完备的城市排水系统，下水道总长度达到 2350 公里，处在地面下 50 米，构筑了"城市良心"（图 12-56）。我国青岛市，在 100 多年前的德占时期，也修建了很完备的下水道，高 1.8 米，总长 80 公里，"文化大革命"期间还曾被作为"人防工程"（图 12-57）。❶

图 12-56　巴黎下水道（左）　　　　图 12-57　青岛下水道
　　和下水道博物馆（右）

当然，"城市建设排水系统固然重要，但湖泊、洼地、沟塘等是天然的'蓄水容器'，具有调蓄雨水、涵养渗流等调节径流的作用，可以降低和延缓雨洪峰值到达时间，解决排水设施能力不足和设计标准偏低的问题。然而，随着城市的快速发展，盲目整平洼地、填筑沟塘、挤占湖泊等，导致天然'蓄水容器'容量急剧减少，调蓄能力减弱。以素有'百湖之市'之称的武汉市为例，到 20 世纪

---

❶　娟子．看各国如何"与水共生"．人与城市，2011（4）．

末期，该市湖泊面积大为减少，湖泊数量仅存 40 余个，而且湖泊面积比 20 世纪 80 年代减少了 56%，导致湖泊调蓄地表径流的能力仅相当于 40 年前的 30%。"❶

今天，当人类从工业文明走向生态文明的时代，除了采用建设排水工程技术外，要更加重视以生态手段减少水害。由"排"到"蓄"，从末端的治理到源头的控制，以源头的水量、水质的控制，达到源头控制、水质净化和雨水回用的目的。❷ 当然既要排涝，更要防涝。"排"是应急、治标（图 12-58）；"蓄"则要长期的培育，见效慢，但是治本，是根治之策（图 12-59）。"排"与"蓄"犹如中西医，两者要结合。

当前，为了落实习近平总书记讲话及中央城镇化工作会议的精神，在全国大力推动"海绵城市"的建设。"海绵城市"（Sponge city）"顾名思义是指城市能够像海绵一样，在适应环境变化和应对自然灾害等方面具有良好的'弹性'，下雨时吸水、蓄水、渗水、净水，需要时将蓄 存的水'释放'并加以利用。海绵城市建设应遵循生态优先等原则，将自然途径与人工措施相结合，在确保城市排水防涝安全的前提下，最大限度地实现雨水在 城市区域的积存、渗透和净化，促进雨水资源的利用和生态环境保护。""采用源头削减、中途转输、末端调蓄等多种手段，通过渗、滞、蓄、净、用、排等多种技术，实现城市良性水文循环，提高对径流雨水的渗透、调蓄、净化、利用和排放能力，维持或恢复城市的'海绵'功能。"❸

图 12-58　直排模式

图 12-59　蓄排模式

---

❶　吴庆洲，李炎，吴运江 . 城水相依显特色，排蓄并举防雨潦——古城水系防洪排涝历史经验的借鉴与对策 [J]. 城市规划，2014（8）.

❷　吴昊，袁军营，高枫 . 株洲市清水塘生态新城核心区雨洪管理规划及实施方法 [J]. 上海城市规划，2015（3）: 55-60.

❸　住房和城乡建设部 . 海绵城市建设指南——低影响开发雨水系统构建（试行），2014.

建设"海绵城市"通常采用下沉式绿地（图12-60）、透水铺装（图12-61）、绿色屋顶（图12-62、图12-63）。绿色屋顶的暴雨峰值比普通屋顶平均减少了50%，峰值的平均延长时间为20分钟，总径流量减少18%❶，以及建筑的生态技术（图12-64）等。除此以外，还有建设湿地、调节塘（池）、渗管（渠）、雨水罐等等技术措施，以提高雨雪的径流，降低雨雪的外排，达到年径流总量控制率（volume capture ratio of annual rainfall）（年径流总量控制率，是根据多年日降雨量统计数据分析计算，通过自然和人工强化的渗透、储存、蒸发（腾）等方式，场地内累计全年得到控制（不外排）的雨量占全年总降雨量 的百分比）。径流量的计算已有"暴雨与公共卫生分析"（Storm & Sanitary Analysis，简称SSA）雨洪管理软件进行模拟，计算降雨条件下各地块的径流量。❷

图12-60　下沉绿地

图12-61　透水路面

图12-62　屋顶绿化

图12-63　纽约城市里的菜园

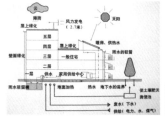

图12-64　建筑生态技术

第五节　低冲击、微循环的城市

仇保兴认为"仅300年的工业文明发展却导致了城市与自然隔离……城市已成为破坏大自然的一种最暴力的推土机。""被工业文明绑架的城市已经成为地球毁灭最大

❶ 余年等.西雅图市利用绿色屋顶防止城市内涝的探索[J].规划评论，2012（1）.

❷ 吴昊，袁军营，高枫.株洲市清水塘生态新城核心区雨洪管理规划及实施方法[J].上海城市规划，2015（3）: 55-60.

的罪魁祸首。"❶人类面对这些严峻的挑战，20 世纪 90 年代末发达国家提出了低冲击开发（Low-impact Development，LID）的城市规划概念。上节所述的海绵城市就是一种低冲击开发，使城市开发区域的水文功能尽量接近开发之前的状况，这对建设"生态城市"、"绿色城市"，以及城市的可持续发展都具有重大意义。依此思路其内容在不断地拓展，在实践中不断丰富"微冲击"的技术。

图 12-65　居民家太阳能发电上电网

（1）微能源：传统的能源供应系统的特点是集中式、大型化，其传输和分配网络都比较复杂。"微能源"的特点是在负荷中心就近实现能源供应，能源供应与建筑一体化设计建造，着眼于能源的就地采集，就地循环使用。常见的微能源系统包括：风能、太阳能、生物能（沼气）、地热能、电梯势能（电梯下降能）的利用等，并与建筑一体化进行设计与建设，分布式能源供应等。微能源供应系统可使得发电端和用电端直接联系，这样可减除传统的"发电—输送—变电—用户模式"70% 的输电消耗。❷

2013 年 3 月 29 日新安晚报报道《合肥一居民光伏"发电厂"开始卖电》（图 12-65），几位身穿国家电网工作服的工作人员敲开了合肥金域蓝湾住户孔庆斌的家门，开始对孔庆斌添置的光伏发电系统进行验收。约 1 小时后，经过验收、调试等环节，该系统被正式并入国家电网。这也意味着，孔庆斌的发电系统在供家中用电的同时，多余的电还可以卖给国家电网。从成功并网的那一刻起，孔庆斌家里可以用上自己的太阳能发电系统的电了。不过由于功率不大，在部分时段可能还需从国家电网取电。而在用电比较少时，用不掉的电就会自动并入国家电网，国家电网将按照实际接收到的电量支付给孔庆斌电费。

据介绍，目前家庭光伏发电前期投资要两三万元，估计要 10 年甚至更长时间才能收回成本。但是，毕竟太阳能发电板能用的时间更长。因此，估计还会有不少的市民也会像孔庆斌一样尝试自己发电。合肥已有 3 个小区采取光伏发电，小区的公共用电全部来自光伏屋顶电站。显然，对于公共建筑、厂房的屋顶太阳能就近供电的潜力不言而喻。

（2）微循环：家庭垃圾的处理，从收集、运输到大型垃圾处理厂集中处理模

---

❶ 仇保兴. 重建城市微循环———一个即将发生的大趋势 [J]. 低碳生态城市，2012（6）.

❷ 仇保兴. 复杂科学与城市转型 [R]. 城市发展与规划大会，2011.

式转变为分散就近小处理模式。如果每个城市社区和基本细胞——家庭自身能产生微循环，城市就健康了！如日本每个家庭购买一个生物降解箱，把家庭的厨余垃圾放进降解箱，几天以后变成颗粒肥料，撒在花坛里面,作为资源进行循环利用。

（3）微交通：首先，通过合理的土地利用规划，重建混合利用、职住平衡的空间格局，使人们日常出行避免钟摆式的长距离交通，取而代之的是"微"出行；其次，微出行推动了步行"微交通"及微交通工具，比如步行、自行车、电动车、公交等。

（4）微更新：旧区改造，避免大拆大建，延长建筑的使用寿命，促进建材的循环利用，从而达到节能减排的目的。倡导有机更新，更有利于城市历史文化、风貌特色的保存。

（5）微创业：大量有效的非正规就业，以及 SOHO 等在家就业的新模式，有赖于"无线城市"与"高速信息网"。当然，人脑中非编码的知识比可编码的知识强大几百倍，所以更多的知识需要通过面对面的讨论、头脑的风暴共振，才会有效交流，讨论与争论还是无可代替的。❶

（6）微气候：建构城市空气引导通道，改善城市的小气候。《香港规划标准与准则》(Hong Kong Planning Standard and Guideline) 中"第十一章：城市设计指引"2009 年新添了有关空气流通意向指引部分，主要包括：①建筑物的排列和街道布局须遵从盛行风方向；②建筑项目应避免挡风设计；③利用高矮不同建筑形态带动空气流通；④适宜的绿化设计；⑤高层建筑物裙房宜采取梯级式的形态促进地面行人层的空气流通及建筑物的透风度等设计策略。形成风道长度需达1000 米以上；风道宽度 5 米以上；风道内部的障碍物应小于风道宽度的 10%，且高度应限制在 10 米以下；尽量避免在风道内部兴建任何建筑物或高大的树木……形成风道。❷

总之，人类已进入生态文明时代，我们应反思工业时代人和自然间的关系，重建人与自然的友好的关系。施展人类的智慧与才能定是海阔天空。

第六节　园林城市，绿道创新

园林城市、山水城市、低碳城市、绿色城市、生态城市等等，虽各有侧重，但共同核心是人和自然的和谐。因为人类面临着人口、资源、环境的严峻挑战。

---

❶ 仇保兴. 复杂科学与城市转型 [R]. 城市发展与规划大会，2011.

❷ 任超，袁超等. 城市通风廊道研究及其规划应用 [J]. 城市规划学刊，2014（3）.

城市人口的激增，城市空间紧缺，高强度的开发，高层化，数十层楼的屋顶上还可做广告（图12-66）。交通拥堵，噪声扰民（图12-67）。大量使用空调,室内凉了,室外热了（图12-68）。城市环境恶化，人们渴望山水城市、园林城市。

图 12-66　城市高层化　　　　图 12-67　交通噪声　　　　图 12-68　大量使用空调

历史上讴歌大自然美的人，都是长期居住在城市里的人。他们有的是达官贵人、诗人画家，有些是不得意的封建士大夫。他们嚷着要到名山大川中去，甚至去隐居，自称为"钓翁"、"山人"、"樵夫"。他们到山林中修山庄，住别墅，但绝大多数人都耐不住寂寞而回到了城里。苏州园林就是将大自然浓缩成"假山"置于住宅的后院。"居城市须有山林之乐"，这是人们对城市的期盼。

园林是私家花园，而城市需要公共花园。大连的星海广场曾令人效仿（图12-69）。殊不知该广场原是一片海涂，围填后成为城市建设用地但却是一片盐碱地，草木难生，不得不从远处运来好土薄薄地覆盖上一层，所以只能长草，不能长树，实属无奈。可惜许多城市却东施效颦，大草坪风靡一时。

乔木长多高，根就能向土里扎多深，甚至更深（因品种不同），直到吸到地下水（图12-70）。草的根仅几厘米长，生长在表土上，表土被太阳一晒干，草就发黄，所以草坪必须不断地浇水。而树则通过树根，从地下深处吸取水分，并通过树叶向大气蒸发水分，使空气湿润，树叶还会吸附灰尘，排出氧气，使空气清新。

图 12-69　大连星海广场　　　　　　图 12-70　树长多高，根长多深

图 12-71　多姿多彩的绿

据上海的研究，乔木和草坪的投资比为 1：10，而产生的生态效益比为 30：1，每公顷树木每年可吸收二氧化碳 16 吨、二氧化硫 300 公斤，产生氧气 12 吨，滞尘量可达 10.9 吨，蓄水 1500 立方，蒸发水分 4500 ～ 7500 吨。在夏季，树林往往比空旷地气温低 3 ～ 5℃，冬季则高 2 ～ 4℃。一棵大树昼夜调温效果相当 10 台空调机工作 20 小时。❶高质量绿化是改善城市小气候最有效手段之一。上海绿化贯彻"生态第一、景观第二"的原则。实际草坪不过是一片绿茵，而乔木则有高有低，有常青落叶，还有四季的变化，花果添趣，景观何仅更胜一筹（图 12-71）！

美国纽约原世界贸易中心之下的西滨河公园（图 12-72），左图中两个红点即是原世贸中心，在西滨河公园中则种植着芦苇。芦苇是生长在荒郊野地的植物，生命力极强，维护费极低，但会给人以回到大自然的感觉。可是我们许多城市的绿化一味追求古树名木。图 12-73 是某地江南金绿洲，花了 50 万元移植了两棵大榕树，结果一死一活。花高昂的代价移植古树名木，结果既破坏了原生地的生态，到了新地又因水土不服而死亡。树挪会死，人挪会活，这是符合生态原则的道理。即使加倍护理活了下来，还要多少时间，枝叶才可能恢复。植物具有很强的气候区的特性，从植物就能判断是什么气候区的城市。但是更有甚者，为了追求奇特，跨气候分区地移植异种植物，如将加拿列海枣、华盛顿棕榈移植到上海，结果 5 年后八成死了，两成长势也是病态（图 12-74、图 12-75）。当然，城市绿化若从树苗起步，也许时间又太长才能出效果，所以上海是以胸径 10 公分的青壮年的树为主。当然要多花些钱，用钱买时间也许也是一种选择。

图 12-72　纽约西滨河周边

❶ "大树进城"三得利 [N]. 城市导报，1999-8-21.

图 12-73　江南金绿洲两棵古树

图 12-74　加拿列海枣

图 12-75　华盛顿棕榈

图 12-76 是上海市中心城区热场等级图（TM6，1998 年 8 月 4 日），根据提供该红外照片的原上海园林局长解说，陆家咀因浦东江滨公园和中心绿地的成熟，在陆家咀的红外照片上的两个红点（热岛）明显变小、变淡了。可见科学合理的绿化对改善城市的环境作用巨大，说明面对大城市高强度的开发，人们改善环境并非束手无策。根据《北京城市绿化缓解城市热岛效应的研究》：当绿化覆盖率大于 30%，将缓解城市热岛效应超过 40%，热岛面积可减少 3/4，而超过 60% 热岛效应基本被控制。❶

近年来许多城市纷纷建设绿道，奥姆斯特德（Olmsted）认为绿色廊道可以使"城市的任何一个地方都毗邻公园道路，走在通道内能获得一种持续的消遣娱乐"。❷绿道（Greenway）是一种线形绿色开敞空间，通常沿着河滨、溪谷、山脊、风景道路等自然和人工廊道建立，内设可供行人和骑车者进入的景观游憩线路，连接主要的公园、自然保护区、风景名胜区、历史古迹和城乡居民聚居区等。绿道由"绿廊 + 行道 + 配套设施"构成。根据广东省厅编制的《珠江三角洲区域绿道建设基准技术规定》，绿道分为区域、城市、社区三级以明确事权。绿道分为 3 类：

（1）生态型：主要分布在乡村地区，以保护生态环境和生物多样性，满足人们欣赏自然景致需求为主要目的；

（2）郊野型：主要分布在城郊地区，以加强城乡生态联系，满足城市居民郊野休闲需求；

（3）都市型：主要分布在城区，以改善人居环境，方便城市居民进行户外活动为主要目的。

绿道功能：具有政府公益性质的公共产品。与传统公园相比，绿道可与水利、风景区、道路等建设项目结合，具有投资省，见效快优点。

❶ 王仙民 . 屋顶绿化：拓展生态环保新空间 [J]. 建设科技，2007（9）.
❷ 丁金华、杨晓辉 . 基于生态理念的水网城市绿道网络构建策略探析——以苏州为例 [J]. 现代城市研究，2013（8）.

　　绿道的主要功能是休闲、游憩、教育以及防洪固土、清洁水源、净化空气等，它可以建立起大型生态斑块之间物种运动、迁移的生物通道和生态廊道，还可将城乡聚居区、公园、自然保护地、名胜区，历史遗迹串联起来，提供人与土地、人与自然的联系通道。同时可减缓城市热岛效应，改善人居环境，是城市的"风道"，符合建设低碳城市的要求 ❶。绿道不属于交通道路系统，因此不宜长距离地借道城市道路和公路的非机动车道。

　　图 12-77 为广州市绿道系统图。图 12-78 为汕头市绿道上的驿站，提供途中服务、租借自行车等。图 12-79 为广州荔湾绿道实景。绿道也许是生态城市建设中"城乡园林"的一种创新。

图 12-76　上海中心城区热场等级

图 12-77　广州市绿道系统图

图 12-78　汕头绿道的驿站租借自行车

---

❶　方正兴等.绿道建设基准要素体系构建——《珠江三角洲区域绿道（省立）建设基准技术规定》编制思路 [J]. 规划师，2011（1）.

图 12-79　广州荔湾绿道实景

第十三章　以人为本，城市设计与城市特色

第一节　人气要诀（上）：宜人尺度

"人民城市为人民"耳熟能详。但我们许多城市的建设，实际效果又如何呢？也许一位旅居国外的业外人士的话颇具代表性："每次回国，我总为各地城市的壮美建筑所折服，但在那些宏大建筑中，少见儿童戏逐、行人欢娱的场面。在今天的中国城市化建设中，人们的存在日益矮小，中国城市是否真的需要那些巨大的广场、壮伟的立交桥、宽阔的马路？我们的城市设计者，是否考虑到每个市民个体的利用？他们是否曾想过，城市居民如不借助交通工具，如何通过广场、跨越立交桥、横穿马路？我们是否应变巨大广场为树林覆盖的植物园，让行人穿越马路时更便利、更安全？城市的目的应是人，应促进人与人的彼此接触、沟通、合作，而非人类的自我矮小化。"❶ 何等中肯，何等一语道破！

曾在我国"百强县"评比中多次名列榜首的广东省佛山市的顺德区（美的电器制造有限公司总部所在地），在区中心建设了德胜广场（图 13-1），广场北面为区人民政府，南面是喜来登酒店与高档住宅（图 13-2），广场彩色石料铺装、张拉蓬、树阵、绿化与市民办事中心等，十分气派，也十分到位。然而十年过去了，结果广场依旧冷冷清清。于是在 2012 年邀请了四家境内外规划设计团队提出解决方案。

图 13-1　顺德区德胜广场

图 13-2　喜来登酒店及高档住宅

---

❶ 刘迪. 城市不能让市民感到冷漠 [N]. 环球时报，2013-10-30.

1号方案（ROCCO+许李严团队），一上来给出两张比例完全相同的图（图
13-3），列举了欧洲三个广场：①英国伦敦莱斯特广场，80米×100米=0.8公顷，
②意大利威尼斯圣马哥广场，60米×235米=1.41公顷，③意大利锡耶纳田野
广场80米×140米=1.12公顷。图13-4列举了我国两个广场：①北京天安门广
场380米×1080米=41.04公顷，②广东顺德广场450米×490米=22.05公顷。
没有文字说明，道理都在"无语"之中。

图13-3　欧洲广场

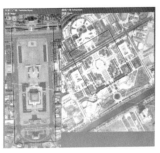

图13-4　中国广场

3号方案（南沙原创团队），用文字表述："自上而下严格规划的行政中心区
形成壮观的城市新形象，有序庞大，却期待着衣食住行的小尺度慢生活"；"自下
而上产生的自由发展形成了密集的城市空间，无序但充满人气。"

4个方案几乎不约而同地提出了一个共同的问题：空间尺度过大。无独有偶，
在郑州空港城的城市设计招标中，法国方案有一段文字很值得思考："分别对巴
黎和柏林的新老地区进行对比，老城区具有高密度、功能混合、多样化、适宜
步行的特点；而新城强调功能分区、快速高效、现代主义、一般采用大路网、大
尺度的方式。两种迥异的设计风格下，老城具有更高的人口密度、更有活力、其
人性化的空间和尺度，更能创造舒适的生活氛围。因此本规划采用新城市主义的
方式❶，在航空城构建混合功能的宜居社区，强调小尺度街坊、低层高密度开发、
多元复合、功能混合、公交导向（TOD）、人性化创新社区。"❷

然而"改革开放30多年来，中国城市同样也产生过许多类似的案例：上海

---

❶　1993年10月由6位美国建筑师发起，召开"新城市主义"大会，发表"新城市主义"宣言，并成立了协会；
　　1996年的新城市主义第四次大会公布了《新城市主义宪章》。倡导中高密度的开发；多功能和不同收入的阶层混
　　合；强调公共空间和设施的作用及其步行可达性；建筑尊重地方性、历史、生态与气候，并有可识别性；建筑与
　　环境相协调，大力推广使用节能材料，修建"绿色建筑"。城市规划以公共交通为导向的开发的TOD（Transit
　　Oriented Development）体系，社区规划以传统住区开发的TND（Traditional Neighborhood Development）体系，从"旧"
　　的城镇中寻找"新"的灵感。
❷　郑州新郑综合保税区（郑州航空港区）重点地区城市设计国际方案征集评选会优胜法国柯斯方案，2012.

的安亭新镇尽管完全遵循德国小镇模式进行设计，以期短时间内创立一个舒适宜人的环境，但建成将近10年后仍然空落乏人；北京金融街的规划设计虽然力图综合完善，但冷漠的空间环境和空洞的服务体系却无法营造一个具有活力的中心商务区；深圳的福田中心区的总体设计虽然气势磅礴，但大而不当的巨型尺度和夸张造型却无法为市民提供一个安逸之所……"❶

也许更为典型的要算内蒙古鄂尔多斯的康巴什新城。由于鄂尔多斯盛产煤炭，2007年人均GDP就超过了上海，达到1万多美元，于是在老城东胜区南25公里的戈壁滩上建设新城（图13-5）。康巴什新城中心区平面，"四套班子"（市委、市府、市人大、市政协）办公大楼坐北朝南八字开，中轴线向南直到河边（图13-6～图13-9）。请留意图中蹲在地上劳作的花工身影，就能体会这"小品"何等了得。

图 13-5　康巴什新城中心区平面图

图 13-6　中轴线上大广场

图 13-7　广场上的草原
巨马雕塑

图 13-8　中轴线两侧公共建筑博物馆（左）和剧院（右）

图 13-9　中轴线南端
巨大的城市"小品"

美国《时代》周刊2010年4月5日发表题名为《鬼城》的文章："最初为100万人居住、生活和娱乐而设计的这个地方却几乎没有人居住，目前仅有人口2.86万人。白天有些政府办公室开门办公。偶尔出现的行人，看起来就像幻觉，拖着沉重的脚步沿着人行道走着，仿佛恐怖电影中大灾难过后一名孤独的幸存者。因此称作'鬼城'。"

---

❶　童明. 扩展领域中的城市设计与理论 [J]. 城市规划学刊，2014（1）：53-58.

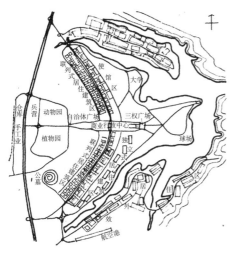

图 13-10　巴西利亚平面图

图 13-11　向东眺望中轴线

　　当然，这种现象不仅中国有，国外也有。尺度过大，一味追求宏伟、气派也必然是同样的后果。图 13-10 是巴西首都巴西利亚的平面图，它是 1957 年全世界竞赛获一等奖的方案（规划师 Lucio Costa）。整个城市像一架飞机（也喻巴西信奉天主教的十字架），机身主轴东西长 8 公里，东端的机头部分为"三权广场"及三权建筑群——立法权的议会大厦、司法权的最高法院、行政权的总统府。机尾是文化、体育区，两翼是生活居住区。严格的功能分区与高度理性化的规划结构，作为人类历史上的文化成果，建成不到 30 年，于 1987 年被联合国教科文组织列为世界文化遗产。

　　向东眺望的中轴线，东端高楼为总统府，中轴南侧为 9 排行政办公楼及教堂、博物馆，中轴线北侧为 11 排行政办公楼及展览馆（图 13-11）。中轴线长 8 公里，宽 250 米，由于高原干旱，寸草不长，红土裸露（图 13-12）。中轴东端三权建筑群（图 13-13）：议会大厦讲民主，建筑像只碗朝上，寓意张口讲话；最高法院也像只朝下的碗，寓意不许讲话；中间是两幢紧挨着的高楼是总统府，三大建筑置于一处大平台上，何等壮观宏伟。人们比喻这组建筑是"两只碗，一双筷子，放在一张桌台上"。只有总统府朝西草坪才是绿的，因为高原干旱要不停地喷水（图 13-14）。

中轴线

中轴线南北两侧建筑

行政办公楼

图 13-12　中轴线及两侧建筑

图 13-13　中轴东端三权建筑

图 13-14　总统府朝西的草坪

　　总统府东侧的三权广场，晴朗的一天三权广场竟然空无一人（图 13-15），笔者请夫人向前走一步才算有个人。总建筑师 Oscar Nimeyer 可谓呕心沥血，可惜这宏伟、气派之作，人们并不领情。美国哈佛大学教授格莱泽说："巴西的人造首都建筑宏伟壮观，但几乎没人想在那毫无生气的街道上漫步。政界人士结束工作后，便会立即离开巴西利亚。"笔者曾自驾转了两圈，然后把车停放在总统府旁的停车场，沿着中轴线徒步走了个来回，一路确实几乎见不到行人，只在公共汽车候车站处才有些人在等公共汽车。《美国大城市的死与生》的作者简·雅各布斯（J.Jacobus）说"当我们想到城市的时候，首先出现在脑海的是街道和广场。街道有生气，城市也有生气；街道沉闷，城市也沉闷。""只要看一个城市有无步行者，就可判断这个城市是否有活力。缺乏步行者的城区，这个区域已经'死'了，或即将'死'了。"

图 13-15　总统府东侧三权广场

　　美国著名建筑师波特曼，应邀参加巴西利亚落成典礼后写道："在 1960 年赴南美参加巴西利亚落成典礼的时候，刚看到这座完全由建筑师设计的新城时，我感到非常的兴奋，但不久兴奋就变成了失望，这是一个毫无人情味的地方！除了像军队般排列的巨大建筑群外，一无所有。某些建筑的确十分有趣，但作为一个整体，它显得单调平淡，完全缺乏人的尺度、人的需要和理解。我发现，只要对它看上一眼，就会失去逛大街、转小巷、探幽索微的兴致，因为我已能料到那是怎么一回事了。"短短的一段话，三次提到了人："毫无人情味"、"缺乏人的尺度，人的需要和理解"。❶

中外的经验都说明了一点，成功的城市规划与建设，心中必须怀着人。

某城市规划人口 20 万人，除了火车站前广场，在火车站对面还另规划了面积 5 万平方米广场，广场下还要建地下商场（图 13-16）。这合身吗（图 13-17）？莫斯科红场才 3.5 公顷（图 13-18）！美国纽约洛克菲勒中心前的广场，不过是在建筑间打造，一端下沉广场也利用作餐座，充满人气（图 13-19）。2010年 9 月，纽约曼哈顿时代广场，退机动车道还行人道，曾经最繁华、车水马龙的广场（图 13-20）现在又成为行人的地盘。还可以看到人们坐在街中心喝咖啡❷。

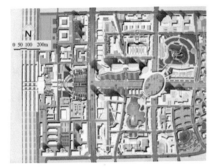
图 13-16　某市火车站广场

图 13-17　这合身吗

图 13-18　莫斯科红场

图 13-19　洛克菲勒广场及下沉部分

图 13-20　纽约时代广场

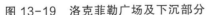

我们有不少城市的广场体量太大，阳光太强，无遮无掩，没有座椅，没有树荫，没有实际内容，一眼就能望穿。偶尔到此观光，也许它的气派、图案、色彩和造型能给你一时的视觉震撼，然而稍后，你就感到无所事事，烈日和单调会催你离去。为短暂参观的人（上级领导）着想的多，为经常使用的人想得少（图 13-21）。

❶ 《Architecture Record 》，1977（7）.

❷ J.A.O DESIGN，美国龙安 . 曼哈顿的启示：城市的最终使用者是人 [M]// 饶及人 . 你我的城市——中国城市化与我们的生活 . 中国经济出版社，2013.

图 13-21　某市广场平面及实景

笔者曾在日本东京中心区利用购物的几十分钟时间里随机游逛，居然见到三个小广场（游园），发现有四样东西必备：①亭或廊供人遮阴、躲雨；②小厕所，供人方便；③儿童游戏设施，大人可放松闲聊；④饮水器，供人解渴。处处想到人的需要（图 13-22）。

2015 年上海市列出了 38 块小基地（城市边角料），进行袖珍广场设计，这是人文关怀之举。不禁令笔者想起，1956 年进入同济大学城市规划专业学习时，老师引领进行城市认识实习，其中曾参观了"普希金广场"。普希金是俄罗斯著名诗人，"文化大革命"期间该广场自然被毁，之后得以原样恢复。它是在岳阳路、汾阳路、桃江路三条小马路交叉处多出的一块小三角地，建设了"普希金广场"，居然倍受百姓青睐（图 13-23）。

图 13-22　东京小广场　　　　　　　图 13-23　普希金广场

图 13-24　世纪联华超市屋顶及人群

　　笔者曾到河南滑县开会，晚上上街闲逛，不经意发现在世纪联华超市的屋顶上居然人山人海。两处各集聚上百人的人群，伴着音乐在踱步（图13-24）。周边小店经营DIY手工及儿童游艺项目，如抓鱼、玩碰碰车（图13-25）……笔者寓所前的控江路，在控江路桥起坡的两侧下洼小绿地，居然成了人群聚会休闲的场所（图13-26）。城市建设用地紧缺，用有限的用地建大广场，显然就建不了几个；但如果广场建得小些，就能多建几个，多个广场就可以均匀布置开来，让人们步行5分钟就能到达。这就是"小、多、匀"的原则，尤其对于老龄社会则更加必要。

图13-25　DIY手工及儿童游艺活动

图13-26　控江路桥北侧及桥下聚集休闲人群

　　总之，规划师、城市建设者应当多体察生活，抛弃形式主义，从孤芳自赏的象牙塔里走出来，回到普通百姓中去，给百姓以实惠的东西，为人们创造温馨、亲切，充满人性化的多样生活空间，抛弃那些追求宏大、气派、华丽而不实惠的城市空间，其中宜人的尺度最关键。

第二节　人气要诀（下）：一混两密

　　"一混两密"，是指一要土地混合使用，二要提高人口的密度和路网的密度。

上节提到"新城市主义"就是从传统城市里多样甚至有些混杂的社区生活中吸取借鉴而得出的理念。社区应当具有多样性：不同用途的建筑物并处，学校和商店等被组合在居住区内，而不必分开布置到公共建筑区中。

中世纪的巴黎，就是因小尺度混合获得了持久活力。巴黎的"街坊多在 1 公顷左右，单幅地块则仅有约 500 ~ 1000 平方米。由此形成的紧凑的多层高密度街区，既能满足大多数现代城市功能的需求，也兼顾人性化空间的尺度与多样性。'奥斯曼式房屋'同时实现了垂直方向的功能与阶层混合。历史上，这些建筑一层为商业，中间为贵族和中产阶级住宅，顶层为社会底层者居住。"❶

笔者参加某市城市规划评审会议，该市主要领导不仅自始至终在会，而且还邀请部分专家晚上进行座谈。既然市领导如此有诚意，那么大家应该说真话。笔者直截了当地说："你们的新区一定没人气。"因为宏大的一串行政办公大楼，在城市主干道北侧一字排开，而主干道南侧是宽阔的湖滨和湖面（湖面 500 米 × 300 米）（图 13-27 ~ 图 13-29），功能单一，尺度太大。结果市委书记说："是的，是的，我们正在做'人气工程'。"笔者问"怎么做？"答："凡到新区开业，税收减免。"笔者说："这办法恐怕不灵，因为没有人，开店没生意，免税也就没有意义。首先，还是要从城市规划上想办法，不能行政办公扎堆，应当增加生活居住用地。有了住宅，就会有老太婆，老太婆就会带小孙子上肯德基。"

土地混合使人们减少出行距离和对机动车的使用。所以《上海市控制性详细规划技术准则》中明文规定："混合用地是指一个地块中有两类或两类以上使用性质的建筑，且每类性质的地上建筑面积占地上总建筑面积的比例均超过 10% 的用地。"同时在控制性详细规划中，除了规定用地性质、容积率等强制性指标外，还增加了"住宅套数"的强制性指标，以保证居住人口密度。还规定公共活动中心区的支路网密度，提高到 6 ~ 12 公里 / 平方公里（国标支路网密度为 3 ~ 4 公里 / 平方公里），道路间距缩小为 200 米以下；内环外居住社区的支路网密度提高到 5 ~ 8 公里 / 平方公里，道路间距缩小为 250 米以下；支路路幅宽度由原 15 ~ 30 米缩小为 9 ~ 24 米。❷ 这些规定显然与最近公布的《中共中央 国务院关于进一步加强城市规划建设管理工作的若干意见》（2016 年 2 月 6 日）所指出的要"树立'窄马路、密路网'的城市道路布局理念"完全一致。

---

❶ 回味巴黎——奥斯曼与"新巴黎".全球·城市.上海市城市规划设计研究院内部资料，2014（11）：7-9.
❷ 上海市控制性详细规划技术准则（沪府办 [2011]51 号发），2011.

图 13-27　新区行政
中心区平面

图 13-28　行政办公楼

图 13-29　干道南侧宽阔湖滨和湖面

　　长期以来，有些城市领导人为了城市形象，对政绩的追求，道路比宽度、争气派，美其名"20年不落后"。甚至在城市的核心区，常常会出现道路红线宽度上百米的奇特现象。而在主干路间却缺少成系统的次干路，以至于在城市主干道上汇集了数十条的公共交通线路。由于公交线路没能深入居住区内，导致人们步行到公交站点距离太远，不得不放弃公共交通出行。另一方面，由于支路网不发达，无近路可抄，于是把所有交通都吸引到少数的城市干道上来，所以即使干路一再拓宽，依旧拥堵。笔者参加某市规划会议，因下大雨，会议方派车到住地接送，路上两次大调头才到达会址，后来发现开会的大楼实际就在居住的宾馆隔壁，因为没有近路可抄，不得不开上城市主干路做了两个大调头才到达（图 13-30）。显然，支路若为短距离的出行提供服务，就能使短距离的出行不必进入干路系统。如果近距离的交通也要通过主干路进行输配，自然加重了主干路的交通压力，从而不断被迫加宽。长距离的输与近距离配，两类交通叠加在主干路上，必然造成交通拥堵，这是人为的失当。

　　根据我国《城市道路交通规划设计规范》对路网密度规定：快速路 0.4 ~ 0.5公里 / 平方公里，主干路 0.8 ~ 1.2公里 / 平方公里，次干路 1.2 ~ 1.4公里 / 平方公里，支路 3 ~ 4公里 / 平方公里。按照这个标准，快速路、主干路、次干路、支路的路网密度的关系应如图 13-31，说明国家标准推荐的道路等级结构为正宝塔关系。然而温州、太原、合肥、南京的道路的等级结构却是倒宝塔的关系（图 13-32）。❶ 城市交通问题的解决绝不能单纯依靠加宽主干路，追求大马路。就像人体只有强壮的主动脉，而没有完善的毛血管那样，无法将血液输送到人体各个角落，使全身得到滋养，那绝不可能是一个健全的机体。城市交通问题的解决，应靠完善的城市综合交通体系、科学的路网结构，提高路网密度，主、次、支路合理级配，改善交通组织与管理等的综合措施。

图 13-30　缺少支路，邻近交通不得不绕上主干路

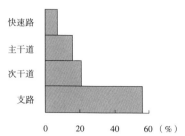

图 13-31　国标推荐道路网
等级结构

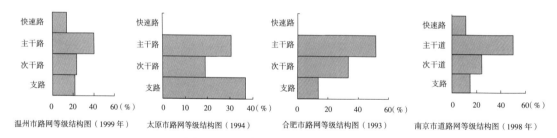

温州市路网等级结构图（1999年）　太原市路网等级结构图（1994）　合肥市路网等级结构图（1993）　南京市道路等级结构图（1998年）

图 13-32　部分城市道路等级结构

　　某省会城市，从东到西穿过城市核心地区拓宽了一条双向 10 车道的城市主干路，还有慢车道等。结果开通的头一个月，单一所大学就有两位大学生在穿马路时被车压死了。年轻人尚且如此，老年又奈何乎（图 13-33）？当红灯亮起，大批人群积压等候过马路，而绿灯一亮，争先恐后，蜂拥而出，也许还没到马路对面红灯又亮了（图 13-34）。宽大的城市道路，给城市带来的是紧张的气氛和不安全感。如此城市，怎能给人以宜居的亲切感？　笔者曾计算过，一条红线 80 米宽的马路，规划设计双向 6 车道当然毫无问题；但如果把这一条 80 米红线宽的道路，分成两条红线 40 米宽的道路，提高了路网的密度，就能有效解决在干道上公交线路重复系数高的问题，就有可能使公交线路深入到出行发生吸引点，减少步行至公交站点的距离。一条路拆分成两条路，道路用地面积完全一样，红线 40 米的路规划设

❶　转引张新实．"新城市主义及其实践"授课内容．宿迁学院，2006．

计为双向 4 车也毫无问题，结果两条路共有 8 车道。况且一条路只有两个边，两条路则有 4 条边。众所周知，靠马路的城市用地值钱，这将大大提高城市土地开发的效率与效益。

图 13-33　某省会城市的宽马路

宽马路还给城市生活，尤其商业经营活动带来交通的阻隔。宽马路将交通功能与生活功能、快速交通与慢速生活活动两类性质的行为叠加在一起，互相干扰，这都源于路网结构的不合理。城市的道路是解决交通的问题，城市的街道是解决人们生活的问题。支路是繁衍商业、服务业的土壤！

图 13-34　绿灯下人群积压准备冲刺

图 13-35 是贵州安顺市的黄果树大道，恰恰是在和黄果树大道交叉的小街巷处，衍生出大量的商业服务业，因为"宽路无旺铺"。北京以宽马路、圈大院、门禁住宅区、低密度路网的城市著称，所以"中国城市便利店指数"北京排名居中国倒数第二❶，难怪北京人深感生活服务之不便。北京城市被众多封闭式小区和单位大院所分割，如北京航空航天大学，北侧是四环路，南侧是知春路，南北两条道路间距 1200 米。大学校门森严，校区内的道路校外人士不得通行（图 13-36）。《中共中央 国务院关于进一步加强城市规划建设管理工作的若干意见》指出："优化街区路网结构……新建住宅要推广街区制，原则上不再建设封闭住宅小区。已建成的住宅小区和单位大院要逐步打开，实现内部道路公共化，解决交通路网布局问题，促进土地节约利用……树立'窄马路、密路网'的城市道路布局理念。"

图 13-35　安顺市黄果树大道及小街巷口

---

❶　王凯，徐辉 . 新时期北京城市规划对策研究 [J]. 城市与区域规划研究，2015（3）：42-64.

上海东方广播电台举办《对话区县委书记》节目，在对话虹口区委书记时（2015年11月16日），主持人问吴书记近来在阅读什么书，最有感受的一点是什么时，吴书记回答说："我是交叉地读两本书，一本是关于城市的营造，书名叫《城市营造》，介绍了21世纪城市规划建设当中的九大愿景。其中有一句话对我有特深的印象，它在讲到城市尺度的时候，说最好的城市往往是那些拥有最多的街道的城市，拥有这种很多狭窄街道的城市，往往比那些拥有较少的街道，而又较宽阔的街道的城市更加平稳地运行……"

"10次小组"（Tearm 10）❶感慨"人们在马路上聊天，儿童可以到处乱跑，路旁停着拆开修理的自行车，花园里晒衣与养鸽子。街道拐角上围着商店，大家都认识送牛奶的人，走出家便立刻到街上……汽车泛滥和雅典宪章的冲击使原先充满人情味的街道消失。"欧洲许多城市的街道广场，地面常有美丽纹样的铺装，利用街边、街角镶嵌一些小小的露天咖啡吧，犹如"露天起居室"，极具魅力（图13-37）。街道宜人的尺度，才能产生亲和力和归属感。灵活多样空间的组织，空间的转折与开合，让步行者在视觉上有所遮挡与引导，这往往会给人们在心理上产生探幽索微之感。

图 13-36　北京航空航天大学平面图及学院路上大门　　　　图 13-37　欧洲城市街道

今天人们感慨，许多新区虽然有摩登的建筑、宽阔的马路、漂亮的路灯、彩砖人行道……可是路灯比行人多！我们许多城市往往"有路无街"。相反地，一些旧区的街道，虽然杂乱但反而人气旺。有人说"好山，好水，好寂寞；好脏，好乱，好热闹。"其中的奥妙，应当引起城市规划者去深思。人气要诀：宜人尺度、一混两密。

第三节　城市滨水与亲水

城市滨水区以其良好的亲水性，往往成为城市中最具有活力、环境最优美、

---

❶　国际现代建筑协会（CIAM）20世纪50年代一批朝气蓬勃的青年建筑师。

人气最旺、最繁华的地段（图 13-38 ～图 13-45）。《当代全球性城市中央商务区（CBD）规划理论初探》中就明确指出："北京商务区建设，缺少水体环境无疑是一大缺憾……失去了水际空间可提供的优越的天然环境条件，这方面将是北京 CBD 的先天不足"。❶

　　根据统计，世界上 222 个首都中，有 176 个滨水，占 79.28%。而美国有 75 个大城市，其中 69 个在滨水的地理位置上，占 92%。中国省会城市中滨水的城市占 67.65%（表 13-1）。

图 13-38　纽约下曼哈顿滨海区

图 13-39　伦敦泰晤士河金融区

图 13-40　巴黎塞纳河
滨水区

图 13-41　澳大利亚悉尼滨海区

图 13-42　加拿大温哥华
滨海区

图 13-43　德国汉堡滨海区

图 13-44　意大利威尼斯滨海区

图 13-45　上海陆家嘴黄浦江

❶ 李沛. 当代全球性城市中央商务区（CBD）规划理论初探 [M]. 中国建筑工业出版社，1999.

美、加、英、法、德、意、日、澳 8 国中，各前三位的城市共 24 座（纽约、洛杉矶、芝加哥、多伦多，蒙特利尔、温哥华、伦敦、伯明翰、曼彻斯特、巴黎、里昂、马赛、柏林、汉堡、慕尼黑、罗马、米兰、威尼斯、东京、横滨、大阪、悉尼、墨尔本、布里斯班）。其中，除了伯明翰、曼彻斯特、柏林、慕尼黑、米兰 5 座城市外，19 座城市都滨水，占 79%。而这些滨水城市的中心区，只有洛杉矶不滨水。此外东京的市中心也不滨水，但 20 世纪 90 年代也建了临海副都心，即 19 个滨水城市中只有 1.5 个城市的城市中心区不滨水，即中心区滨水的占 92%（表 13-2）。

城市滨水情况统计 表 13-1

	类别	数目	所占比例	
全球各国首都	滨海城市	112	50.45%	79.28%
	滨河（湖）城市	64	28.83%	
	不滨水城市	46	20.72%	
	总计	222	100.00%	
中国省会城市	滨海城市	4	11.76%	67.65%
	滨河（湖）城市	19	55.88%	
	不滨水城市	11	32.35%	
	总计	34	100.00%	

八国人口前三位的 24 座城市中心区滨水情况统计 表 13-2

国家	城市	城市是否滨水	城市中心区是否滨水
美国	纽约	滨海	滨海
	洛杉矶	滨海	否
	芝加哥	滨湖	滨湖
加拿大	多伦多	滨湖	滨湖
	蒙特利尔	滨河	滨河
	温哥华	滨海	滨海
英国	伦敦	滨河	滨河
	伯明翰	否	否
	曼彻斯特	否	否

国家	城市	城市是否滨水	城市中心区是否滨水
法国	巴黎	滨河	滨河
	里昂	滨河	滨河
	马赛	滨海	滨海
德国	柏林	否	否
	汉堡	滨海	滨河
	慕尼黑	否	否
意大利	罗马	滨海	滨河
	米兰	否	否
	威尼斯	滨海	滨海
日本	东京	滨海	副都心滨海
	大阪	滨海	滨河
	横滨	滨海	滨海
澳大利亚	悉尼	滨海	滨海
	墨尔本	滨海	滨河
	布里斯班	滨海	滨河

（注：上述统计是 2005-2006 年笔者主持《天津滨海新区核心区中心空间结构研究》时所作的统计）

可见，人们对城市滨水都情有所钟。但凡滨水城市，无不充分利用亲水性、宜人性来塑造良好的环境，提升城市的魅力。所以有些著名城市中心区，原本不滨水的也走向了水滨。例如东京，单中心在银座，后来建设副都心新宿，终于在 2008 年在海滨建设了临海副都心（图 13-46）。加拿大最大的城市多伦多，原本市中心也不在滨湖地带。Candian National 和 Candian Pacific 20 世纪 80 年代初终于提出具有相当规模的办公和商业设施开发计划。2002 年，多伦多将中央滨水地区重新作为开发重点，由市政当局和滨水开发公司发起，邀请了 6 组国内外设计小组对中央滨水地区进行设计，以塑造该地区独特的滨水空间，从而为该地区的成功开发打下良好基础。今天多伦多新城市中心区已展现在安大略湖的北岸（图 13-47）。多伦多在居住和工作环境两个方面都被列为世界十佳城市之一，成为世界上最具有都市风格的滨水地区。

图 13-46　东京临海副都心

图 13-47　多伦多城市滨湖中心

　　正是基于上述的认识，天津滨海新区核心区中心空间结构研究中，根据天津新一轮总体规划，确定滨海新区发展目标为"依托京津冀，服务环渤海，辐射'三北'，面向东北亚，建成高水平的现代化制造、研发和转化基地，北方国际航运中心和国际物流中心，成为宜居的生态海滨新区。"如此高的目标和定位，滨海新区的核心区也必须高起点。虽然当时滨海新区已在泰达开发区内建有金融街（图13-48），但从长远发展的着眼，以及各方面因素的综合考量，规划方案把中央活力区选址在海河边的余家堡（图13-49）。可喜的是，国务院批准的天津总体规划，金融中心就是在余家堡。美国 SOM 公司受邀完成城市设计（图13-50）[1]并已着手建设（图13-51）。

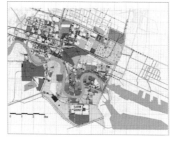

图 13-48　天津开发区
　　　　　　滨海金融街

图 13-49　滨海新区中心区选址研究

[1]　SOM 描绘天津未来蓝图智能可持续地区规划 [J]. 时代建筑，2010（5）.

图 13-50　SOM 方案

图 13-51　规划展示馆

图 13-52　芝加哥湖滨绿带内只许建公共建筑

图 13-53　下穿道路

图 13-54　游乐设施(原海军码头)

"滨水地区是一个城市非常珍贵的资源，也是对城市发展富有挑战性的一个机会。它是人们逃脱拥挤的、压力锅式的城市生活的机会，也是人们在城市生活中获得呼吸清新空气的疆界的机会。"因此，能不能规划建设好城市滨水地区，是对城市规划建设与管理的挑战。1909 年，芝加哥在城市总体规划中就以立法形式，将沿密歇根湖滨 32 公里长、1 公里宽的"黄金地带"规定为公共绿地，除了公共建筑如体育馆、美术馆、水族馆等之外，在此不得建造其他建筑（图 13-52）。❶ 为了避免城市道路交通把人们与水边分割开来，所以将道路规划为下穿通过（图 13-53），包括凸突湖中的半岛、原海军码头，现为游乐区，也不被交通道路所分割（图 13-54）。美国波士顿就曾经历过修建

---

❶　查尔斯·摩尔，转引张庭伟，冯晖，彭治权 . 城市滨水区设计与开发 [M]. 同济大学出版社，2002.

滨水交通主干道，然后再将其拆除或迁入地下的教训。

然而，英国伦敦港区（Dockland）开发中心项目（图13-55）"金雀码头"（Canary Wharf）之所以失败，一个主要原因是政府完全放弃规划控制，听任市场去运作。结果由于缺乏整体的规划控制，显得凌乱，自然也影响开发效益，加上市场预测错误，导致开发公司奥林匹克和约克公司（Olympia and York of Toronto）濒临破产，后因政府干预才得以幸免。❶

因此，城市滨水地区，往往是城市彰显形象和特色的重要地段，应认真组织城市规划与设计，并且既要发挥市场的力量，也要发挥政府的规划控制作用。

平面图

金丝雀大楼

实景

全景

图 13-55　伦敦 Dockland 区

对于滨水地区的规划设计，应遵循以下原则：

（1）可达。不论是芝加哥滨水绿带内的城市道路下穿，还是日本福冈滨水道路高架（图13-56），或是巴西里约热内卢的滨水步行道（图13-57），或中国青岛的滨水步行栈道（图13-58）等等，都要根据不同的条件，采取相应措施，让人方便到达水边。

❶　张庭伟，冯晖，彭治权.城市滨水区设计与开发 [M].同济大学出版社，2002：17.

（2）可亲。可达只能让人近水，但还要让人亲水。若将滨水地带全部作为绿地也并不妥当，因为绿地过长也会给人以单调感。宜考虑将部分岸线进行城市开发建设，滨水用地往往人气最旺，而且是土地出让金最高的地段，所以还可增强政府的财力（图 13-59 ~ 图 13-63）。

（3）可歇、可嬉。图 13-64，见图自明。

图 13-56 日本福冈滨水道路高架

图 13-57 巴西里约热内卢海滨

图 13-58 青岛滨海木栈道

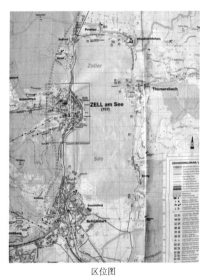

区位图

镇临水

镇靠山

水边活动有建筑依托

处处可见古塔

图 13-59 奥地利杰拉姆湖

图 13-60 挪威奥斯陆海滨歌剧院屋顶斜入水

图 13-61　美国夏威夷 Wiakki 酒店建到海滩里

图 13-62　厦门簦当湖北岸酒店近水岸但不亲水　　图 13-63　烟台滨海路与海岸或即或离

图 13-64　滨水地区可歇、可嬉（一）

图 13-64　滨水地区可憩、可嬉（二）

（4）共享。滨水地段的优良环境与景观，首先应保证为公共使用，公众利益最大化，避免优质资源私有化。因为宾馆、商务、办公等的人员是流动的，人们总能获得新鲜感，尽情享用。若做住宅，常年居住，难免视觉疲劳，"熟悉无美景"，是低效的利用。

（5）可续、安全。水岸处理极有学问。一是固化的驳岸阻止了河道与河畔植被的水、气循环，不仅使很多陆地植被丧失了生存空间，还使一些水生生物失去了生存、栖息场所，破坏河岸生物赖以生存的环境基础，造成驳岸区生物资源的丧失和生态失衡。二是拓宽河道，固化河岸，加快了河水的流速，导致下游大量的泥沙沉积和淤塞，造成了一系列的问题。因此应力求生态化的处理。（图 13-65 ～图 13-70）都是解决了生态和安全的好例子。

图 13-65　我国台湾新竹　　　　图 13-66　日本别府河岸　　　　图 13-67　美国洛杉矶
　　　　　护城河岸　　　　　　　　　　　　　　　　　　　　　　　　　　海岸堤

图 13-68　水滩岸处理　　　　　　　图 13-69　三明市防洪墙

图 13-70 哈尔滨松花江防洪堤堤顶预埋件以便安装防洪板

最后介绍澳大利亚布里斯班河岸的实例。一根白色飘檐将河岸空间分为内外，但隔而不断。一股水流由里向外流泻，里面是空间宽敞、温馨的公共休闲场所。宽阔的弧形台阶，配以蜿蜒坡道，既可供人和轮椅轻松地上下，又可供人闲座。河岸高差十多米，分为两层步道。下层临水漫步，还可经过栈桥登上游船码头。上层步道穿行于绿荫中，不时设有观景台、咖啡厅等，还可拾步上餐厅。洁白的挡墙中镶嵌着凹穴，阴影令墙生动了起来。连绵 700 米的滨河带在延伸，衬托着城市的高楼大厦，亲水滨河带联系着人与自然（图 13-71 ~ 图 13-81）。

图 13-71 布里斯班河滨全景及局部

图 13-72 一根白色飘檐分内外

图 13-73 一股水流由里向外泻

图 13-74 空间宽敞的公共休闲场所

图 13-75 宽阔台阶供人上下和休坐

图 13-76 上下两层步道

图 13-77　下层步道连码头

图 13-78　上层绿荫步道连接观景台、咖啡馆、餐厅

图 13-79　洁白档墙嵌穴影

图 13-80　滨河带延伸　　　　　　　　　　图 13-81　滨河 Edward st pire
　　　　　　　　　　　　　　　　　　　　　　　　　　水上交通码头

第四节 城市特色关键在挖掘城市的唯一性

现任中央政治局常委俞正声同志，在任建设部部长时曾说："市长有两个很大的压力，第一个是经济压力，第二个是来自老百姓的形象压力。城市形象会提高城市知名度，有利于吸引投资。"为了提高城市知名度，许多城市纷纷采用了各种手段。包括争办重大事件，如北京奥运会、上海世博会、烟台 APEC 会议……举办各种节庆，如大连的服装节、潍坊风筝节、珠海航空节……举办大型文化活动，如"上海电影节"、"哈尔滨之夏"、三亚"世界小姐大赛"……许多城市都努力创造自己的形象，彰显城市的特色，打造城市的品牌，如水城、冰城、山城、春城、绿城、花城、铜都、竹乡、温泉之都、黑金之乡……这些都是地理环境、上天赋予的东西，往往也是别人难以模仿的，是创造特色的契机。有的是复合的提炼，如山东菏泽"花城水邑"、广东珠海滨海旅游城市……这些就像城市的"名片"，是对城市主要特质、个性的提炼，标柄主题有利于人们对城市的记忆。当然"品牌"不可能涵盖城市众多内涵，更不该为品牌而品牌，搞得低俗、繁琐。建构城市的形象，创造城市的特色，打造城市的品牌，归根到底还是为了"人"，给人以深刻印象，令人自豪，激发热爱家乡的城市情感。这种精神的力量终将会转化为物质的力量。

城市的形象、特色和品牌，不少城市以建筑为标志。例如北京的天安门、巴黎的铁塔等等。但是把城市的形象、特色，寄希望于建筑，殊不知许多城市大型建筑比比皆是，但有几个给人以深刻的印象？也许上海的上海中心（图 13-82）、广州的广州电视塔（图 13-83）、新加坡 Marina 海湾及金莎酒店（图 13-84）、西班牙巴尔毕鄂美术馆（图 13-85）都给人留下了深刻印象。但是这些具有特殊造型或必须巨额投资的公共建筑，实在是凤毛麟角，它们也只能作为城市的标志，还谈不上城市特色，况且这类建筑并非所有城市都能建得起。不少城市还刮过"欧陆"风（图 13-86），以追求特色。图 13-87 中的仿"欧"建筑，竟然把柱子落在平台上。这种割断历史、自我否定、违背历史的做法，梁思

图 13-82 上海中心

图 13-83 广州电视塔

243

成先生在 50 多年前就警告过："舍去固有风格及固有建筑，成了不中不西乃至于滑稽的局面。"当然更遑论那些奇葩建筑，给城市形象起了负面的作用（图 13-88、图 13-89）。我们既不排外，也不否定历史，而要肩负起吸纳古今中外去创造新文化。

当然，城市的建筑在整体上做控制以免杂乱是必要的，但控制要有度，否则也会产生单调感，如某县城规定所有新建建筑一律采用白色马头墙外型（图 13-90）。而满洲里市的建筑似乎既统一又有变化，由于北方冬季长，以暖色调为主十分精神（图 13-91）。建筑形式和色彩过于统一会显得单调乏味，而过分变化又难免杂乱。因此可在城市规划建设中进行建筑分区。如居住区宜宁静；行政办公区宜稳重、庄重；而在公共文化娱乐区则宜多样变化为妥，以营造欢快、生动活泼的气氛。而在管控能力不强的情况下，也许宁可统一多于变化，风险要小些。

"高起点，大手笔"，大广场、大草坪、宽马路曾风行一时，为了城镇的形象，为了体现政绩，盲目追求气派、豪华、华而不实，漠视人的实际需求，这是在建设特色中必须防止的误区。建设特色不应成为扰民伤财的借口。这在本章第一、二节的《人气要诀："宜人尺度，一混两密"》中已做分析。

图 13-84　新加坡 Marina 海湾及金沙酒店天空花园

图 13-85　西班牙毕尔巴鄂美术馆　　　　图 13-86　江西某市一片欧陆风

图 13-87 柱子落　　图 13-88 北京"大裤衩"　　图 13-89 三亚"窝窝头"
　　在平台上

行政办公楼　　　　　　　　宾馆　　　　　　　　住宅楼

图 13-90 某县城规定新建筑统一外型

图 13-91 满洲里市的建筑统一而又有变化

　　其实，最能创造城市特色的是巧于利用上天赋予的大自然，要像根雕艺术家那样去揣摩，因材构思。记得中国城市规划专业创始人金经昌曾讲过，一位玉雕师不断揣摩一块玉石，发现这块玉石有个杂质，是红色的，于是便构思雕了一只红嘴绿鹦哥，红色的鹦哥嘴，混身翠绿的羽毛。济南的"一城山色半城荷"、常熟的"十里青山半入城"、福州城里有三座山等都是佳例。福州是很典型的山中有城，城中有山，山、水、城一体的山水格局："左旗山、右鼓山、前五虎山、后莲花山"，中间是闽江和乌龙江（图13-92）。图 13-93 是吴良镛先生手绘的福州、南通、桂林等城市的山水格局。图 13-94 是福州市仓山岛上的烟台山，却被"一层皮"的建筑遮挡了。具有讽刺味的是，在半山腰上的教学楼，屋顶上居然还写着"爱我福州"！你把山挡住了，还爱我福州？福州政府曾大力实施了"显山露水"工程。

　　在北京举行的某次国际性会议宴会结束时，笔者与旁坐的瑞典朋友交谈。他说曾到过福建的武夷山及福州，笔者问及对福州的印象时，他竟然脱口而出是"福州城里有三座山"，而对福州五一广场等并无印象。大自然是无法模仿的，只有山、水、城的融合才具有永恒的魅力。上节"城市滨水与亲水"已经说明山水大自然对城市形象、特色的重要作用。但不少人对城市的自然赋予毫不珍爱，大有要"高山低头，河水让路"，逢山劈山，遇水架桥，马路非笔直之势。这种不尊重自然的做法，是与建造地方特色背道而驰的。人工过多的干预，既费钱，又难免千城一面，应因地、因环境创特色，要"让环境教你怎么做"（文丘里）。例如，山东菏泽市中心北移后，在赵王河中的小岛上栖息着羊群，留还是不留（图13-95、图13-96）？

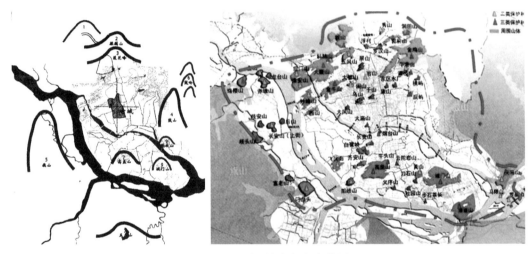

图13-92　福州城市山水格局

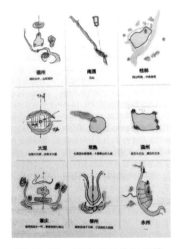

图13-93　吴良镛手绘福州等
　　　　城市山水格局

图13-94　福州的烟台山

图 13-95 菏泽市规划的新中心

图 13-96 赵王河中小岛

新中国成立之初，北京在拓宽景山前街时，曾设想借拓宽之机把景山前街拉直，这样势必要拆掉团城（图 13-97）。全世界最大的城在中国，即朱元璋修建的明朝南京都城，周长 33 公里，比巴黎古城多 4 公里。全世界最小的城也在中国，就是北京团城。幸亏周恩来总理先后三次过问，终于把团城保了下来。图 13-98 是团城城墙西望大桥，右为北海，左为中海。今天的团城成了拓宽后的景山前街的对景（图 13-99），再往前又成为侧景，步移景异不更有变化、有层次？古人早有告诫："因天时，就地利"，"城廓不必中规矩，道路不必中准绳。"（管子）

创造城市的特色，最关键在于尽力挖掘城市的唯一性。中国的山水千姿百态数世界之最，黄山之魅、华山之险、桂林山水更奇特。而美洲的洛基山贯南北，山势、植被、雪顶基本一样（图 13-100）。欧洲阿尔卑斯山也相仿（图 13-101）。唯尼亚加拉瀑布令人震撼（图 13-102），千岛湖令人陶醉（图 13-103）。澳洲的 Ayers Rock 可为奇观（图 13-104），都是局部之奇特而已。而中国的五千年文明更为唯一性提供了丰富源泉。

图 13-97 北京景山前街

图 13-98 团城城墙上西望

图 13-99 团城成为拓宽后
景山前街的对景

图 13-100　美洲洛基山

图 13-101　欧洲阿尔卑斯山

图 13-102　美洲尼亚
加拉瀑布

图 13-103　美加千岛湖

图 13-104　澳大利亚
Ayers Rock

　　例如，广西的百色市总体规划中，提出的城市形象为"红色之都，绿色家园"。城市的特色是"生态—河谷山水森林"（图 13-105、图 13-106）。百色市有山有水，有多民族的文化等，这些固然都是创造特色的资源，但并不具有唯一性。而邓小平同志领导的百色起义，这重大的历史事件，则具有唯一性。井冈山是革命的摇篮，延安是革命的圣地，那么百色则是革命的福地。因为邓小平把中国从"文化大革命"的浩劫中拯救出来，领上了强国、富国之路，他是改革的总设计师。今天中国人过上了幸福的生活，人民怀念他。邓小平说："我是中国人民的儿子，我深情地爱我的祖国和人民"。北京大学学生发出肺腑之声："小平，你好！"

图 13-105　百色市总体规划

图 13-106　眺望百色山水城

作为一个伟人、一位领袖，丰功伟绩无限。但以这些题材在塑造城市特色上，表达形式会有一定局限性（图 13-107）。但如果从一位伟人的另一面去表达"人民的儿子"，题材则会更丰富，表达形式也会更多样。如在百色城里的小广场、街心花园、小游园……融入贴近百姓、富有生活情趣的雕塑：邓小平和大家一起植树、邓小平坐在沙发上读报、邓小平与维吾尔族的姑娘在一起，和外孙们在一起……会更生动地体现邓小平还活在我们当中，他时时处处跟百姓在一起。这是何等的魅力，独一无二的品牌！

创造城市特色还应从以下若干方面做整体的谋划与设计，其中最重要的灵魂，是彰显文化。

图 13-107　百色起义纪念馆及雕塑

（1）历史

每座城市，不论其历史长或短，经历的兴与衰，其变迁都有其特定的缘由。这些缘由往往具有唯一性，这就正是寻求、塑造城市特质的重要之源。尤其在创造城市品牌时，更应重视城市的历史文化，努力挖掘城市的文化内涵，品牌才有灵魂。城市是人创造的，也是人祖祖辈辈生活的地方。因此城市是有记忆的，即有城市的历史文化积淀。尊重历史就是对人的尊重，使人有归属感和家乡的情结。

安徽省铜陵市是两千多年的铜都，图 13-108 是以铜为主题的城标，寄托人们对城市的历史的自豪感（"丰收门"、"起舞"雕塑均获全国城市雕塑奖）。河南省三门峡市是因三门峡水库而兴起的新城市，图 13-109 以截流石为城标，唤起人们的记忆。图 13-110 为黑龙江省满洲里市与俄国为邻，以套娃为城标，表达人们对邻邦的友善。

图 13-108 "丰收门"（左）、"起舞"（右）

图 13-109 三门峡市截流石　　　图 13-110 满洲里套娃雕塑

（2）色彩

日本作者芦原义信在《街道的美学》里说："在巴黎到处能见到漂亮的女郎，在东京见不到。"这不是说东方女子不如西方女子漂亮，而是说一个深刻的街道美学。因为巴黎建筑多以本地盛产的米黄色石材为面材，色彩统一。在这简洁统一的色彩背景下，妇女的身姿很容易被鲜明地衬托出来，好美啊（图 13-111）！而日本的街道，在眼花缭乱的环境背景中，哪怕打扮得多么耀眼，也难引起人们的注目（图 13-112）。中国科学院院士、原建设部副部长戴念慈说："一个建筑的色彩最多不要超过三个颜色"，这近乎苛刻。诚然，由于一个建筑色彩本身有所欠缺，但是当它交付使用后，人们往往会有所添加，如牌号、帘幅甚至广告等，而不至于造成色彩过度的后果。波特尔说："我用色彩十分吝啬的，而且总是力求使之成为整个环境中一个有机组成部分"，"庄重与完美取决于尽可能少用不同材料"。

（3）街道家具

街道家具遍布城市各个角落，精美的设计，全市或局部城区统一摆设会给人以整体感之美。巴黎的广告柱不仅在主城区，在新城也都统一使用，以供人贴小广告，防止城市的"牛皮癣"（图 13-113）。

图 13-111　巴黎城市街道色彩

图 13-112　东京的街道

| 广告柱、厕所 | 垃圾筒 | 行道树篦 | 指路牌 |

图 13-113　街道家具

（4）广告、招牌

广告牌、招牌管理对城市的美化也十分重要。巴黎香榭丽舍大街对广告、招牌规定以白色为主，这里甚至连麦当劳的红与黄标志也变成了红和白（图 13-114）。青岛市中山路为了城市"亮起来"，把行道树砍了，两侧"海尔"和"青岛啤酒"的广告亮起来了（图 13-115）。结果青岛旅游旺季是夏天，行人没有了树荫，行人少了。有商家为吸引顾客，免费提供阳伞，结果没几天阳伞全被带走了。美化、亮化为了谁？我国台湾新竹市规格化后的广告整齐化了，但也僵化了，而广告不管理又乱了（图 13-116）。广告把乌鲁木齐剧院的正立面挡住了（图 13-117）。

（5）城市雕塑

城市雕塑不在于高大的体量，而在于文化内涵。比利时布鲁塞尔的撒尿孩童，在小街巷的转角处（图 13-118），引来人山人海。它竟然位列该市 24 个景点中的首位，原因是其有许多传说。其一就是罗马军队攻入布鲁塞尔，当罗马军队撤退时，准备把布鲁塞尔城炸毁。当点燃引信燃向炸药时，一个小孩撒了一泡尿，城没炸掉，结果罗马军用弓箭射杀了小孩。1619 年，布鲁塞尔人塑造了这尊铜像。这座铜像脸上充满顽皮撒野的笑意，表达出比利时人疾恶如仇、幽默乐观的情感。撒尿孩童的雕塑仅 61 厘米。

图 13-114　巴黎香榭丽舍大街

图 13-115　青岛市中山路　　　图 13-116　台湾新竹市广告　　　图 13-117　乌鲁木齐剧场
　　　　　　"亮起来"　　　　　　　　　　　　　　　　　　　　　　的广告

图 13-118　布鲁塞尔撒尿童雕塑

福州南滨江公园里一组雕塑也令人玩味（图 13-119）。

总之，创造城市特色，一要抓住上天禀赋，展现城市魅力；二要挖掘历史文化，夯实文化底蕴；三要尊重自然，尊重历史，尊重人。尤其要努力寻求其唯一性。

图 13-119　福州南滨江公园雕塑

第五节　形式主义会害人

上海浦东规划中，为了追求城市空间的轴线，从陆家嘴到世纪公园，两点连一线规划了一条世纪大道（图 13-120）。由于上海浦东原有的路网是方格状的，于是被这条世纪大道几乎成 45°角斜劈了一刀，结果出现了一连串的畸形道路交叉口（图 13-121），给城市交通带来严重的混乱。笔者有一次驾车想沿商城街，由北穿过世纪大道到南边的商城街，眼看就在对面可就走不过过去（图 13-122）。另有一次笔者要到浦东国际会议中心开会，心里明白沿世纪大道快接近东方明珠时，必须向右侧分叉出去（图 13-123），结果不经意地进了延安路隧道，穿过黄浦江到了浦西，再折返回到浦东。这次应该很警惕地驶出世纪大道，转向东方明珠，可真不料又钻进了延安隧道，再到浦西，第三次才成功了。因为那交叉口太复杂，也怪自己老糊涂吧。

为了追求形式美，不少城市都规划了线路为圆形的路，图 13-124 是郑州市郑东新区中心区。笔者多次问当地的司机，他们同样有进入迷魂阵之感。一个城市为了"形式美"让人失去方向感，孰轻孰重？

图 13-120　上海世纪大道

城市的空间形式美是可以追求的，但不能为了形式而牺牲基本的功能。形式主义会害人的。

图 13-121　浦东路网与世纪大道

图 13-122　商城路与世纪大道

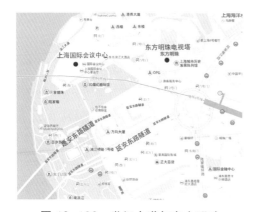

图 13-123　世纪大道与东方明珠

图 13-124　郑州市郑东新区中心区

第六节 一个城市设计的好案例：波兰克拉科夫

波兰的克拉科夫（Kraków）建于公元 700 年左右，坐落于维斯塔河的上游。公元 1038 ~ 1569 年为波兰的首都，著名的哥白尼就曾在这里的克拉科夫大学接受教育。现在人口约 74 万人，是波兰第三大工业城市（图 13-125）。

克拉科夫古城的城市设计，总体结构极为简洁而特色鲜明（图 13-126）。古城三面被绿带包围，南边是 Wawel 古堡（图 13-127），古堡居高临下俯览维斯塔河（图 13-128），秀色可餐，为人们提供滨水绿茵休闲的好去处（图 13-129）。

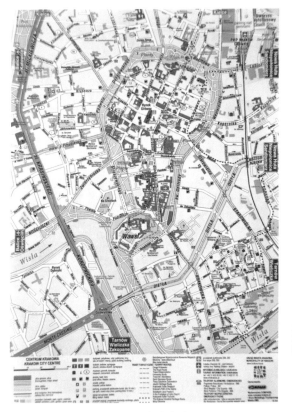

图 13-125 克拉科夫城市中心区平面

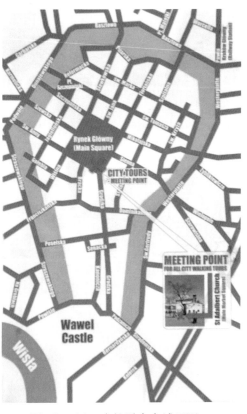

图 13-126 克拉科夫古城平面

图 13-127 Wawee 古堡

图 13-128　从古堡俯瞰

图 13-129　维斯塔河滨

图 13-130　东侧绿带

　　东侧绿带是宁静的绿林浓荫步道（图 13-130）。而西侧绿带沿途有宫苑、餐饮等设施，让人小憩和小聚（图 13-131）。东西绿带气氛明显不同。

图 13-131　西侧步行道

古城中央是 Rynek Glowny 广场，是欧洲中世纪最大的广场之一。中间为原纺织会馆，改为商场和博物馆，周边大小铺面摊位售卖琥珀、木盘餐具、波兰娃娃等各种民俗手工艺品。露天餐座别有风情，温馨又充满活力。古代贵族乘坐的马车，车、马装饰的十分漂亮，马匹精良，据说是匈奴人的汗血宝马（图 13-132）。古城的街巷也充满着温馨的气氛（图 13-133）。图 13-134 为古城的北门。

图 13-132　Rynek Glowny 广场

图 13-133　古城街巷

图 13-134　古城北门

介绍本例的目的，一是感到这座精致的古城实在太美了，希望导游一番与各位分享；另一方面是能从中得到启示：局部地段的城市设计实践比较多，但在城市总体规划层面的城市设计实践尚少，在城市整体上进行构想也许更为难得。

第七节　英雄主义与人文主义

2012年11月与2013年2月天津两次举行"国家海洋博物馆建筑方案及园区概念性城市设计国际征集"的两轮方案评选。第一轮有六家设计单位提供了方案。经过第一轮的评选，留下了三家进入第二轮，即第2、3、4三个方案。

（1）第一轮六个方案概览

第一号方案：被冲上岸的海贝（图13-135），交通组织较充分，但忽视与邻近建筑关系。

第二号方案：平视像巨轮，俯视像海浪（图13-136）。整体布局为一岛、两带、三圈，滨水自由，理性又浪漫，但主馆离岛，交通线路长。

第三号方案：几艘篷船停泊于码头（图13-137）。水馆交融，体量分解，交通复杂。

第四号方案：海浪拍击礁石，激起浪花（图13-138）。"长城意象"不明，陶瓷外墙，建筑沉重。

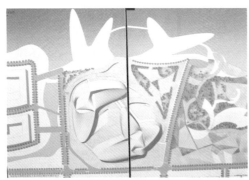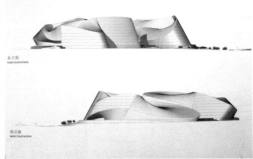

图13-135　冲上岸的海贝

图13-136　平视像巨轮，俯视像海浪

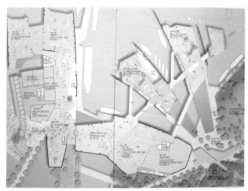

图 13-137　几艘篷船泊码头

图 13-138　水击碓石腾浪花

图 13-139　漂在水上的倒圆锥体

　　第五号方案：漂在水中的倒圆锥体（图 13-139）。

　　第六号方案：五个矩形组合，重在功能考虑（图 13-140）。

　　（2）第二轮三个方案概览

　　原第二号方案（图 13-141）：一气呵成，建筑有震撼力。三环相扣的空间组织：一期临展、二期围成内院。T 形结构：入口进入宝船大厅（一期）、观海大厅（二期）。空间组织逻辑性强，各种人流、货流交通组织，考虑全面。海博塔作了整体组织。建筑南移，入口近了。该方案英雄色彩浓、尺度大、气派、壮观，但不够亲切、宜人。作为博物馆建筑，文化内涵尚简浅，结构、施工可能较难或投资大。

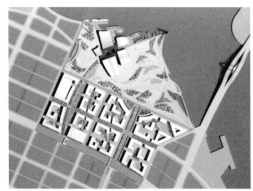 

图 13-140　五个矩形体组合

图 13-141　原第二号方案　　　　　图 13-142　原第三号方案

原第三号方案（图 13-142）：滨水建筑，空间丰富，变化有趣味，室内室外、陆地水面交融，是较好的滨水处理，有原创性。进入前厅后，再分别进入各大厅。建筑北端悬挑突入水体。水面引入建筑中来，彼此渗透、交融，有趣味，尺度、体型较活泼。并把世界馆和中国馆一体化，形成整体。沿水岸连续步行，人造水池（展览）、水边室外广场、渔人码头提供公众参与、休闲场所。东边渔村，提供游客参与水上活动机会。两侧二期不影响一期使用。梳形观展路线简洁，部分采用水上进出展品。社会车辆进入西侧，单独入口，提供后勤、办公服务。社会地下停车场，（通海博塔）有利不同游客的接近博物馆。

原第四号方案（图 13-143）：该方案比原方案有明显的改进。原方案仿佛是海滩边的礁石或古堡，棕色的陶瓷外墙，显得沉闷。新方案突出了海浪屋顶，

图 13-143 原第四号方案

蓝白陶瓷板显得较切题。该方案将建筑延伸到海滩，并筑小岛，提供海上观展视点。该方案原对大型展品的空间缺乏考虑，本次有所改进。但 4 ~ 5 个圆形展厅显得缺乏变化，难适应不同体量展品安排，而且各展厅间联系需通过室外。

在第二轮评选中对二、三案十分纠结。因为两者功能、造型都十分优秀，但若作勉强的概括，前者英雄主义，后者人文主义。第三方案令人联想到生活中的场景（图 13-144）。前者抓住第一眼，后者则耐人慢慢品味，终于得到首肯。

图 13-144 原第三号方案与渔船

第十四章　历史文化的保护与创新

第一节　中华文明史需证物，"两弹"功勋楼被拆

图 14-1　济南火车站

中国几千年的文明历史，从未中断过，累积了大量的历史文化遗产。然而也就是在这漫漫的几千年的跌宕历史中，历次的改朝换代，无不伴随着兵荒马乱，战火吞噬了珍贵的历史文化，直到"文化大革命"的一场空前劫难。中华民族的文明史需要有证物，所以能留存至今的更是难得、珍贵，需要保护甚至抢救。

例如，济南胶济铁路火车站（图 14-1）是座典型的德式车站，可惜 1992 年被拆除了。德国于 1897 年 11 月 13 日，借口"巨野教案"❶出兵胶州湾，以武力占领了胶澳商埠（即青岛），并即刻于 1899 年开始兴建山东铁路（又称胶济铁路），以便控制我国山东半岛。典型的德式的济南胶济铁路火车站，便是这段惨痛历史的实物见证，可惜被拆除了。

就在今年（2016 年）6 月 21 日在北京，"两弹"研究发祥地，"共和国科学第一楼"也被拆除。几辆拆迁铲车上下挥舞，该楼主体全面被破坏。就在此前一天，科技日报推出《京城之大，能容得下小小的原子能楼吗？》等报道，多位专家学者忧心忡忡：共和国"两弹"研究的发祥地是拆是改还是移？纷纷呼吁保护"共和国科学第一楼"（图 14-2）。❷

在 2012 年 6 月召开的"纪念国家历史文化名城设立三十周年论坛"上，时

---

❶ 德国神甫作恶多端，1897 年 11 月 1 日夜，乡民进入巨野教堂，杀死两名德国神甫。巨野知县赔银 20 两，并在巨野、济宁、曹州等地建造教堂及传教士防护住所。

❷ 痛心！"两弹"研究发祥地共和国科学第一楼被拆 [EB/OL]. 中华网，2016-6-23.http://military.china.com/news/568/20160623/22925747.html. 同日中央电视台也有报道。

任住房和城乡建设部副部长仇保兴痛批“拆真名城、建假古董”的行为，直接点名山东聊城，“成片历史街区被拆掉，统一建仿古建筑，一个设计图纸、一个时间建出来的”。历史遗产是不可再生的，仿造只有其躯壳而没有其灵魂，犹如逼真的蜡像，充其量不过是个赝品。

图 14-2　两弹“功勋楼”

近年我国兴起花巨资复建古城。据报道[1]武汉首义古城斥资 125 亿元、大同古城 100 多亿、湖南湘西凤凰城 55 亿、山东枣庄台儿庄古城 50 亿……作为旅游产品开发则另当别论。但它与历史文化遗产保护无关，正如中国工程院院士、原建设部副部长周干峙对南方周末记者说：“但我们希望是保护遗产，而不是一味恢复历史面貌”（图 14-3）。

大同南门

东城墙

东街

西街纯阳宫

图 14-3　大同市复建古城

[1] 逾 30 城市欲耗巨资重建古城百姓须世代还债 [EB/OL]. 新浪网，2012-11-17.http: //news.sina.com.cn/c/2012-11-17/013825597979.shtml

正如温家宝所说："当前，我们城市建设中存在的突出问题是，一些城市领导只看到了自然遗产和文化遗产的经济价值，而对其丰富珍贵的历史、科学、文化、艺术价值知之甚少，片面追求经济利益，只重开发，不重保护，以致破坏自然遗产和文化遗产的事件，屡屡发生。" ❶

历史遗产是历史信息（技术、艺术、事件、生活）的载体，是人们认识历史、丰富精神文化生活的实物场景。一座没有历史文化积淀的城市，就像在文化沙漠上的一座新城。一座城镇，不论历史长短，都有它的发展过程，应尽力留住历史的记忆。历史越深厚，城镇的内涵也越丰厚，这是人们精神生活的重要内容。对中华民族的悠久、灿烂历史遗产更多地关爱，是建设精神文明的天职。要大力宣传保护历史遗产，加强法治，遏制肆意破坏历史文化的势头，保护与传承中华民族文明史！

第二节　中国保护制度世界最严，但严格未必科学

根据从事历史文化保护工作者的感受，认为"在法律层面，中国的历史文化遗产保护的严格性更高，中国是世界文保的相关法律制定和修改方面相关要求很严格的国家。目前中国的历史文化遗产保护要求远远高于国际标准。欧洲许多国家的法律只是设定了一些最低保护原则、底线，按照这个原则各个国家都给自己留下了很大的操作空间。""以我们现在做的项目汉长安遗址保护规划为例，根据国内的考古文物主体和文化遗产保护准则，遗址周边设计时不允许有任何加建，重建必须依据原有风格进行确定。" ❷ 该文作者以《保护手段多样化》为标题，正是表达了要给保护工作以更多的创作空间的呼吁。

如果要求在历史遗产的周边，一概"不允许有任何加建，重建必须依据原有风格进行确定"的话。那么，岂不是要将历史定格在某一瞬间。其实这只是一个可能的选项而已，而非唯一。否则，这样的法定是反历史的，也是不科学的，因为它禁锢了历史文化的发展与繁荣。所谓"历史"是"泛指事物发展的过程"（辞海），"记载和解释一系列人类活动进程的历史事件的一门科学"（汉语词典）。显然关键词是"过程"、"进程"，也就是应当是动态的。

近年来，我国各地都热衷申请要列入"遗产"名录，于是借申遗大行拆迁。正如长期从事历史文化保护工作的王景慧所言："对比国外，注重科学把握遗产核心价值，分析历史上的种种变化，哪些是反映历史演变信息的合理部分，哪些是不合理

---

❶ 中国市长协会第三次代表大会上的讲话，2001-6-23.

❷ 张亚津 . 保护手段多样化 [J]. 北京规划建设，2011（4）.

的添加应该剔除，一般不会做大的拆迁。就算应该整治，也是做出承诺，逐步改善。如法国的里昂中心区，面积30公顷，1998年定为世界文化遗产，那里有12～16世纪的古街巷，也有19～20世纪的民居，还有20世纪60年代，在三层的老住宅上又加出三层的工人宿舍。他们并没有去拆它，而是申明'不同历史时期的建筑协调共容'正是此处世界遗产的特点。"❶

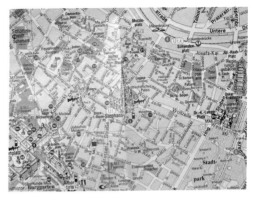

图 14-4　维也纳古城平面

　　因此，国外存在着大量历史文化遗产，体现了历史动态的案例。例如著名的奥匈帝国首都维也纳古城，遍布着中世纪的建筑（图14-4）。可是就在古城中央的 Stephans 教堂（图14-5）的斜对面，建起了玻璃幕墙的新建筑 ZARA 大厦（图14-6）。又如，荷兰海牙的国会大院，一排建筑至少有三个不同时间、三个不同风格（古典、现代、折中）的建筑（图14-7），真实反映城市发展的足迹。再如，巴黎罗浮宫的新入口是一个玻璃金字塔现代建筑（图14-8）。德国柏林国会大厦（图14-9）前的新总理府（图14-10）都不要求"遗址周边设计不允许有任何加建，重建必须依据原有风格进行确定"。柏林国会大厦在第二次世界大战后原样恢复重建，但实际也没完全照原样恢复，如屋顶原来是方形的，重建时改为圆形，以便游客环梯而上，鸟瞰柏林全城（图14-11）。南非开普敦的旧码头区，改建为休闲游乐区，将原钟楼修缮保存，历史的信息依旧浓烈，但周边的新建筑全是现代的建筑，反而强烈地烘托着钟楼更醒目，使旧钟楼展现出更耀眼的历史美感和历史的动态感（图14-12）。

图 14-5　Stephans
教堂

图 14-6　施工中（左）和落成后（右）的 ZARA 大厦

---

❶　王景慧. 文化遗产保护的新进展 [J]. 北京规划建设，2011（3）.

海牙国会大院西侧

1876 年与 1880 年建

现代建筑　　　　　又一风格建筑　　　　　历史建筑与现代建筑肩并肩

图 14-7　荷兰海牙国会大院建筑

图 14-8　巴黎罗浮宫新入口

图 14-9　柏林国会大厦

图 14-10　柏林国会大厦旁新总理府

图 14-11 原方形屋顶（左）和新圆形屋顶（右）　　图 14-12 南非开普敦
　　　　　　　　　　　　　　　　　　　　　　　　　　　老码头钟楼

　　我国西安鼓楼（图 14-13）周边的新建筑，就是按和鼓楼相"协调"的仿古建筑（图 14-14），似乎历史到此就凝固了。人们为了与历史建筑的协调，模仿原建筑是最省心、最少风险的做法，但也是最不必动脑筋的一种方法。这将造成时空概念的混乱，真假不辨，古今不辨，这实际是对历史的不恭。可喜的是，我们见到西安古城下展示一座"古风新韵"的城市雕塑（图 14-15）。"古都新韵"是一个多么意味深长的标题啊！一尊完全"不古典"的雕塑，却给历史以新的活力。我们的保护，不仅要留存历史的信息，还要给历史以活力，让历史动起来、活起来。

图 14-13 西安鼓楼　　　图 14-14 西安鼓楼广场新建筑　　图 14-15 "古风新韵"

第三节　东方木结构与西方砖石结构之差异

　　中国的古建筑虽然也有砖石的，如无梁殿一类建筑，但主流是木构建筑。木构建筑的承重构件是木材，易朽、易燃、易蛀，又加上立贴式结构（图 14-16）主要靠榫接抗剪力，刚度弱，易塌，因此留存至今的古建筑极少。中国现存最古老的木构建筑之一是唐朝建中三年（公元 782 年）的山西五台山南禅寺，至今 1234 年（图 14-17）。另一座是唐朝大中十一年（公元 857 年）的五台山佛光寺，至今 1159 年（图 14-18）。历史遗存极少，所以更要珍惜。另一方面也说明维修保护的成本高。日本也相仿，日本在明治维新时期，曾进行了砖石化的改革，如 1872～1877 年东京银座砖石建筑一条街的规划与建设。❶ 而欧洲以及西亚古代建筑以砖石结构为主。2500 多年前的建筑，即使是受到地震和大火的破坏，高大的砖石柱墙至今还依旧屹立着（图 14-19）。这说明东西方建筑存在着明显的差异。

图 14-16　立贴式木构建筑　　　　　　　　　图 14-17　南禅寺

图 14-18　佛光寺

图 14-19　约旦 JERASH 古城

---

❶　谭纵波.日本城市规划行政体制概观 [J].国外城市规划，1999（4）.

"亚洲传统建筑多以木结构为主，为了保护和维修，需要修理和更换部件。在中国、日本对传统木构建筑都有落架大修的方式。例如日本的伊势神宫，按照'式年造替'的传统祭祀惯例，每隔20年会重建宫殿。在伊势神宫有两块并列的基地，一般，当一块基地内的宫殿建成20年后，按照传统惯例即要在另一块基地内，开始按原样建新的宫殿，工期约10～20年。所以在伊势神宫40年以上历史的建筑是不可能存在的，它的宫殿建筑是既新且古的传统风格建筑，并且完好地保持了奈良时代的式样。但按欧洲人的保护观念，这一建筑显然不符合世界文化遗产的登录标准。也就是说它的'原真性'如何判定成了一个根本问题。按照《保护和修复纪念建筑和遗迹的国际宪章（威尼斯宪章）》，文化遗产作为历史的见证物，希望能够保留建设当初的材料。这对于欧洲等地的石结构是适当的，对亚洲等地的木构建筑或土坯建筑等也许就过于苛求。于是产生了东西方'原真性'问题的讨论。1994年1月为此专门在日本古都奈良召开了国际性的'关于原真性的奈良会议'（Nara Conference on Authenticity）形成了与世界遗产公约相关的《关于原真性的奈良文件》（Nara Document on Authenticity）指出：原真性不应理解为仅遗产的价值本身，而是我们对文化遗产价值的理解取决于有关信息来源是否确凿有关，原真性应在于此。"❶可见历史文化遗产的保护，应当根据国情，区别对待，不应当把西方人为主制定的什么"宪章"当"圣旨"。

西方的历史古城，砖石结构建筑都十分敦实厚重。英国四个历史古城爱丁堡（图14-20）、BACH（浴城）（图14-21）、切斯特（图14-22）、约克（图14-23），成片保护都比较容易可行。2000多年前的耶稣诞生地——耶路撒冷古城（图14-24），耶稣被押去刑场的"耶稣最后苦难路"（图14-25）都令人看到砖石结构坚固性。而中国的古城，成片木构建筑除少数寺庙、官邸用材质量较考究外，要成片保护，

图 14-20　爱丁堡

❶ 张松. 文化遗产和历史环境的保护与再生——法律、制度及规划方法 [D]. 同济大学，1999.

代价太高，未必只有一种模式。例如著名的福州"三坊七巷"在保护中不得不几乎以重建的方式（图 14-26、图 14-27）。日本人的"式年造替"我们未必采用，但应从中国的实际去探索，有所创新。

图 14-21　BACH（浴城）

图 14-22　切斯特

图 14-23　约克　　　　　　　图 14-24　耶路撒冷古城

图 14-25 耶稣最后苦难路

福州南后街　　　　　旧南后街　　　　　　文儒坊　　　　清政府海军司令萨镇冰故居

图 14-26 福州三坊七巷南后街

第四节　历史原真性中的辩证观，城市不能放进电冰箱

图 14-27 南后街修复施工现场

城市历史建筑文化遗产的保护，越来越受到全社会的关注。但是重视保护并不天然地会科学地保护。这里普遍遇到的是保护与发展的矛盾。只有解决好情与理之间的关系，才能处理好保护与发展间的辩证关系。

情是感情、爱好，没有激情就不会执着；理是理智，把握问题的本质和方向。如果没抓住本质，方向难免有偏，再高的热情也未必达到目的。

知理才能通情，认识规律就能以理智来统率感情，去探索多种保护的模式，把握好分寸，即使历史文化得以保存、继承、再生，又使现代的文化得以融入。历史本身就是动态过程的记录，应保护好一本"可读"的历史。

首先，历史保护要尊重历史的原真性，忠实地保存历史的信息。所以当对历史遗存必须进行修缮的时候，通常要求"修旧如旧"、"修旧如故"。例如，公元前 3000 年的良渚文化墓葬（图 14-28）古陶已破损，修复时忠实地将残缺的部分以白色材料与真物部分区别开来，东晋青瓷虎子亦然。而对公元前 2400 年的龙山文化兽面足陶鼎（图 14-29）修复时则使残缺的部分模仿原物，以至真假难分。

图 14-28　3000 年前良渚文化墓葬

图 14-29　2400 年前龙山文化
出土文物

图 14-30　南京中山陵铜鼎

图 14-31　英国 Bristol 教堂及周边环境

图 14-32　北京司马台长城

再如，南京中山陵的铜鼎，并没有把被日军枪弹下的弹孔修复为原状，不更展现了历史的沧桑吗（图 14-30）？英国不列斯托城（Bristol）的教堂，在第二次世界大战期间被德国飞机炸毁了（图 14-31），但承重的砖墙基本完好。虽然木屋架烧毁，屋顶不在了，但猛然一看，似乎整个教堂依然完整屹立着。英国人并没有重新把屋顶修复，更不在室内重新装修，放立十字架供人做礼拜。相反地把战争的创伤原封不动地保存，也不再复原周围的环境去仿造战争前的气氛，而是把周围环境整治，绿化起来。这忠实地贯彻了"活的历史"的原真性原则。

北京的司马台长城也未将残缺的城墙修复，实际这是更多地保存了历史的信息，体现了对历史原真性的尊重（图 14-32）。我国不少古城，把古城墙都修葺一新，

抹去了历史沧桑，既费钱又失去了历
史丰富的真实信息。犹如饱经沧桑的
老人，将满头白发染黑，将满脸皱纹
整容，这样实际是抹去了历史的信息。
当然有时为了游客某些心理的要求，
整修如新，有其景观的价值，在特定
条件下而为之，则另当别论，但从保
护历史角度并非上策。

图 14-33　某地唐城街

其次，尊重历史，保护历史，但
不能伪造历史。

王景慧认为："现在复建之风颇为盛行，有的甚至形成了'保护性'破坏。按《文
物保护法》的规定，文物保护要遵循不改变文物原状的原则……不改变文物原状
的原则可以包括保存现状和恢复原状。恢复原状并不是任意为之的，可以恢复原
状的对象有：坍塌、掩埋、污损、荒芜以前的状态；变形、错置、支撑以前的状态；
有实物遗存证明原状的少量的缺失部分；经科学考证和同期同类实物比较，可确
认为原状的少量缺失和改变过的构件；经鉴别论证去除后代修缮中无保留价值的
部分，恢复到一定历史时期的状态；能够体现文物古迹价值的历史环境。"❶ 但绝
不可以伪造历史。图 14-33 是某地的"唐城街"，居然安装了卷帘门，成为笑柄。

再次，历史是发展的，我们既要尊重历史，保护历史，还要创造新的历史。
延续历史要有新的时代气息、丰富城市的历史文化。

因此，历史不应仅局限于远久以前的东西，历史是一个不断连续的过程，城
镇时时刻刻在新陈代谢中。凡是城镇曾经发生过的事件，只要有文化意义的，都
应尊重它承载城市记忆的价值，发挥它彰显城市特色的作用。

法国前总统希拉克，在担任巴黎市长时曾说："城市不应当永远凝固不变，对
巴黎来说，凝固就是灾难，每个时代都应该在城市中留下自己的标志。在尽量地
保护每个时代的作品的同时，并没有使自己变成化石，变成一个博物馆似的城市。"❷

提起巴黎，人们脑海里首先浮现的是埃菲尔铁塔、巴黎圣母院、先贤祠、亚
历山大桥等宏伟壮丽的建筑，以及香榭丽舍大街等宽阔的城市中轴线。然而许多
人并不知道，直到 19 世纪中叶，巴黎仍然维持着中世纪城市局促而狭窄的面貌。
1853 ～ 1870 年间，豪斯曼（Hausmann）男爵推动大规模的城市重建计划，使巴黎

❶　王景慧. 文化遗产保护的新进展 [J]. 北京规划建设，2011（3）.

❷　史章. 巴黎市长谈巴黎 [J]. 世界建筑，1981（3）.

脱胎换骨，才形成了今天独特的城市面貌。

1853年，拿破仑三世为实现自己描绘的大巴黎改造计划，任命豪斯曼为塞纳省行政长官，负责该计划的实施。可是人们称豪斯曼为搞破坏的艺术家（图14-34），一手拿着锹，拆！一手拿着泥刀，建！巴黎在改建工程中开辟了宽阔的林荫大道、放射形道路、星形交叉路口。新建的主要道路以重要地标建筑作为对景，新建的地标建筑也与街道走向紧密结合，这使城市获得了开阔视野，也使地标建筑能够不被遮挡。❶

殊不知巴黎在埃菲尔铁塔建设时（1889年），曾遭到小仲马、莫泊桑、古诺等在内的世界名人联名抗议，因为这将破坏巴黎历史风貌，但它今天却成了法国的象征。今天巴黎人应当感谢一百多年前，那些勇于为那时代留下标志的人，为巴黎铁塔而自豪，给巴黎增添了新的历史遗产。正如贝利（Berry）所言：豪斯曼拆毁了旧巴黎，造就了今天我们所了解和热爱的巴黎。❷ 所以，巴黎城虽有800多年历史，但今天我们看到的巴黎城，实际是不过160年左右的巴黎。而人们却赞美巴黎，具有那么深厚的历史文化底蕴，是一座古色古香的城市。当然这绝不应当把巴黎改建作为样板，借口大折大建。因为巴黎当时有特定的政治历史背景，拿破仑三世为了要征服欧洲，马队必须能在巴黎迅速地调动。巴黎改建本身，也是法兰西第二帝国历史的实物记载。

法国前总统希拉克在担任巴黎市长时，也曾对巴黎旧城进行了更新，虽然并非十全十美，例如巴黎15区的改建（图14-35）中新的一组现代高层建筑群离巴黎铁塔太近了些，但毕竟使巴黎旧城感受到了一点现代的气息。

图14-34　豪斯曼"搞破坏的艺术家"

图14-35　巴黎15区新建筑

❶　回味巴黎——奥斯曼与"新巴黎". 全球·城市. 上海市城市规划设计研究院内部资料，2014（11）：7-9.

❷　Fergus T.Maclaren，M.E.Des. 亚洲历史城市中心区遗产保护的真实性：在有关解释和成就中的假象 [J]. 国外城市规划，2001（4）.

　　所以，历史本身也是相对的，今天的新闻，明天的历史。在保护历史的同时，不应该封杀新路。希拉克说："我不相信，今天的建筑师会比过去的建筑师还缺少创造性。"保护归根到底还是为今人，当保护与发展难"两全其美"时，要以"发展是硬道理"，以历史辩证观来统一发展与保护的关系。例如上海为了解决城市交通和防洪问题，在拓宽改造中山东一路时，不得不将历史建筑"信号塔"整体移位了33米，为城市交通让路（图14-36）。许多古城墙，虽然防卫功能已消失，但却有着重要的历史文化价值。所以小城镇也许可限制机动车交通，把古城墙完整地保存下来；但对于大城，由于现代化交通难解决，局部"突围"在所难免。北京永定门被保存，但打开了城墙以解决交通问题（图14-37）。历史的辩证、古今的对话，不也有一番新意？而护城河则相对易于保存，因为它的排水、防涝、改善环境、绿化景观等功能仍然存在。

图 14-36　上海外滩
整体移位后的信号塔

图 14-37　北京永定门

　　历史是人类动态变迁的记录，城市历史建筑遗存自然也是其历史变迁的记载。如江西南昌市的滕王阁，于1983年得以重建（图14-38）。殊不知，在1300多年的岁月中，滕王阁毁了28次，重建了28次，许多次的重建并不是完全简单的复原。如（唐）韦悫的《重建滕王阁记》记载："今按旧阁址，南北阔八丈，今增九丈二尺……"（图14-39）原址重建，但高了约3.1米（唐朝一尺等于26.7厘米）。（宋）范致虚的《重建滕王阁记》记载："东西增旧规丈有一尺，南北增

图 14-38　1983 年重建滕王阁

二丈。上下三层，自地至屋极，凡增九十余尺……"（图 14-40）。清代阁址就与原址相距 300 米（图 14-41）。1942 年梁思成先生为重建设计的滕王阁也有所创意（图 14-42），但因战事未果。❶ 这就是历史，一页一页展开着的活的历史。"历史不应当被放进电冰箱里被冰冻起来"，这是笔者访问台湾新竹市时，该市规划局长说得很生动的话。一座建筑的历史变迁，尚且如此巨大，一座城市的变迁更不言而喻。图 14-43 是上海外滩的变迁。上海的南京东路是中国近代史许多重大事件的见证者，但它为了保持其活力，并没有被传统所固化，随着时代的步伐不断地在更新。从单纯的购物走向购物、餐饮、娱乐、观光的综合功能；从周末步行街发展为全天候的步行街，做到了"与时俱进"，才保持了青春活力（图 14-44）。难以想象，南京路口假如还保持 1930 年或 1936 年的风貌，它会被群众所接受，时代所认可吗？

图 14-39　唐阁

图 14-40　宋阁

图 14-41　清阁

图 14-42　梁思成 1942 年方案

最后，彻底的历史辩证论者，必定相信任何事物有生必有死。在历史长河中必然有生有死，这是无法抗拒的新陈代谢规律。犹如现代生活的变化，使许多往日的行业逐渐消亡。《红楼梦》第 52 回描写了晴雯补裘的故事。织补业曾经风光过，

❶ 九奇，仲禄. 滕王阁史话 [M]. 江西人民出版社，2001.

但今天"巧夺天工，天衣无缝"的织补师已后继乏人。培养极少的继承人，只为特殊的织补需要，大众是绝少关顾，只能叹息其为"正在消逝的上海城市风景线"。**❶**

1880 年　　　　　　　　　　　　　　　1940 年

1998 年　　　　　　　　　　　　　　　现今

图 14-43　上海外滩的变迁

1930 年　　　　　　1936 年　　　　　　1990 年

1999 年　　　　　　　　　　　　　　现今

图 14-44　南京东路变迁

---

❶（注：中方航空 2000 年 7 月，总 92 期）

一个行业是如此，城市、建筑更如此。在现实生活中必然有些功能在消逝，某些功能在新生。正如中国科学院院士常青所言："任何建筑物一旦建成就开始了自己的生活史，并在此过程中逐步改变了落成时的原初面貌，这种承载的历史信息，对历史建筑来说是非常真实的，因此在保护设计中必须对建筑的这种改动加以尊重，而不是'修旧如旧'。""建筑遗产不同于一般文物，建筑是一种生活空间，除非在历史中被尘封起来，它们当中的大多数是被持续使用着的，必然会有历朝历代的变动。而这些变动对于所谓'原态'或'原型'来说往往是负面的，可能改变建筑所负载的历史信息，影响所在建筑群整体的协调，难以坚持国际文化遗产界争论不休的真实性原则。在具体的实践中，则对于被拆、改、变动部分审慎地根据具体状况分别予以处置。"❶

有人满怀回忆，游览了江苏水乡古镇周庄之后，叹息不已。"周庄确是如诗如画，让人恍入梦境，沿河那一座座石板桥，一条条石板路……村姑们在河沿上捶衣，牧童牵着牛正笃笃地穿过小桥，小小渔舟已收网归来，夕阳西下，余晖抹在粉墙黛瓦间，炊烟升起，小镇笼罩在田园乡情中……遗憾的是这梦境却是无法转化为现实。眼前的'小桥流水'虽依旧，但人家却早已生存在现代文明之中了。正如周庄已被现代商业城区层层包围……"❷

余秋雨在《人比历史重要》一文中写道："在出租车上，希腊司机出于礼貌恭维中国，我作为回敬，恭维他们的历史。没想到他说：'历史并不重要，重要的是人。我们希腊，人好。'我听了一惊，果然了得，这是出于人文主义摇篮的声音。

历史越悠久越会把人压得气喘吁吁，但重要的是人。

我们鲁迅也懂，悲叹那位早先阔多了的阿Q，做不好一个正常的普通人。"❸

近年来历史遗产保护越来越被重视，在令人欣慰之余，也多少有些忧虑。因为要求保护的对象，范围越来越宽广，似乎有些"宁左勿右"之嫌。近日阅读年轻一辈从事遗产保护工作的学者的一篇文章，令笔者鼓舞。❹ 以上海老城厢的保护为例，"若按历史建筑和历史环境现状判断，老城厢保护范围不仅将大大缩小，而且成为多处孤立的历史街区和历史街坊，这与名城保护理念是不一致的（图14-45）。"同样地，上海的静安寺、老西门、八仙桥、曹家渡、中山公园等地区，大部分历史建筑已不存在，无法作为历史地段来保护，但应延续其历史地位和场

❶ 诸葛净.建筑保护的历史观（第二届中国建筑史国际研讨会随记）[N].建筑时报，2001-10-12.

❷ 鲁宪.周庄醒梦[N].西安日报，2000-6-29.

❸ 余秋雨.人比历史重要[N].大公报，2002-8-28.

❹ 周俭.城市遗产及其保护体系研究——关于上海历史文化名城保护规划若干问题的思辨[J].上海城市规划，2016（3）：73-80.

所识别的策略将其纳入保护。因此提出"城市遗产价值在它具有空间文化价值，因而决定其保护必须考虑遗产空间形态和规模的平面肌理、空间比例、空间界面、空间连续性和空间识别性的空间立体属性的保护，防止出现'建筑没有了，空间也就彻底改变了'，导致城市空间文化的文化意义和文脉的关联性彻底消失的状况。"显然作者主张应该扩大保护范围，但关键在于保护的指导思想与策略。那就是"更重要的是，城市遗产的价值层积性并不排斥'变化'。在联合国教科文组织发布的《历史名城焕发新生——历史性城市景观保护方法详述》（New Life in Historic City，2013）中指出：'本手册主张（城市的）历史背景和新的发展能够互相影响，相互强化彼此的作用和意义'，要从城市遗产保护中获益，就应该'将城市遗产保护目标和社会经济发展目标结合在一起'。这就要采取合理的保护管控策略。""城市遗产保护的战略目标是实现历史的复兴和活力

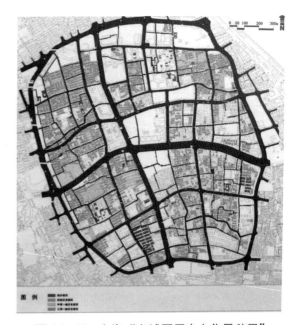

图 14-45　上海"老城厢历史文化风貌区"历史建筑分布图

图 14-46　上海新天地

提升。新的、当代的物质元素、空间元素、文化元素和功能元素无疑对发展和活力是一种积极的元素。因此，在各层次的保护区划中植入这些积极元素，是城市遗产保护管控的主动性策略。"核心的思想是，保护为的是获得"活力和复兴"。事实上许多实践已经证明了这点，如上海的"新天地"（图 14-46）、广东佛山的"岭南天地"（图 14-47）等等，都因注入了新元素，既保存了历史的信息又获得活力和复兴，不是简单地"修旧如旧"。

　　总之，对待如此复杂的保护和发展的问题，要从错综的矛盾中，保持清醒的头脑，除了需要强烈的历史责任心、执着的追求，充满着情感外，更需要冷静的理性思考，才能摆脱专业的偏爱，将感性和理性统一起来，使得历史文化遗产得

图 14-47　广东佛山"岭南天地"

到更有效的保护，使中国的历史文化更辉煌灿烂，使今天的生活更丰富多彩。"中国文化革命主将"鲁迅先生（毛泽东）曾鲜明地表达了这历史的辩证观。在回答保存国粹来牺牲中国还是牺牲"国粹"来保存中国时，他斩钉截铁地说：首先要问他"有无保存我们的力量，不管他是否是国粹"。倘若没有，那就"无论是古是今，是人是鬼，是《三坟》、《五典》、百宋千元、天球河图、金人玉佛、祖传丸散、秘制膏丹，全都踏倒它。"❶这就是从最高的层面上去把握保护和发展的辩证观。

第五节　"你来住！"对历史负责，更应对人负责

记得有一次到无锡考察古运河时，当大家从车上下来，居然有一位中年妇女直面冲向我们嚷道："你们来住，你们来住！不要把我们当动物关在笼子里，你们来参观！"

---

❶ 鲁迅. 忽然想到（六）[M]// 鲁迅. 华盖集（第一卷）. 人民出版社，1856.

　　城市的历史建筑遗存相比一般的文物，往往具有以下特点：①不可移动性；②体量巨大；③其历史文化内涵与周围环境相互依存，因此在保护历史建筑文物时，必须注意其周边环境的保护。

　　也正因为周边环境保护的范围要比历史建筑文物本体大得多，倘若要把这些环境都像文物一样"冰冻"起来是不现实的。因为它们在现实生活中往往还有实际的使用功能，人们还生活其中，不能剥夺生活在其中的人们享用现代文明的权利。既然它还活着，就必然会有新陈代谢。

　　《中华人民共和国文物保护法实施条例》中规定：（第九条）"文物保护单位的保护范围，应当根据文物保护单位的类别、规模、内容以及周围环境的历史和现实情况合理划定，并在文物保护单位本体之外保持一定的安全距离，确保文物保护单位的真实性和完整性。"显然，这里明确区分了"文物保护单位"的"本体"和"本体之外"两部分，两部分的对策是不一样的。

　　因此，在《中华人民共和国文物保护法》（第14条）中明确规定："历史文化名城和历史文化街区、村镇的保护办法，由国务院制定"。这说明保护办法还将另行规定，并非简单套用文物保护法的规定。对待城市历史建筑遗产的保护必须通情达理，尊重历史的辩证法。

　　历史文化街区，一般既处于城市土地级差地租的高峰，又处于经济社会发展的低谷，因而面临保护性衰败与建设性破坏的双重困境。例如苏州的古城，"生活配套设施落后，产业没有竞争力，居民收入水平、人居环境及生活品质提升速度远远落后于新城。大量原住民尤其是年轻人群外迁，户籍常住人口由1990年的32.4万人下降至现在的16.9万人。随之而来的低素质、低收入外来人口的涌入。尤其未改造的历史地段成为房屋租金的洼地，不断吸引着低层次的外来务工者。六普常住人口21.72万人，古城正常的社会结构被打破，传统文化传承受到威胁。"❶

　　对于历史文化街区的保护，第一，它和文物保护单位不同，这里的人们要继续居住和生活，要维持并发扬它的使用功能，保持活力，促进繁荣；第二，要积极改善基础设施，提高居民生活质量；第三，要保护真实历史遗存，不要将仿古造假当成保护手段。

　　历史街区保护存在着两种不良倾向：一是看重地区的房屋破旧、设施不全，急于改造面貌，全部拆除重建；二是看重区地核心位置的商业潜力，只保躯壳，丢掉历史文化，改变功能，做成商业街，导致"人房分离"，建起貌似古老的商业街，但利益

---

❶ 张泉，俞娟，庄建伟. 历史文化名城保护规划编制创新探索——以苏州历史文化名城保护规划为例 [J]. 城市规划，2014（5）.

被外来人所占有,没有与当地居民分享。显然这两种都不是历史街区保护的正确方向。

根据上海市居民对城市历史街区保护满意度的实证分析结果,"值得注意的是,包括'历史文化风貌保护区'、'优秀历史建筑'、'文物保护单位'等多部门参与的风貌保护工作持续多年大力开展……具有显而易见的成果,获得显著的社会影响,然而其对居民满意度的提高却相对有限,其标准回归系数仅为0.211,说明目前被大力推行的风貌保护政策并没有有效促进居民生活水平的改善……"❶

面对这样尖锐的问题,历史街区的保护,首先是尊重历史,更要尊重人,既要对历史负责,更要对人负责。资深建筑历史专家、清华大学教授吴焕加在《是谁留恋传统建筑?》一文中言道:"中国建筑从传统进到新统是一次质变……人们希望有设备、质量好、适合现今家庭结构和生活方式的新型住宅,于是旧城的老旧房屋陆续被拆掉,改建起新型住宅楼……旧貌换新颜,并非人人高兴,有人反而叹息,为失去旧貌而产生失落感……据我观察,老居民的叹息是短暂的,他们很快就适应和喜欢新的建筑与环境。失落感最甚的是中外专家。他们并不住在旧城区里急待改造的老旧房子中,然而十分留恋老区、老街、老巷(在北京称胡同)、老房子、老四合院往日的气氛、情调、意境或'场所精神',旧貌换新颜换掉了这些东西,在他们的心目中便成了一种灾难。这种看法并不奇怪,也可以理解。在新旧交替的时候,人们不免会惜旧、怀旧,所以要有选择地保留老街巷、老环境,有的地方还可以补充一些新的'老房子',以满足中外人士观光、游览、体验、回味的需要。但此种做法不可扩大化。"❷ 保护和发展的争论也许分歧的关键之一就在于"扩大化"。而人们期盼着能在保护和现代化中得到再生。

而在《石库门,留得住吗?》一文中似乎也有同惑。"作为历史的石库门房子是上海城市历史、文化和几代上海人的一部分,不仅应该保留,而且要尽可能完整地长期保存下去,不过这是作为古迹、文物、博物馆,而不是为了继续当民居。对其中的名人故居、重要纪念地、典型建筑应该确定保存的名单,保证不被改建、破坏或拆除,实在难以在原地保存的,也应该用原有材料易地重建、整旧如旧。"但作者从亲身的体验又写道:"当我看到一些住在高楼大厦或花园洋房中的名流学者写的石库门房子如何好的文学时,在听到一些从来没住过石库门房子的青年为之大唱赞歌时,我倒希望能请他们在这样的前楼或亭子间、过街楼中过一过瘾。"❸ 从上述两种意见中能找出一些公共点。

❶ 李彦伯, 诸大建, 王欢明. 新公共服务导向的城市历史街区发展模式选择——基于上海市居民满意度的实证分析 [J]. 城市规划, 2016 (2): 51-60.

❷ 吴焕加. 是谁留恋传统建筑? [N]. 建筑时报, 2000-3-13.

❸ 石库门, 留得住吗? [N]. 文汇报, 1997-7-24.

而《胡同文化面对推土机》一文似乎处于无可奈何之地步："盛夏天气，当外面骄阳似火，胡同内则在两侧大槐树的遮蔽下凉爽舒适……如今，这一切不复存在。""胡同的住户也知道胡同的历史价值，但他们说：'住在这里太不方便'。""不能让历史成为未来的包袱，也不能让未来失去历史的基础"，"面对历史和现实之间的尴尬，北京市文化局采取折中做法。"❶

上述言论绝不应该被解读为不要保护里弄、不要保护胡同……而是在保护的大目标下寻求对策；其中最根本的是保护要以人为本。这是对从事保护工作的专家、从政者们站到人的立场上的一种期待。正如张兵在《保护规划需要有更全面综合的理论方法》中指出：由于人们随着生活水平的提高，从温饱到小康到富裕……人们需求的层次也逐步提高，从生理到心理，从物质到精神。"当大众对自己的历史文化没有足够保护意识与需求时，对遗产的历史文化价值的判断可能就不得不依靠一些精英。"没有精英们"超前"的努力工作，等到大众有这需求时，也许为时已晚。为此专家们更应贴近民众，代表大众长远的公共利益，防止以精英的文化品位、以社会上层利益取代"最广大人民的根本利益"。❷

下面举若干例子以说明专家们或从政者在对待历史文化保护方面的矛盾。

案例一：

关于遵义会址的保护与改造的两种对立的态度，显然已超出一般意见分歧的程度。从《遵义古城改造触雷》的报道中，可以看到百姓、从政者、专家三方面的态度：老百姓住在保护区像是住在"棚户区"里，仅 1994～1997 年三年内便发生大小火灾 141 起，其中 1996 年春节前在距遵义会址不到 20 米处的火灾就烧死两人。处于水深火热中的当地居民盼着改善居住条件；而政府则因为解救百姓水深火热中所施的"德政"却又"触了雷"；❸ 专家痛心疾首，"周围历史建筑拆毁殆尽，遵义会议旧址成'孤岛'，专家建议对渎职法人追究法律责任。"❹ 而据老人回忆，20 世纪 30 年代会址对面几乎没什么建筑，还是一片菜地，何是原汁原味？

对会址的保护并无分歧，分歧的是对周围的环境保护和改造上，这是一个很普遍的问题，也是一个颇为典型的事例。图 14-48 是改造前的照片，图 14-49 是改造后的照片，是非暂不讨论，但争论的结果是遵义会址前至少争得一条街道，将会址与硕大的广场隔开了（图 14-50），改进了会址环境的尺度感，毕竟是有所收获的。这也许是一个"中庸"的结果，我们能否少些通过争论被动地取得中

---

❶ 胡同文化面对推土机 [N]. 文汇报，2001-9-13.

❷ 张兵. 保护规划需要有更全面综合的理论方法 [J]. 国外城市规划，2001（4）.

❸ 遵义古城改造触雷"建新如旧"还是"原汁原味"[N]. 中国青年报，1999-8-20.

❹ 遵义会议旧址成"孤岛"，专家建议对渎职法人追究法律责任 [N]. 文汇报.

庸，多些主动地综合思考获得"中庸"？更多的理性思维、综合思考，使保护和发展在更主动、积极的气氛中进行。

案例二：

《新周刊》曾发表了《中国城市十大败笔》一文，列举了"强暴旧城"、"疯狂克隆"、"胡乱标志"等十大方面的问题。其中列举了历史文化名城襄樊，千年古城墙一夜惨遭摧毁，令人震惊和不解。笔者借应襄樊市邀请去讲学之机，实地考察了襄樊城后，松了口气。襄阳古城墙完好，周边环境也治理得不错（图 14-51），这是一座距今 1800 年的古城墙。而被拆除的是樊城古城墙的一段，樊城因年代久远（距今约 2800 年），只留存断断续续的土墙，因修建滨江景观带，导致一小段古城墙被拆除。从平面图上可知该古城墙长约 70 米，最宽处约 10 米（图 14-52）。遗憾的是，拆除前没有留下照片，因为它不在保护名录中，已无档案可考。但从另一处被列入文物保护名录的古樊城墙（图 14-53）看，大致可想象被推平的古城墙的状况，与从媒体报道中得到的印象出入甚大，显然被媒体夸大了。

图 14-48　遵义会址周边改造前

图 14-49　遵义会址周边改造后

图 14-50　会址规划模型

图 14-51　襄阳古城墙

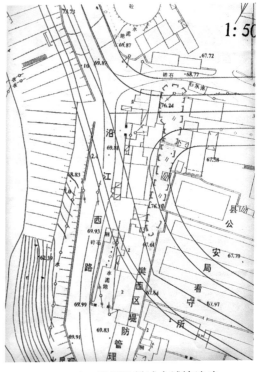

图 14-53　樊城古城墙遗迹

图 14-52　被拆除樊城古城墙遗迹

图 14-54　滨江路

当然在滨江景观带的规划设计过程中（图 14-54），据说曾考虑在两条路（滨江路和解放路）丁字交叉口处设计三角岛（参见图 14-52 红色标志处），把古城墙留在岛中完全可能，以古城墙作为三角岛的地标岂不更妙。这说明在保护和发展之间，还是有许多探索的空间。思想中重视保护，就会精心设计，做到两全其美是可能的。

案例三：

浙江省台州市椒江区在旧城改建中，虽不是历史文化街区，但在 1991 年编制旧城控制性详细规划时，对一段老街规定了保护的原则（图 14-55）。在规划审定时，因离实施还久远，人们并不敏感。但到 2000 年要实施改建时，因其投资大而出现了分歧意见，要不要执行"控规"？经过一番努力终于得到共识。虽然只保留短短的一段老街，但毕竟为人们留下一点回忆往日历史的实物场景（图 14-56）。犹如一些老照片，虽已发黄，但总让人沉入深情的往日追思中（图 14-57）。但是保护的代价是可观的，不到 200 米的两侧一层街面要花上亿元。保护的成本与代价是重要的因素，"不当家不知柴米贵"，专家要保护，是决策重要的制衡力量，但科学决策还要全面综合考虑。

图 14-55　台州市椒江区老街

图 14-56 椒江老街修缮施工现场

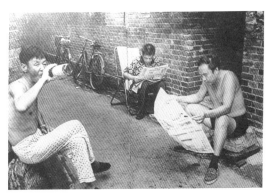

图 14-57 老照片

案例四：

山东省泰山风景区修建索道曾遭到一些专家反对。笔者在一次全国市长研讨班讲课之后，和几位书记市长们围坐交谈，谈及此类事情时，似乎共同遇到了困惑。甚至有位市长直言不讳地说："专家的意见可不能听，听了你什么事都干不成！"似乎不该有分歧的事竟然如此对立，令人深思。其中泰安市委书记谈起，泰山每年"五一"节，成千上万的游客上了山下不来（图 14-58），要发动全市警察上山维持秩序。新修了索道，塔架从原来的 40 米降到 20 米，原来钢架体量大，新的是钢柱，体量小多了，输送能力却提高了 2 倍（图 14-59），为什么他们还是反对呢？事也巧，过了若干年，有人告诉笔者，当征求考察专家上山是步行还是乘索道时，反对修索道的专家也选择了乘索道。如果不修索道（图 14-60）也许就会使一大批年纪大、体力弱的人被剥夺游山的权利。

图 14-58 下山人群

图 14-59 泰山新索道

图 14-60 登泰山步道

保护和发展应以人为本。据美联社报道，德国德累斯顿居民公投认为，应在易北河上建桥来缓和该市交通。但联合国教科文组织认为，在易北河上建桥"将对世界文化遗产德累斯顿易北河谷风景的整体性造成严重影响"，将导致其从"世界遗产目录"中除名。德累斯顿市议会担心，易北河谷丢掉世界文化遗产的"殊荣"会影响当地旅游业，因此向宪法法院寻求帮助。但宪法法院裁定，公投决定代表了民主表达的权利，应该予以认可。❶

总之，保护与发展根本目的都是为了人，"以人为本"中充满着辩证法。

第六节　多种保护模式是尊重历史又尊重人之道

保护和发展的共同目标，都是为了社会的进步与发展，使人们的生活在物质和精神上得到多方面的满足。不必讳言，保护与发展有时会产生难以调和的矛盾。除了努力寻求两全齐美的办法外，也会遇到两者必须取其一的困境。对于重点文物保护单位，原则上应绝对保护，不得已的情况下可做整体移位、整体落架易地复建。例如，坐落在四川云阳旧县城的国家级文物保护单位张飞庙，由于三峡大坝修建是国家重大工程，建成后张飞庙被淹无法幸免，因此只得拆迁（图14-61）。而对于一般的历史遗存则要灵活些，特别对于范围大的保护区，不但"原汁原味"难以做到，就是要做到"协调"也需要拓宽思路。

城市是一个活的生命体，当今现实生活中历史上曾经存在过的一些原功能已不存在。例如新疆昔日"白日登山望烽火，黄昏饮马傍交河"（唐代李欣《古行军行》）的交河古城，只剩下厚薄高低不等的黄颓墙（图14-62），可以原封不动地加以保存。古城遗址是历史文字的记载的实证，也许比文字更具感染力。但它除了认识历史、考证历史的价值外，现今的人并不在这城中生活了，作为一个生命体，它已死亡。

图 14-61　张飞庙主殿（左）和庙前的结义亭（右）正在拆除

---

❶　德易北河谷可能被世遗除名 [N]. 新民晚报，2007-6-7.

图 14-62 交河古城

城市规划的最大特征就是诸多要素的综合。子系统的最优，并不必然导致总系统的最优，对于复杂的系统在绝大多数情况下，往往是各子系统的次优，甚至不优才可能综合成总系统的最优。也就是只有妥协退让，才能求得合作成功。儒家的中庸之道，视不偏不倚，无过不及为最高的道德标准，就是讲综合。当然折中并非不分主次，至于何为主，何为次就得从实际问题出发，对象不同，策略不同。但觉悟其中庸之道，就可少依赖别人来纠偏，明理则智，历史文化保护概莫能外。

随着城市人口的剧增、土地资源的稀缺，指望恢复原有一家独居的代价太大，少量有特殊背景也许可行，大量地整片整片地保留就困难了。因为当今全球都面对着人口、资源、环境的严峻问题，历史已经向前发展，问题的解决自然要以时代背景为依据。一位长期致力于历史遗产保护的专家说："看来要价不能太高。"（笔者在市长班讲课后与王景慧先生交谈时所言）

由于保护的对象情况十分复杂，必须从实际出发区别对待，采取多种模式以求最优的方案。例如凡列入文物、文化遗产的，就必须保存与修复；保护区内的一般建筑则可采取更多灵活的措施，没有区别就没有政策。正如温家宝总理在全国市长代表大会上所指出："历史文化遗产的保护，要根据不同特点，采取不同方式。"

（1）保存。着重在防护、修补现存的历史有价值的遗存，使之安全稳定，如在外面加防护材料和加固构件，这对于文物保护单位尤应首选的模式。

（2）修复。为了真实展示某一特定时期古迹的原状，去掉后代不当的添加部分，恢复完整的原貌。

（3）更新。为了继续使用或改变原有功能，在保护古迹历史特征的前提下，加以需要的增添和改动。

（4）重建。对已消失的建筑和建筑中无存的部分进行再创作。从保护文物的原则来说，已消失的就不应复制，复制品不属于文物。这只是为了告知人们历史，而不拘泥于载体本身是真实遗存还是现今的仿造。

以下罗列若干不同的历史文化保护案例，以资说明，从实际出发，灵活处置。为不使篇幅冗长，就不细考其背景了。

（1）英国伦敦古城墙（图14-63），原封不动地保存历史的残垣断壁，主要把周边环境整治好，供人观瞻其历史的真迹。

（2）英国是十分重视保护历史文化的国家，但在城市土地价值高的地段，更新和改造是常见的。英国的做法是街道两侧的历史建筑主要保护好3英尺的一层外立面。如伦敦中心地区的维多利亚大街，由于地价昂贵，只保存了旧立面的一层皮。不少建筑不但在3英尺的后面新建，就是在3英尺范围内还作了加层，加层部分的建筑立面完全是现代的，并未模仿旧立面。既发挥了中心地区土地的经济效益，又使老街的立面得到保存（图14-64）。

图14-63 伦敦古城

（3）德国鲁尔地区埃森市某留存旧立面的新建项目（图14-65）。

外观

保留旧立面并加层

旧立面背后的新建和加层

图14-64 伦敦维多利亚大街旧改项目

图14-65 埃森旧改项目施工现场及效果图

（4）上海"新天地"是上海近代建筑的标志，以石库门建筑旧区为基础，尽可能保留原里弄建筑的重要元素（如砖墙、门坊），保留里弄空间和城市肌理。但并不是原封不动地保留原有建筑，而是对结构不佳、无法保留或无特色、无须保留的重新设计，改变了石库门原有的居住功能，使新建筑更符合商业经营功能，形成具有餐饮、购物、演艺等功能的时尚、休闲文化娱乐中心。保护不排斥更新，同时也要考虑保护的投入与产出、资金的可行性、社会总体效益（图 14-66）。

（5）爱沙尼亚首都塔林的旧工业区更新改造，在旧厂房上长出新建筑，用于办公。新旧建筑混搭、相叠（图 14-67）。

总体规划

实景

石库门犹在

必要的更新

图 14-66　上海新天地旧改项目

入口

旧厂房上长出新建筑

图 14-67　塔林旧工业区改造（一）

新旧建筑混搭   新旧建筑相叠

图 14-67 塔林旧工业区改造（二）

（6）上海 M50 创意园，原为上海春明粗纺厂，2005 年 4 月被上海市经委挂牌为上海创意产业聚集区之一，因位于莫干山路 50 号而得名"M50"。工业时代的建筑遗存在注入了现代艺术的血液之后，成为上海文化产业的新兴力量和具有浓郁艺术特色的新型城市社区（图 14-68）。

（7）北京"798 创意园"，是从 2002 年开始，一些艺术家进入几近废弃的 798 工厂，新鲜的艺术行为与工厂的旧有规划开始发生矛盾之后，危机中的碰撞与成功，使这个地区迅速升华，成为北京的新符号（图 14-69）。

外景   原春明粗纺厂   内景

图 14-68 上海 M50 创意园

图 14-69 北京原 798 厂改造为创意园

（8）杭州雷峰塔又称西关砖塔或皇妃塔。民间故事《白蛇传》中，法海和尚骗许仙至金山，白娘子水漫金山救许仙，却被法海镇于雷峰塔下。后许仙、小青苦练法力，终于打败了法海，雷峰塔倒塌了，白素贞获救了。旧雷峰塔于 1924

年倒塌，2001 年重建，重现了"雷峰夕照"的西湖十景之一。新塔将老塔基础包容其下，留存历史信息。新塔外观传统，但结构、电梯等全部采用现代的技术，展现了时代信息（图 14-70）。

老塔遗照　　　新塔室外电梯　　　新塔将老塔基础包容其下　　　新塔钢结构设电梯

图 14-70　杭州雷峰塔

（9）爱丁堡是英国著名的文化古城、苏格兰首府。爱丁堡的旧城和新城一起被联合国教科文组织列为世界文化遗产，爱丁堡成为仅次于伦敦的第二大旅游城市。但现在居然在世界遗产爱丁堡的城门口建起了全钢结构的巨大看台，将成为观演场所（图 14-71）。据说是"临时建筑"，但这"临时"将允许多久时间？历史文化价值和经济效益是绝对对立的吗？

城门前施工现场　　　　　　　　　　城门外施工现场

观演广场　　　　　　　　　　　观演台和古堡

图 14-71　爱丁堡城门口建起巨大看台

（10）台北市101大楼旁的新义公民、城乡会馆内的眷村文物馆，记载了一段令人心酸的历史（图14-72）。余光中的诗《乡愁》："小时候，乡愁是一枚小小的邮票。我在这头，母亲在那头。长大后，乡愁是一张窄窄的船票。我在这头，新娘在那头。后来啊，乡愁是一方矮矮的坟墓。我在外头，母亲在里头。而现在，乡愁是一湾浅浅的海峡，我在这头，大陆在那头。"催人泪下啊！

（11）利物浦是英国工业化后重要港口城市，其滨水地区颇像上海外滩，但规模小很多。可是这历史地区融入众多新建筑，亲密无间，但似乎又少些章法，颇显零乱（图14-73）。

101大楼与眷村

新义市民、城乡会馆

眷村

眷村文物馆

眷村文物

余光中诗《乡愁》

图14-72　眷村文物馆

利物浦"外滩"

历史建筑和现代建筑面对面

图14-73　利物浦滨水地区（一）

历史建筑围绕现代建筑　　　　　　　　　　历史建筑与现代建筑亲密无间

零乱还是……

图 14-73　利物浦滨水地区（二）

（12）江苏省镇江市张医生私宅的自主保护。在改革的年代，在向市场经济转轨的过程中，保护的体制和制度方面的研究还十分不够。如何在加强政府的指导下，发挥市场、民间组织和个人多种力量参与保护是很值得探索的领域。张宅的保护就是发挥了个人的积极性，联合国组织文化机构 UNESCO Regional Advisor for Culture in Asia and the Pacific 颁发了"旧住宅保护杰出项目"奖状和奖金（图 14-74）。

也许罗列已太多了，只是想表达，历史文化的保护应多种模式，保存历史是首位的，但方法应多元化，岂不使得历史文化更加丰富多彩！总之，不论何种方

入口　　　　　　　　　　内景　　　　　　　　　　联合国奖状

图 14-74　镇江市张宅自主保护（一）

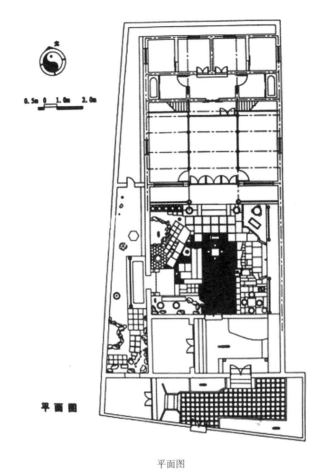

平面图

图 14-74　镇江市张宅自主保护（二）

式，或多种模式的综合应用，目的都是为了城市历史文脉的延续。目标是一个，但手段和方式应多种多样，才能应付复杂的情况。为了达到战略目标，退一步，海阔天空，我们必须以灵活的战术来保证战略目标的顺利达成。

第七节　福州三坊七巷与成都宽窄巷

将两个国内知名的历史街巷进行对比，颇有些启示。这里不深入探讨对历史文化街区保护本身的评价，仅涉及其实际效果。

福州市三坊七巷是国家 5A 级风景名胜区（图 14-75）。自晋、唐形成起，便是贵族和士大夫的聚居地，包括沈葆桢（清宣统皇帝老师）、林觉民（黄花岗七十二烈士之一）、严复（近代启蒙思想家、翻译家）、冰心（著名作家）、萨镇冰（清政府海军总司令）等故居及林则徐（抗英民族英雄、江苏、两广、湖广、陕甘总督）祠堂。区域内现存古民居约 270 座，有 159 处被列入保护建筑。三坊七巷古建筑群于 2009 年 6 月被国务院公布为全国重点文物保护单位。

　　成都市宽窄巷是国家 AA 级旅游景区（图 14-76），20 世纪 80 年代宽窄巷子被列入《成都历史文化名城保护规划》。2005 年，宽窄街区重建工作启动。全为青砖黛瓦的仿古四合院落，这里也是成都遗留下来的较成规模的清朝古街道。2008 年 6 月 14 日宽窄巷子向公众开放或为震后成都旅游恢复的标志性事件。2009 年被冠以"中国特色商业步行街"、"四川省历史文化名街"、"2011 年成都新十景"、"四川十大最美街道"等称号。

图 14-75　三坊七巷 5A 景区

图 14-76　宽窄巷

　　显然，三坊七巷的历史文化地位高于宽窄巷，而两者通过古街巷的整治都已成为知名的旅游景点。笔者两次造访成都宽窄巷，一次是在晚上，一次是在白天。而福州三坊七巷更是多次造访，因为福州是笔者的老家，外婆家就在塔巷，对比之下颇有些感受。

　　"三坊七巷"实际是三坊七巷一条街。是由东西向的南后街，串联了南侧三个坊和北侧七条巷形成"丰"字形结构（图14-77）。南后街定位为传统文化商街，因此人群主要集中在南后街上，形成线状的流动。而两侧的巷、坊都明显难以引起人们进入的兴趣，少人问津，少有

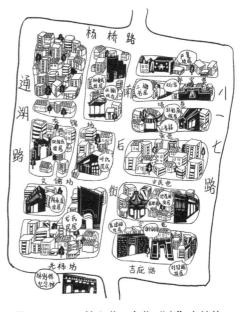

图 14-77　三坊七巷一条街"丰"字结构

两侧纵向空间的流动，人气不足（图 14-78）。

　　"宽窄巷"由宽巷子、窄巷子、井巷子平行排列组成，形成"井"字形结构（图 14-79）。宽巷和窄巷两巷相互平行，各具特色和魅力，彼此相互吸引，诱发两个特色商业街之间人群的流动，穿过两巷间有宽的，也有窄的巷道，产生面状的流动（图 14-80、图 14-81）。这些两巷间联络的巷、径，少有商业气氛，让人在空间变换过渡中有个间歇，得以休整。

塔巷　　　　　　　　　　衣锦坊　　　　　　　　　　宫巷

图 14-78　两侧巷、坊

图 14-79　宽窄巷结构

图 14-80　宽径　　　　　　　　图 14-81　导引去宽巷子的通道

　　"三坊七巷"商业活动主要在南后街。南后街是等宽的街道，空间宽窄缺乏变化，没有"收"与"放"，即"旷奥度"很低。虽然在街中也布置了商亭，但整齐划一，所以给人以单调、一览无余之感（图 14-82）。

图 14-82　南后街牌坊

　　"宽窄巷"商街似乎看不出它有多少宽，在两侧不时又有拓展的开放空间，街中的商业设施布置显得随意自由（图 14-83），街道空间显得生动莫测。

图 14-83　宽窄巷空间变化

图 14-84　三坊七巷改造前建筑面貌

"三坊七巷"的主街（南后街）两侧建筑竭力再现原有的建筑风格（图14-84），但毕竟是新建的仿古建筑，显得缺乏历史沧桑感与古朴味（图14-85）。

"宽窄巷"商街两侧的建筑也有不少是仿古的，但类型多样，有"古"味（图14-86）。

"三坊七巷"南后街上布置了许多表现明清时代生活的场景雕塑，生活场景被定格在明清年代。这难免有一种历史的距离感，甚至还曾用隔离带把人群隔开来（图14-87）。

"宽窄巷"商街上也有许多历史的生活场景雕塑，但贴近生活、贴近人，增添不少游兴（图14-88）。甚至把泥塑引入，还增加了不少现代感（图14-89）。

这里笔者无心评价两个商街的复建的历史原真性（图14-90），只是想说明在保护历史、尊重历史的同时，更应当尊重人、尊重今人。历史应该成为推动历史进步的物质与精神的动力，而不能成为历史前进的包袱。正如余秋雨在《人比历史重要》一文所言："希腊人懂得轻重，他们拥有马拉松，知道最长的赛跑不能有任何负担；他们拥有维纳斯，知道最美的形体不愿有太多的披挂。历史越悠久越会把人压得气喘吁吁，但重要的是人。"❶

图 14-85　三坊七巷新建的仿古建筑

图 14-86　宽窄巷的仿古建筑

---

❶ 余秋雨.人比历史重要 [N].大公报，2002-8-28.

郎中诊脉

艺人裱画

匠人制作灯笼

师爷

书生

被红带隔离

图 14-87　南后街明清时代场景雕塑

真人与塑人作伴

今人与史人同车

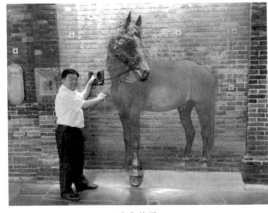
我牵着马

遗物……时代变了

图 14-88　宽窄巷历史场景雕塑

图 14-89 陶倪人泥塑小商亭

图 14-90 复建施工现场

第八节 北京长辛店"众设计"保护规划的探索

"众创"、"众筹"已成当前创新的流行语，北京长辛店历史保护规划的"众设计"也为规划领域在探新路。

长辛店老镇离卢沟桥 2 公里、面积 70 公顷，人口 1.1 万人，是中国近代史著名的"二七大罢工"的发生地（图 14-91）。由于产业外迁，停工或倒闭，历史名镇在衰落。如何发挥老镇文化价值，蕴藏于民众中的潜力如何激发，人们在探索。

最基本的是"摆脱计划经济时代的'龙头'思维，向平台'思维'转变。" ❶
规划由龙头变平台，让各种角色登上这平台，共同展演其才能。

❶ 施卫良. 城乡规划变革与北京长辛店老镇复兴计划 [J]. 北京规划建设，2015（5）: 6-9.

图 14-91　长辛店镇

首先成立"老镇文化挖掘文化保护整理小组"。百姓对自己生长地无疑怀有历史情结。发动大家挖掘、收集历史的沿革、故事、遗物和空间特色认知，形成《长辛店大街掠影》、成立"老物件陈列室"等。建立三个平台：①协作平台，由政府、居民、商家、设计、文化策划、开发实施等多种团队和合作组织；②信息平台，克服信息不对称和误解使之达成共识；③宣传平台，运用微信公众号、网站、传统媒体广而宣之。分散的历史信息一经汇集，必然激发起人们对自己生长地的"爱"和"信心"。众人拾柴火焰高，燃起了潜藏的动力。有了较丰实的原材料，必然会激起人们的遐想和冲动，这就是内生动力所在。

其次，将被初步激起的遐想和冲动，通过案例交流、沙龙对话和图片展览等环节，进而举行"长辛店老镇复兴计划研讨会"。围绕"老镇文化价值和乡愁"、"老镇文化产业发展前景和社区参与"、"老镇有机更新必要性、难点和解决方案"等进行研讨。一步步使萌芽状态的想法升华，形成完整思路。同时从众多历史文化地段中进行优选，选出长辛店火车站（图 14-92）、聚来永、清真寺、火神庙（图 14-93）等周边地段作为先期行动地。

图 14-92　长辛店老火车站

图 14-93　火神庙地块

再次，将思路转入具体方案设计。"长辛店 DI（Destination Imagination）众设计"是由北京丰台区政府、北京市规划委员会、北京市城市规划设计研究院发起，九个设计团队 51 名设计师志愿参加，当地居民、社会公众广泛参与的公益性设计活动。明确单纯的保护往往是不可持续的，需要为文化资源赋予经济价值，才能实现可持续的保护的指导思想。发挥各个设计团队的主动性、积极性，采取五选 N 的设计主题和任务：公共空间、特色建筑（居住院落单元或商铺为设计重点）、公共环境艺术（铺地、商铺招牌、路标、垃圾桶、花坛、地摊、停车位）、文化体验活动（探访路线策划、传统工艺体验、节庆活动）、自由等板块（图14-94 ~ 图 14-96）。

最后，设计师驻扎现场对公众进行方案解说和交流互动（图 14-97），形成参与式设计、互动工作坊、展览和研讨会将方案深入人心并定案，进入实施阶段。

图 14-94　铁路主题广场鸟瞰

图 14-95　刘家铁匠铺剧场

图 14-96　布景式街道空间

图 14-97　互动工作坊现场

上述内容是笔者学习施卫良的《城乡规划变革与北京长辛店老镇复兴计划》❶以及路林、杨松、李翔的《长辛店 DI（Destination Imagination）众设计》❷等论文后的心得。当然其难免有差错，因为这只是为城市规划的"众设计"开路，在此期待后来者群策群力。

❶　施卫良. 城乡规划变革与北京长辛店老镇复兴计划 [J]. 北京规划建设，2015（5）: 6-9.
❷　路林，杨松，李翔. 长辛店 DI（Destination Imagination）众设计 [J]. 北京规划建设，2015（5）: 10-13.

第九节 一个小厕所的启示

图 14-98 是浙江省象山县的石浦历史文化古镇。然而就在这古镇旁新建了一座小厕所，它可能是出自一位不知名的，甚至是年轻的建筑师之手，但他非常用心（图 14-99）。青灰砖墙显然与古镇取得协调；而屋顶却不用传统的蝴蝶瓦，而是用色调相近的机平瓦，同时采取了斜顶形式，也寓意着和传统斜坡顶取得某种神似。门窗则全采用现代的铝合金的门窗，而不用木门窗，但茶色门窗框同样也为了与传统色彩调和。而在厕所的外墙，以一幅传统的建筑画作为装饰，其历史保护的用意显而易见（图 14-100）。笔者钦佩这位设计小厕所的、不知名的建筑师之用心良苦。

实景

模型

老街

左街

图 14-98 石浦古镇

图 14-99　小厕所

图 14-100　厕所外墙的一幅画

图 14-101 的摄影者也许正是为了表达历史保护与新建筑关系的一种创作理念。他将两幢建筑前后叠置，进行强烈的对比，但又显得那么协调。老建筑就像是父亲，个子较矮小，穿的是中山装；而新建筑犹如其儿子，身材高大，穿的是西装，完全是两代人。但从窗饰花纹等一些细部中，从气质上似乎看到他俩间的"血缘关系"，儿子的鼻子像爸爸。从中给我们以启示，正如法国前总统希拉克所说的："我不相信，今天的建筑师会比过去的建筑师还缺乏创造性。"❶

保护与再生、协调与共生、传统与创新，将对建筑师提出更高的要求。贝聿铭大师敢在巴黎罗浮宫前建玻璃金字塔，还是这位大师，他所设计的柏林历史博物

图 14-101　"父与子"

馆，竟然就在紧邻中世纪建筑的旁边，设计了一座完全现代的建筑，而且是"历史博物馆"（图 14-102）！说明有历史责任心的建筑师，需要更高的创作水平、更高的文化素养，也许还要更大的勇气，才能推进建筑文化的繁荣与发展。这些大师是蔑视历史，还是更尊重历史？尊重历史也许需要摆脱过多的清规戒律，让有志于繁荣历史文化的人，有更多的创作自由。

---

❶　巴黎市长谈巴黎 [J]. 世界建筑，1981（3）.

图 14-102　柏林历史博物馆

第十节　历史街区保护，街道肌理是关键

大部分历史街区道路系统和街巷空间都是在小汽车出现之前形成的。小汽车及其伴随的生活方式对传统街区的冲击十分严重。有些街区植入了新功能，如文化展示、地方特色的商业和服务等吸引外来游客观光，对机动车的交通提出要求；有些传统街区以居住为主要功能，但要真正保障生活居住的功能，同样给保护规划提出了机动交通运输要求。否则，有条件者就会陆续搬离，低收入人群取而代之，导致历史街区的环境恶化，保护更加艰难。

但是，如果直接引入机动车交通，难免要牺牲街区的空间风貌特征；如果把机动交通排除在保护区外，采取步行化街区，则步行化区一般规模要小，而且也会加大周边地区交通压力，空间环境质量因而降低。

借鉴欧洲"交通安宁化"（trafficcalming）的经验，"限制小汽车通行速度是安宁措施，调节路权是重要手段。当小汽车速度从 60 公里 / 小时下降为 30 公里 / 小时，道路通行能力不会明显减弱，但安全性明显改善，也可缩减机动车道的宽度，为其他交通方式让出一部分道路空间。""安宁区出入口明显限速标识，车道变窄（双向 4.2 ～ 4.5 米，有货车 5.0 米）。改变地面铺装，路面作抬高处理……" ❶ 因此，历史街区既要保护其历史风貌，又要赋以活力，完善支路网系统，打通断头路、瓶颈路段，保存其路网格局与肌理是关键。

我国道路分级仅将城市道路分为快速路、主干路、次干路和支路，其中缺

---

❶　卓健. 历史文化街正保护中的交通安宁化 [J]. 城市规划学刊，2014（4）：71-79.

乏支路功能的细分。《城市道路交通设计规范》（GB 50220-95）规定，大中城市支路宽度在 15 米以上。但历史街区街巷密集，多数宽度不及 10 米，在中心区交通资源紧缺情况下也承担了一定的交通功能。因此传统的道路分级不能适应历史街区道路功能的划分，以及街巷肌理和风貌保护要求。❶《历史城区微循环路网分层规划方法研究》提出了历史城区微循环路网的概念："历史城区微循环路网主要由支路和街巷构成，宽度一般小于 18 米。考虑机动车速限制条件下，机动车通行空间要求和必要的步行、非机动车通行空间的保障，选择 9 米为城区级微循环路网和街区级微循环路网的分界线。"

"微循环路网是服务机动车交通分流和集散的基础性道路网络。为短距离出行提供有效服务，使之不必进入干路网络即可达到出行目的，降低短途出行对于干路资源的占用。路网连通性的提高也将减少许多绕行。"

"微循环路网是承载步行、自行车、常规公交等绿色交通方式的基础性道路网络，是优化城市交通结构的重要物质基础……微循环路网能使常规公交更加深入到出行的发生吸引点，方便市民乘坐公交，也有利于常规公交线路的分散布置，解决步行至公交站点距离长、干路上公交线路重复系数高等问题。"

如果历史街区的道路盲目拓宽打通，甚至干道化改造，必然造成历史地区路网结构肌理性破坏，影响城市历史风貌。而且，支路和街巷是市民进行日常活动的交往空间，因此往往是留住历史街区社会生活风貌特征重要载体。因此，必须寻求在交通和生活两个功能之间的平衡。

因此，《历史城区微循环路网分层规划方法研究》提出了分层规划方法，将历史地区微循环路网分为地区级微循环路网和街区级微循环路网（表 14-1）。

微循环路网分层规划要素　　　　　　　　　　　　　　表 14-1

规划要素	地区级微循环路网（宽度 9 米以上）	街区级微循环路网（宽度 9 米以下）
规划目标	分流导向，服务短距离出行，提高路网运输能力	集散导向，服务地块可达，多种交通空间均衡共存
道路选取	交通性支路为主	街巷为主，包括部分支路
网络特征	穿越多个街区，街区间连接关系明确	街区内成网，街区间不必强调明确的连接关系
路段特征	保证连通性，可视情况采取必要的打通和局部拓宽	因地制宜、有机更新，以改善修整为主，不必强求线形顺直
交叉口特征	交叉口渠化，视需要进行信号控制	交叉口缩窄，视需要进行禁止转向等交通管理

❶　邓一凌，过秀成，严亚丹，窦雪萍，费跃 . 历史城区微循环路网分层规划方法研究 [J]. 城市规划学刊，2012（3）.

地区级以"分流"为导向，"服务短距离出行"为目标，主要利用交通性支路，通过有效交通组织措施挖掘路网潜力，均衡城市整体路网交通流量的时空分布，卸载干道与次干道的过量负荷，特别是短距离的出行需求，保证城市主线交通的畅通。

街区级微循环路网系统以"集散"为导向，"服务地块可达"为目标。一般不存在供需紧张问题，应突出社区安宁、慢行友好，并为支线公交的引入提供条件。机动车以服务可达为主，避免穿越性的机动车流使用。

街区级道路（宽度9米以下）以满足步行、非机动车交通为首要目标，强化街区内部的生活气息。

在满足以下条件的情况下，可考虑采组织单向交通。①有一对平行且宽度大致相等具有相同或相近起终点的道路；②两平行单行线间距宜在300米以内；③两平行单行线间应有方便的横向联系以减少车辆绕行距离。

微循环路网分层规划的思路，实质就对历史街区施以微手术，不伤元气（肌理），让气血畅通起来，既保护街区基本格局和尺度、气氛，又满足现代生活的基本需求。

尾声

改革开放三十多年，中国城乡快速巨变，城市规划正如有学者称之为"被压缩了的城镇化"。因为快速巨变，某些内容也已显得不那么"当代"了，但毕竟是当代的记录。有些内容，如智慧城市、现代城市规划管理等，笔者无力涉及。但正如当年主编"当代城市规划理论与实践丛书"一样，希望《导论》能导出更丰富、更深刻的一丛。

在再版之时，重读周干峙写的序，他是那么寄以期待："今后城市规划'路在何方'，我想路不会在过去的书本之中，也不会在外国的书籍之中；路一定在自己的'经验'基础上，一定在自己的脚下。"

图片出处

图 1-2、图 1-3　日本出版规划资料集

图 1-6　http：//baike.kantsuu.com/index.php?doc-view-14906.html

图 2-1　牛文元.生态文明的理论内涵与计量模型 [J].中国科学院院刊,2013（2）.

图 2-2　北京将建七环全长约 940 公里　九成路段在河北 [EB/OL].腾讯房产.[2014-08-20]. http：//sjz.house.qq.com/a/20140820/016144.htm

图 2-4　Plannig For Town and Country 1914-1989, Royal Town Planning Institute .

图 2-5　北京市城市规划展览会

图 2-6、图 2-7　Une carte regionale de destination generale des sols，2010 年埃及开罗城市规划国际会议

图 2-8　董鉴泓.中国城市建设史 [M].中国建筑工业出版社，2004.

图 2-9　熊鲁霞，骆悰，徐闻闻.上海市城市总体规划实施中用地发展若干问题的思考 [J].城市规划学刊，2008（Z1）：33-37.

图 2-11　刘奇志，徐剑.全方位构建规划实施的综合体系——以武汉市城市总体规划实施为例 [J].规划师，2015（1）：5-9.

图 2-12　http：//www.cityup.org/case/general/20070704/32297.shtml

图 2-16 ～图 2-18　陈秉钊.反思大上海空间结构——试论大都会区的空间模式 [J].上海城市规划 2011（1）.

图 3-1　effrey Soule，FAICP 苏解放 .American Planning Association

图 3-2 ～图 3-4　姚展.香港轨道沿线高密度发展及规划 [R]，2008.

图 3-7　库里蒂巴的绿色奇迹 [EB/OL].搜狐公众平台.[2016-08-08]. http：//mt.sohu.com/20160808/n463218398.shtml

图 3-8　http：//discover.news.163.com/14/0701/22/A03POAG900014N6R.html

图 3-10　李峰清，赵民.关于多中心大城市住房发展的空间绩效——对重庆市的研究与延伸讨论 [J].城市规划学刊，2011（3）：8-13 .

图 3-11　重庆市城市规划局

图 3-13　圣名世贸城拟造商界"鹅城"？ [EB/OL].腾讯网.[2015-01-04]. http：

//cq.house.qq.com/a/20150104/034950.htm

图 3-14 ～图 3-16　王旭辉，孙斌栋.特大城市多中心空间结构的经济绩效——基于
　　　　城市经济模型的理论探讨 [J].城市规划学刊，2011（6）：20-27.

图 3-19　Variaflons in Manhattan's zoning，FAR

图 3-20　曼哈顿中城的"摩天竞赛".全球·城市 [瞭望]，2016 年 1-2 月.

图 3-21　金世海.垂直城市的发展前景 [C].（第十一届）城市发展与规划大会，
　　　　2016.

图 4-1　1995 年总体规划评审会

图 4-6　崔功豪，王兴平.当代区域规划导沦 [M].东南大学出版社，2006：228.

图 4-7　《明日堪培拉》（Tomorrow's Canberra）

图 4-21　http：//blog.sina.com.cn/s/blog_4d53f764010009wo.html

图 4-22　http：//city.sohu.com/20140110/n393296535.shtml

图 4-23　http：//jiangsu.china.com.cn/html/jsnews/news/313156_1.html

图 4-28 ～图 4-30　防城港市战略发展与城市规划管理研讨会资料，2012.

图 5-1　迈克尔·波特.论竞争 [M].中信出版社，2012.

图 5-8　九江市城市规划建设专家咨询会，2011.

图 5-13　迈克尔·波特.论竞争 [M].中信出版社，2012.

图 6-1　王蒙徽.推动政府职能转变，实现城乡区域资源环境统筹发展——厦门
　　　　市开展"多规合一"改革的思考与实践 [J].城市规划，2015（6）：9-14.

图 6-8　铁路南京南站地区综合规划专家评审会，2007.

图 6-15　郑德高，卢红旻.上海工业用地更新的制度变迁与经济学逻辑 [J].上海
　　　　城市规划，2005（3）.

图 6-19、图 6-20　厦门曾厝垵文创会，宁军等.共同缔造工作坊——社区参与
　　　　的新模式 [R]，2015.

图 7-2　东营市宣传册

图 7-24　某城市规划展览会

图 7-31 ～图 7-38　蔡家村村庄整治规划（2009 年住房和城乡建设部"村镇规划
　　　　设计"评优一等奖），江西省城乡规划设计研究院

图 8-1　2013 年中国城市规划学会青岛年会青岛—香港专题分会场

图 8-2 ～图 8-4　2010 年上海世界博览会

图 8-8、图 8-9　中国城市状况 2014-2015[M].中国城市出版社，2015.

图 8-10　http：//rich.online.sh.cn/rich/gb/content/2011-03/25/content_4472144_7.
　　　　htm

图 8-12 中国城市化率历年统计数据（1949-2015），国家统计局

图 9-8 范凌云.空间视角下苏南农村城镇化历程与特征分析——以苏州市为例 [J].城市规划学刊，2015（4）.

图 9-10 中国城市状况 2014-2015[M].中国城市出版社，2015.

图 9-11 范凌云.空间视角下苏南农村城镇化历程与特征分析——以苏州市为例 [J].城市规划学刊，2015（4）.

图 9-18 《国家新型城镇化规划 2014—2020 年》

图 10-1 2010 年主要城市土地出让金收入排名一览 [EB/OL].腾讯房产网 .[2011-03-17]. http：//dl.house.qq.com/a/20101224/000010.htm. 2010 年地方一般预算财政收入前 30 名 [EB/OL].荆楚网 .[2011-01-30]. http：//bbs.cnhubei.com/thread-2270682-1-1.html.

图 10-3 冯邱澄.国务院：严禁"巧用"土地修编搞"圈地运动"[EB].新华网 .[2005-07-05]. http：//news.xinhuanet.com/zhengfu/2005-07/15/content_3221142.htm.

图 10-5 http：//news.sina.com.cn/c/2010-08-16/091317970906s.shtml

图 10-6 http：//baike.baidu.com/item/ 上海紫园 /1538424?fr=aladdin

图 10-7 http：//blog.sina.com.cn/s/blog_5317cf370100b1xc.html

图 10-8 http：//news.chinaunix.net/sports/2013/1220/3048028.shtml

图 10-10 http：//news.qq.com/a/20070313/001708_6.htm

图 11-4 张梦麒.上午是农场鸡司令，下午是职场金领 [N].青年报，2012-02-17.

图 11-5 http：//blog.sina.com.cn/s/blog_4961160c010006ch.html

图 12-5 http：//tieba.baidu.com/p/3537658733

图 12-6 中国城市规划设计研究院 .《苏州市城市总体规划》专题研究，2006.

图 12-7 [美] 理查德·瑞杰斯（Richard Register）.生态城市伯克利：为一个健康的未来建设城市 [M].沈清基，沈贻，译 .中国建筑工业出版社，2005.

图 12-10 观塘市中心重建计划.泛珠三角院长香港论坛，2008.

图 12-11 联合国人居中心（生境）.城市化的世界——全球人类住区报告 1996[M].沈建国，于立，董立，等译 .中国建筑工业出版社，1999：293

图 12-31 http：//bbs.zol.com.cn/dcbbs/d167_102698_uid_yingshiyi.html

图 12-32 http：//www.mafengwo.cn/photo/10099/scenery_903339/8139995.html

图 12-33 http：//blog.163.com/xuewen_1111/blog/static/67742538200821344233341/

图 12-34 http：//pp.faloo.com/f/85793.html

图 12-54　康丹 . 当水临城下，我们可以做什么 ?[J]. 人与城市，2011（5）.

图 12-55　福州市江北城区山洪防治及生态补水工程涉及鼓山风景名胜区方案评审会，2015.

图 12-56、图 12-57　娟子 . 看各国如何"与水共生"[J]. 人与城市，2011（4）.

图 12-58、图 12-59　雨水并非洪水猛兽 [J]. 人类居住，2015（1）.

图 12-60、图 12-61　谢映霞 . 海绵城市：让城市回归自然 [N]. 光明日报，2015-11-06.

图 12-62　雨水并非洪水猛兽 [J]. 人类居住，2015（1）.

图 12-63　余年等 . 西雅图市利用绿色屋顶防止城市内涝的探索 [J]. 规划评论，2012（1）.

图 12-64　吴昊，袁军营，高枫 . 株洲市清水塘生态新城核心区雨洪管理规划及实施方法 [J]. 上海城市规划，2015（3）: 55 – 60.

图 12-65　合肥一居民光伏"发电厂"开始卖电 [N]. 新安晚报，2013-03-29.

图 13-10　沈玉麟 . 外国城市建设史 [M]. 中国建筑工业出版社，1989.

图 13-16　湖南省某市规划评审会

图 13-31、图 13-32　张新实 ."新城市主义及其实践"授课内容 . 宿迁学院，2006.

图 13-38　http：//www.dictall.com/indu42/63/4263460CC30.htm

图 13-46　http：//blog.sina.com.cn/s/blog_70abaee601019ls4.html

图 13-82　http：//news.tongji.edu.cn/classid-6-newsid-40682-t-show.html

图 13-83　https：//baike.baidu.com/picture/104625/104625/0/b17eca8065380cd7526b3321a344ad3458828181

图 13-88　http：//dp.pconline.com.cn/photo/list_3366839.html

图 13-89　http：//news.iqilu.com/tuku/2012/1123/1375480_17.shtml

图 13-92　福州市城乡规划局，福州城乡规划设计研究院 . 福州市山体保护规划，2011.

图 14-1　http：//jn.focus.cn/msgview/3308/340600034.html

图 14-2　痛心！"两弹"研究发祥地共和国科学第一楼被拆 [EB/OL]. 中华网，2016-6-23. http：//military.china.com/news/568/20160623/22925747.html.

图 14-15　http：//www.sg560.com/news/jjfa/qq3082630180_9207566.html

图 14-26　http：//www.fzcuo.org/wiki/ 南后街

图 14-34　http：//blog.sina.com.cn/s/blog_47103df60100rvu4.html

图 14-36　城乡建设杂志

图 14-39　九奇，仲禄．滕王阁史话 [M].江西人民出版社，2001.

图 14-43　http：//www.360doc.com/content/10/1122/19/477708_71512454.shtml

图 14-44　https：//www.duitang.com/blog/?id=59109843

图 14-45　遵义市城市规划局

图 14-91 ~ 图 14-97　施卫良．城乡规划变革与北京长辛店老镇复兴计划 [J].北京规划建设，2015（5）.

后记

本书问世，首先感谢中国市长培训班（现中国市长进修学院）"讲案例"的指点，更感谢俞正声部长（现中央政治局常委）的肯定与鼓励，还感谢中国建筑工业出版社对再版的敦促。在编写过程中，家人帮我解决插图的许多问题，一并致谢。

更怀念周干峙同志为本书写的序，但他已不能看到本书的再版。想起在他过世前不久，我们还借"九江市的城市规划建设专家委员会"成立之机，同游庐山之情，本书再版也是对他期待的回应。

2016 年 8 月 18 日记